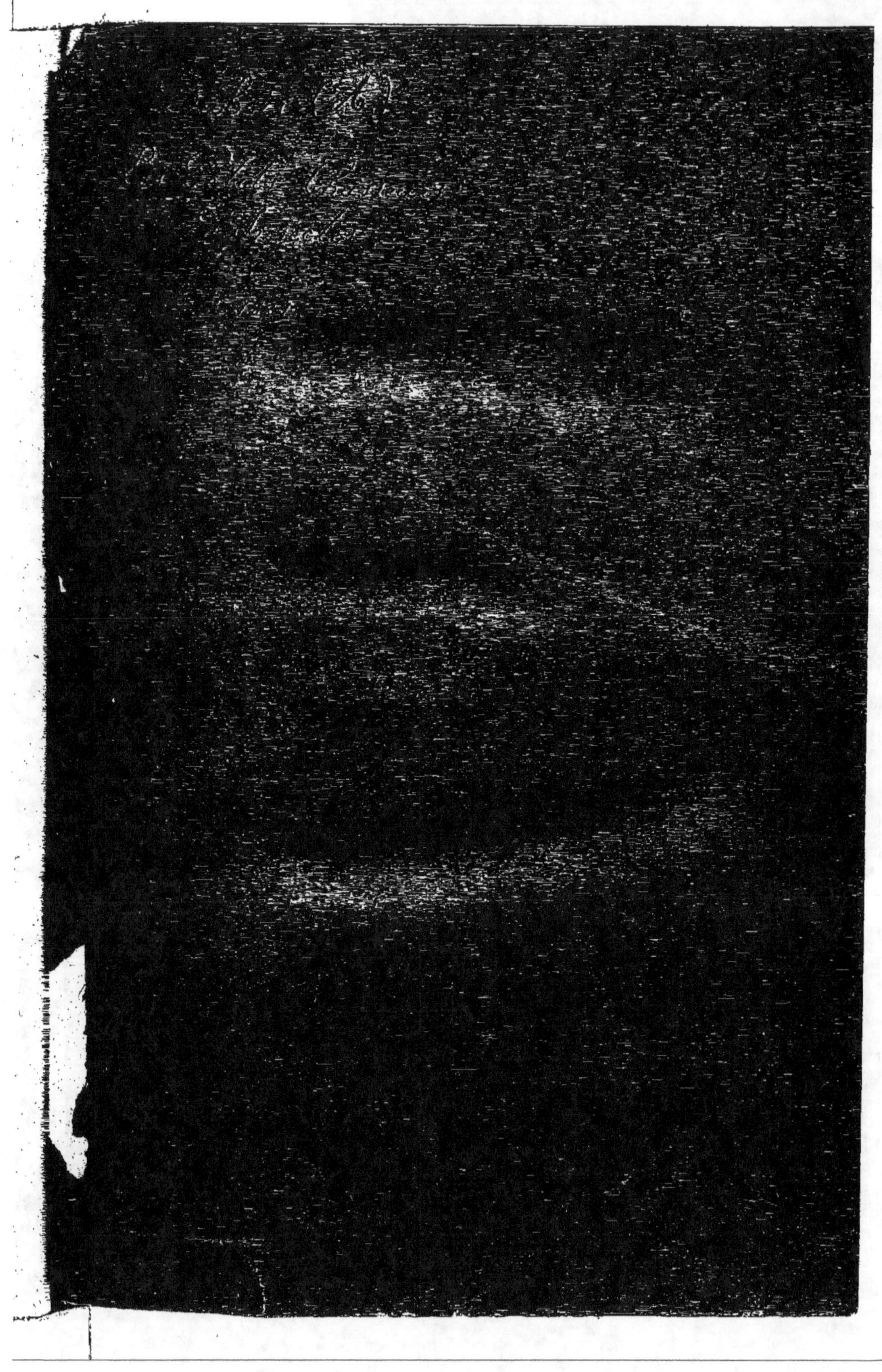

OUVRAGES

FAISANT PARTIE

DE LA MÊME COLLECTION

LES PETITS
CHASSEURS D'INSECTES

GRAND IN-8° 1re SÉRIE

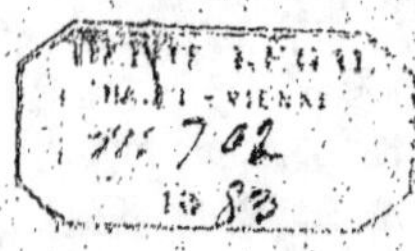

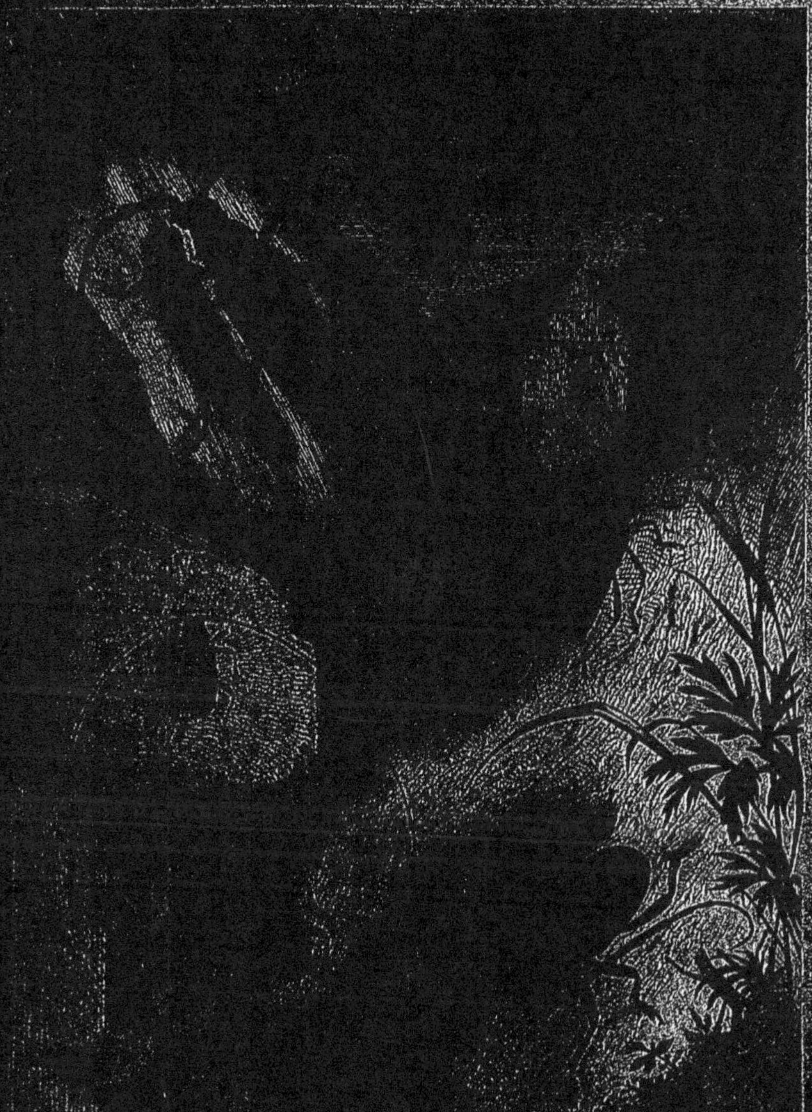

Les Lampyrides

LES
PETITS CHASSEURS D'INSECTES

PAR

A. DUBOIS

LAURÉAT DE LA SOCIÉTÉ PROTECTRICE DES ANIMAUX
De la Société pour l'Instruction élémentaire
DE LA SOCIÉTÉ CENTRALE D'APICULTURE ET D'INSECTOLOGIE
DE LA SOCIÉTÉ D'INSTRUCTION ET D'ÉDUCATION POPULAIRES, ETC., ETC.

LIMOGES

MARC BARBOU & Cie, Imprimeurs-Libraires
RUE PUY-VIEILLE-MONNAIE

—

1881

LES PETITS
CHASSEURS D'INSECTES

I

Six heures sonnaient au coucou de la salle à manger dont les fenêtres grandes ouvertes ouvertes, laissaient pénétrer, avec l'odeur embaumée du printemps, les rayons éblouissants d'un beau soleil de juin. Trois joyeux enfants semblaient attendre l'arrivée d'un quatrième personnage pour attaquer les jattes fumantes d'un lait savoureux recouvert d'une crème épaisse, et les appétissantes tartines de beurre que la main prévoyante de la maîtresse de la maison avait elle-même préparées.

— Il est six heures, Roger, et M. Darien n'est pas arrivé; nous aurions pu dormir encore.

— Paresseux ! est-ce que tu regrettes à ce point ton lit. Moi je trouve que le spectacle de cette belle matinée est une compensation bien suffisante. Mais, sois tranquille, Raoul, notre vieil ami ne peut tarder ; il est la régularité même.

— A quoi songes-tu donc, René, dit l'enfant qu'on avait appelé Raoul à celui de ses camarades qui n'avait pas encore parlé, et qui, penché à la fenêtre, semblait écouter quelque bruit.

— Je pense que j'aimerais mieux la cour de notre collège si on y entendait comme ici chanter les oiseaux ; et puis, j'écoutais les aboiements de Rustaud, le chien du fermier, et c'est certainement M. Darien qui arrive.

En effet, l'enfant parlait encore lorsqu'un grand vieillard apparut à l'extrémité d'une belle avenue de tilleuls. Vêtu d'une veste de toile, comme en portent les chasseurs ; coiffé d'un grand chapeau de paille, celui que les enfants avaient appelé M. Darien tenait d'une main un filet de gaze verte, connue sous le nom de *filet à papillons*, et de l'autre un second filet d'un grossier tissu de toile que les naturalistes appellent un *fauchoir*, parce qu'on le promène vivement sur les plantes comme la faux qui coupe l'herbe. Il portait sur son dos, en guise de carnier, une longue boîte de fer blanc ; en un mot, le nouveau venu était pourvu de tout l'attirail d'un *entomologiste*.

Roger, Raoul et René, les trois cousins, avaient de onze à treize ans. Chaque jeudi, ils se réunissaient chez Mme Clairbois, la mère de Raoul, qui, pendant toute la durée de la belle saison habitait sa maison de campagne de Bellevue, située à une courte distance de la petite ville où les enfants étaient au collège.

Mme Clairbois qui était veuve, surveillait elle-même l'exploitation de sa propriété où elle était heureuse de recevoir, chaque semaine, son fils et ses deux neveux.

Quant à M. Darien, c'était un ancien professeur aux allures un peu excentriques, excellent homme et fort instruit, qui avait été très lié avec M. Clairbois et qui était resté attaché à sa famille.

Les trois enfants poussés par cet instinct impérieux, par cette exubérance de vie qui sont l'apanage de leur âge, aimaient les longues promenades à travers la campagne. Les paysans qui, plus d'une fois les avaient vus par monts et par vaux, poursuivant les papillons et les coléoptères, pour le seul plaisir de les détruire et de les piquer à l'extrémité de longues épingles, les avaient surnommés les *petits chasseurs d'insectes*.

Un jour M. Darien les avait surpris, essayant de diriger, avec une gravité comique, un petit char attelé de quatrs gros hannetons. Tout en leur faisant observer qu'on ne doit pas faire souffrir inutilement les êtres faibles, il ne put s'empêcher de sourire à la vue du bizarre équipage et des grotesques culbutes de ces carrossiers d'un nouveau genre.

Mais, plus tard, il les rencontra tapissant le fond d'une boîte de jolies cicindèles et de brillants carabes ; et, cette fois, il blâma vivement les enfants qui, dans leur ignorance, détruisaient les auxiliaires les plus précieux du cultivateur, et les protecteurs les plus zélés de nos récoltes.

Dès lors, il résolut de faire tourner au profit de leur instruction ce besoin de détruire, cette soif de mouvement ; il voulut, en les dirigeant lui-même, donner un but utile aux promenades hygiéniques de ses petits amis. Cette proposition qui répondait à un désir souvent exprimé par Mme Clairbois, fut accueillie par les enfants avec la joie la plus vive.

Equipés comme des naturalistes, la boîte sur le dos, le filet de gaze à la main, ils n'auraient plus l'air de petits vagabonds ; la présence du vieux maître en imposerait et serait pour eux une protection ; ils ne seraient plus exposés à la poursuite des chiens de ferme, et aux moqueries insultantes des paysans dont, il faut bien l'avouer, ils n'avaient pas toujours assez respecté la propriété.

Après avoir rapidement expédié, comme il convient à des chasseurs, le déjeûner frugal dont Mme Clairbois leur avait fait

Les trois cousins.

gracieusement les honneurs, nos futurs naturalistes se munirent de quelques provisions, et se mirent en campagne.

La matinée était superbe. La bonne odeur des foins se mêlait aux délicieux parfums de l'aubépine et du chèvrefeuille. Les oiseaux, en quête du repas de leurs petits, voltigeaient affairés sur tous les buissons. Le silence un peu solennel de la campagne n'était troublé que par leurs cris d'appel, et par les accents sonores du merle qui éclataient comme une fanfare dans le bois voisin. De temps en temps la voix grave et monotone du coucou se mêlait à ce concert matinal.

Chemin faisant, les petits chasseurs recueillirent quelques insectes qu'ils enfermèrent aussitôt dans des flacons dont ils s'étaient pourvus. Le filet de toile, le *fauchoir*, fut traîné dans les herbes; et, après avoir pris les quelques échantillons qui lui étaient, pour le moment, nécessaires, M. Darien rendit la liberté à toutes les espèces utiles. Plus alertes que le vieux professeur, les trois cousins poursuivaient les légers papillons dont-ils détérioraient les ailes brillantes en voulant s'en emparer.

Les oiseaux voltigeaient affairés.

Mais il s'agissait, ce jour là, bien moins de collectionner que d'étudier la structure et l'organisation des insectes.

Quelques instants plus tard, M. Darien et ses jeunes amis étaient assis au bord d'une petite rivière au cours sinueux dont les bords encombrés de joncs, de roseaux, de saponnaires, de cannabines, servaient de refuge à de nombreuse fauvettes. Les nénuphars aux larges feuilles en couvraient presque toute la surface; et des légions de libellules, jolies *demoiselles* aux ailes de gaze, voltigeaient de toutes parts, poursuivant de petites proies en se jouant entre elles au milieu du tranquille paysage.

Filets, boîtes et chapeaux furent déposés sur l'herbe. Abrités sous l'ombre d'un grand chêne, les enfants se groupèrent autour du vieux professeur qui commença sa leçon.

On donne le nom d'*insectes*, dit-il, à de petits animaux composés d'anneaux placés bout à bout et formant trois segments distincts, comme vous pouvez le voir sur ce gros hanneton que Roger tient à la main, ou sur le brillant carabe que Raoul a enfermé dans une petite boîte.

Raoul s'empressa de prendre son carabe, et René saisissant son filet s'empara d'une libellule.

Les enfants, munis chacun d'un insecte, purent suivre sans difficulté les explications de M. Darien qui reprit :

Le mot *insecte* (*insectus*, divisé) signifie corps coupé en anneaux. Les trois parties dont se compose l'insecte sont la *tête*, le *thorax*, et l'*abdomen*. Ces trois parties, vous le voyez, sont également distinctes, dans le hanneton, le carabe et la libellule ; il en est de même dans cette mouche et dans ce papillon.

La tête des insectes, constituée en apparence par un seul tronçon est, en réalité, composée de plusieurs anneaux dont la fusion est plus ou moins complète. Elle porte les appendices de la bouche, les yeux et les antennes.

Les *antennes*, sont ces espèces de cornes, généralement situées en avant et au-dessus de la bouche. Extrêmement mobiles, elles affectent les formes les plus diverses, suivant les espèces. Droites, coudées ou brisées, ce sont tantôt des fils déliés, des alênes, des soies ou des fuseaux, tantôt des massues, des chapelets, des peignes ou des plumes.

La nature a voulu donner à d'humbles créatures les vêtements les plus riches, les parures les plus splendides ; elle a jeté a profusion sur le corps d'un grand nombre d'espèces l'azur, l'or, la pourpre, les pierres précieuses, et elle a orné leur tête de franges, d'aigrettes, de houppes et de panaches.

— Les antennes sont-elles de simples ornements ? demanda Raoul.

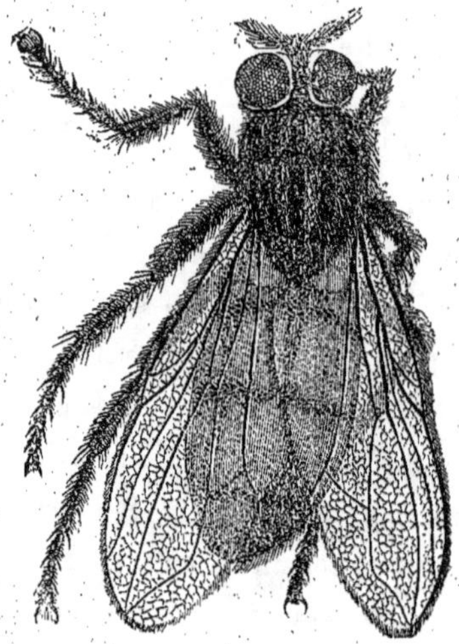

Mouche vue au microscope.

— Vous allez être étonnés, sans doute, mes enfants, en apprenant que ces organes sont les oreilles des insectes.

— Jamais, dit René, je ne m'étais formé l'idée de semblables oreilles.

— Il en est pourtant ainsi, mon enfant. Les antennes sont de petites tiges qui vibrent sous l'influence des sons extérieurs. Vous avez entendu le cri-cri du grillon, le chant de la cigale. Les in-

sectes s'appellent par les stridulations les plus variées; et, il est pro-
bable que ceux qui nous paraissent muets produisent des sons si
légers que notre oreille ne peut les percecoir, tandis que les délicates antennes éprouvent un imperceptible frémissement.

Mais il paraît que ces petites cornes ne sont pas seulement des
oreilles; il est à peu près prouvé qu'elles sont aussi le siège des
organes de l'odorat.

— Voilà un nez et des oreilles aue je n'oublierai jamais, dit
Roger.

— Vous auriez peut-être encore plus sujet d'être surpris, mon
enfant, si les insectes avaient un nez et des oreilles comme les
vôtres. Un savant naturaliste qui pense que les moyens employés
par la nature, pour arriver à ses fins, sont innombrables, a fait
de curieuses expériences pour s'assurer que les antennes, organes de l'ouïe, sont aussi les organes de l'odorat.

Il a enfermé dans une boîte des femelles de papillons de vers
à soie, et dans une autre boîte des mâles, dont quelques-uns
avaient les antennes coupées. Dès qu'on approchait des mâles,
la boîte contenant les femelles et imprégnée de leur odeur, les
mâles à antennes agitaient leurs ailes et leurs pattes, tandis que
les mutilés restaient immobiles. Les premiers qui sentaient
leurs compagnes, absolument invisibles, voulaient aller les re-
joindre; les autres ne paraissaient pas se douter de leur voisinage.
Il n'est pas douteux, du reste, que le sens de l'odorat soit très
développé chez les insectes. Les mouches viennent de fort loin se
poser sur la chair corrompue dont les émanations sont arrivées
jusqu'à elles; les papillons vont à de grandes distances et en ligne droite, sucer le nectar de la fleur qu'ils préfèrent.

« J'ai vu les petits mâles du Bombyce disparate, dit M. Maurice Girard, venir voler contre les vitres d'une chambre contenant une femelle; ils en sentaient l'odeur les fenêtres closes. Si on parcourt les bois, en ayant dans la poche une boîte contenant une femelle de quelque Bombycien sylvestre, on est bientôt suivi par les mâles qui volent en tournoyant et touchent même vos mains et vos vêtements. On peut donc bien aisément se donner un brevet de charmeur de papillons, de demi-sorcier. De même les apiculteurs adroits, portant cachée une reine captive, se font suivre par l'essaim des abeilles. »

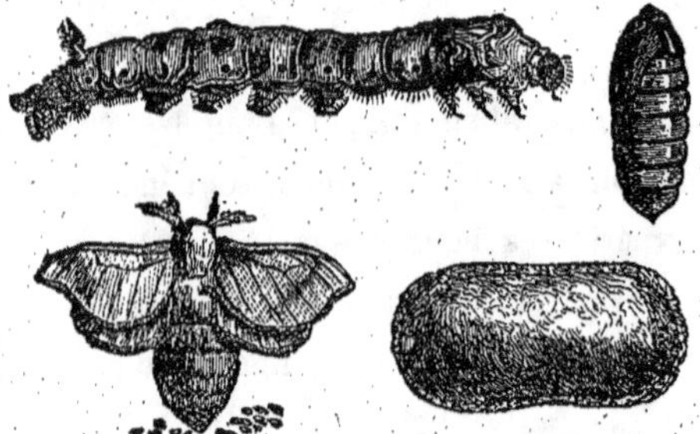

Ver à soie femelle, œufs, larve, chrysalide et cocon.

— Je veux faire dès aujourd'hui cette expérience, dit René.

— Cela est inutile, mon ami. Regardez seulement les boîtes que vous avez déposées sur l'herbe, et voyez la quantité de papillons qui voltigent autour; ils sont certainement attirés par les émanations de ceux que vous avez enfermés.

Et les enfants remarquèrent avec surprise les nombreux papillons qui les avaient suivis et auxquels ils n'avaient pas pris garde avant l'explication de M. Darien.

— Continuons l'examen de nos insectes : Tout près des antennes, sur les côtés de la tête, sont placés deux globes, plus visibles dans le carabe que dans le hanneton, et tout à fait proéminents dans la libellule : Ce sont les yeux.

Prenez une loupe, et examinez avec attention les gros yeux de la libellule de René.

Les enfants furent surpris de trouver ces yeux si différents de ce qu'ils paraissaient à la simple vue.

— Cette partie luisante qui m'avait parue unie comme une glace, dit Raoul, est taillée en facettes comme les diamants.

— Cela est vrai, reprit Roger, et il y a une multitude de ces facettes.

Reine d'abeilles.

— Ces *yeux à réseau* sont bien extraordinaires, n'est-ce pas, mes enfants ? Ce sont de puissants télescopes que l'insecte braque sur tous les points de l'horizon, et qui lui permettent de voir les objets à une grande distance. Ils sont composés d'une multitude de tubes qui forment réellement autant d'yeux distincts. Ces tubes accolés sont au nombre de 9,000 dans chacun des yeux du hanneton de Roger ; mais ils sont encore beaucoup plus nombreux dans d'autres espèces.

En outre de ces yeux à facettes, cette guêpe, que voici, porte au-dessus de la tête trois petits yeux simples, disposés en triangle, qui sont de vrais micoscropes ; et il en est ainsi chez beaucoup d'insectes, particulièrement chez ceux qui construisent des nids ou qui habitent des galeries peu éclairées.

Les yeux des insectes, qui nous montrent combien la nature produit de merveilles dont beaucoup nous échappent, ont, depuis longtemps, exercé la sagacité des savants. Les plus grands observateurs n'ont pas manqué d'en étudier la structure singulière. Leuwenhoeck avait compté 318 facettes sur la cornée d'un scarabée, 8000 sur celle d'une mouche, 6226 sur l'œil du papillon du ver à soie. Hoock en a trouvé 14000 dans les yeux d'un bourdon.

Ce qu'il y a de plus merveilleux encore, c'est que, ainsi que nous l'avons dit tout à l'heure, toutes ces facettes sont autant d'yeux. Pour le prouver, de savants et patients naturalistes ont détaché les cornées de divers insectes; ils en ont tiré avec adresse toute la matière qui y était renfermée, et après avoir bien nettoyé toute la surface intérieure, ils les ont mises à la place d'une lentille de microscope. Cette cornée, ainsi ajustée, et pointée vis-à-vis d'une bougie, montrait à l'observateur émerveillé la plus riche illumination; chaque facette réfléchissait la lumière de la bougie qui se multipliait à l'infini. Puget plaça au foyer d'un microscope l'œil d'un papillon ainsi préparé, qui répétait 17325 fois les objets visés. Un soldat, vu de la sorte, aurait représenté une armée entière.

Afin d'édifier complètement ceux qui doutaient que les globes à facettes fussent les organes de la vue, chez les insectes, Réaumur a fait quelques expériences démonstratives qui sont faciles à renouveler.

Il s'empara de plusieurs abeilles, sur les yeux à réseau desquelles il mit une couche de vernis opaque; il les réunit à d'autres abeilles dont les yeux n'étaient pas couverts; et, il les mit toutes en liberté à quelque distance de la ruche. Les premières volaient çà et là ou restaient complètement immobiles, tandis que les autres prenant leur essor, se rendaient directement à la ruche. Si l'on jetait en l'air quelques-unes de ces abeilles aveugles, elles s'élevaient verticalement à perte de vue et allaient retomber plus loin complètement épuisées.

D'après la manière dont ils se nourrissent, on peut diviser les insectes en deux grandes sections : Les *Broyeurs* et les *Suceurs*. Les premiers se repaissent d'aliments solides végétaux et animaux ; les autres vivent du suc des plantes et des animaux. Dès

Abeille ouvrière.

Abeille mâle.

lors, il est facile de comprendre que les appareils qui servent à la préhension des aliments doivent différer dans les deux classes.

« En dessous, dit M. Maurice Girard, la tête présente des pièces buccales variées agissant latéralement l'une contre l'autre, servant à saisir les aliments. Tantôt ce sont des meules puissantes destinées à broyer des corps durs ou des cisailles aiguës qui déchirent. Après cette première paire de mandibules, viennent les mâchoires et la lèvre inférieure, autres pièces dont les lobes festonnés ou dentelés réduisent les aliments en miettes, et en même temps les maintiennent en place devant la cavité de la bouche. D'autres fois, et nous formerons ainsi un second groupe d'insectes, les mêmes organes deviennent des tubes destinés à sucer des liquides. Ces tubes s'enroulent en flexible spirale chez les papillons, après que ces insectes les ont retirés du fond des fleurs ; ils restent droits chez les punaises et une partie des mouches, et s'enferment comme des stylets sous la peau des animaux, sous l'écorce des plantes.

D'autres mouches, comme celles des maisons, ont une trompe molle, charnue, se projetant sur les objets et les mouillant de salive pour permettre l'aspiration de leur surface liquéfiée. Des palpes grêles, poilus entourent les mâchoires et la lèvre infé-rieure, destinés à retenir les petits fragments rejetés sur les côtés et qui pourraient tomber, servant aussi à donner les sensations d'un tact exquis, nécessaires pour reconnaître la nature, la con-sistance des aliments. »

Prenant successivement plusieurs insectes, M. Darien montra aux enfants que les mâchoires s'ouvrent et se ferment, non pas de haut en bas et de bas en haut comme chez l'homme et les au-tres animaux, mais bien de gauche à droite et de droite à gauche. Puis, s'emparant d'un papillon, il déroula, au moyen d'une épingle, la longue trompe que les lépidoptères plongent dans le calice des fleurs.

Le *thorax*, continua le vieux professeur, qui constitue la région moyenne du corps, se compose de trois anneaux, plus ou moins intimement soudés, et portant chacun, en dessous, une paire de pattes. Vous voyez que cette disposition existe chez tous les insec-tes, carabe, guêpe, libellule, qui sont devant vous. Tous les in-sectes, en effet, portent six pattes disposées par paires sur chacun des anneaux du thorax.

Le premier de ces anneaux, le plus rapproché de la tête, s'ap-pelle le *prothorax* : il ne porte jamais d'ailes ; et, quand ces orga-nes existent, ils sont placés sur les deux autres segments ; le deuxième anneau est le *mésothorax*, et le troisième le *métatho-*

rax; il nous est facile de détacher chacun de ces anneaux, et de constater que chez le hanneton comme chez la libellule, les deux derniers sont munis chacun d'une paire d'ailes; il en est encore ainsi chez le papillon.

Examinons maintenant les pattes de nos insectes. Elles sont, vous le voyez, formées de trois parties bien distinctes : une *hanche*, formée de deux articles; une *cuisse*, et une jambe formée chacune d'un seul article; l'espèce de doigt qui se trouve à l'extrémité, et qui, suivant les espèces, compte de un à cinq articles,

s'appelle *tarse;* il se termine ordinairement par deux crochets, espèce de griffe qui permet aux insectes de s'accrocher partout.

Les *ailes* sont constituées par une double membrane, très fine, soutenue à l'intérieur par des baguettes ou nervures. Ordinairement il n'y en a que deux dans les *diptères*; ainsi, ces mouches qui bourdonnent autour de nous et qui se posent obstinément sur notre figure ou sur nos mains, n'ont que deux ailes; le hanneton, le libellule et le papillon en ont quatre. Tantôt ces ailes sont minces et transparentes comme dans cette guêpe, tantôt elles sont opaques et recouvertes d'une poussière fine et colorée, qui s'attache facilement aux doigts comme dans ce papillon. Dans beaucoup d'espèces à quatre ailes, chez le hanneton, par exemple, les deux premières sont dures et coriaces, et servent à protéger les secondes quand l'insecte est au repos ; ce sont des espèces de couvertures ou d'étuis appelés *élytres*. Parfois ces ailes ne sont que des *demi-élytres*, lorsque la partie supérieure seule est durcie et la partie inférieure molle. Cette punaise des bois vous en offre un exemple. Dans les espèces à deux ailes, les deux ailes qui manquent sont représentées par deux petits filets mobiles, implantés sur le métathorax, et qu'on nomme *balanciers*. Vous pouvez vous en rendre compte en examinant cette mouche que Raoul vient de capturer.

La troisième partie du corps des insectes, l'*abdomen*, est composée d'une série d'anneaux dont le nombre peut aller jusqu'à neuf, qui sont mobiles les uns sur les autres, c'est-à-dire qu'ils peuvent tourner et se relever plus ou moins. Les derniers, ceux de la partie postérieure, portent souvent de appendices très variables de formes et d'usages.

Les insectes n'ont pas d'os à l'intérieur du corps. Ils ont, à proprement parler, un *squelette extérieur*, qui est composé des ceintures vertébrales, des anneaux plus ou moins réguliers formant une enveloppe coriace qui conserve, chez beaucoup d'espèces, une certaine flexibilité, mais qui offre, le plus souvent, une dureté assez considérable, et une consistance analogue à celle de la corne.

Nous ne pouvons examiner aujourd'hui avec détails l'organisation intérieure des insectes ; nous allons cependant en dire quelques mots.

Le canal intestinal qui s'étend dans toute la longueur du corps, présente une structure assez compliquée. Dans les chenilles, c'est un tube droit de la longueur du corps; mais, le plus souvent, ce tube est contourné, plus long que le corps, et décrit de nombreuses circonvolutions. Quelle qu'en soit, du reste, la forme, il n'a pas partout le même diamètre et présente successivement des renflements et des rétrécissements.

Au fond de la bouche, se trouve le pharynx où les aliments préalablement divisés par les pièces de la mâchoire, s'imprègnent d'une abondante salive; vient ensuite l'œsophage, puis le premier estomac ou *jabot* immédiatement suivi d'un second estomac ou *gésier*, un peu moins volumineux, pourvu à sa partie interne de replis saillants, d'espèces de dents ou d'épines qui ser-

vent à triturer les aliments; de là, les aliments passent dans un troisième estomac, d'où la partie nutritive s'échappe dans la cavité générale du corps, tandis que celle qui doit être rejetée suit l'intestin grêle et le gros intestin.

« Parfois, dit le spirituel naturaliste que nous avons déjà cité, la salive est détournée de son usage habituel. Elle devient le fil avec lequel l'insecte enveloppe le berceau mystérieux de sa dernière transformation; elle nous fournit la plus riche matière textile qui réjouisse notre vanité, cette soie dont les plis voluptueux, flottant autour d'Héliogabale, scandalisèrent le sénat dégénéré; cette soie qui se payait poids pour poids avec de l'or, et qui fit couler les larmes de l'impératrice Sévérina, épouse d'Aurélien, mari trop économe, peu imité de nos jours. Moins heureuse que les femmes de nos ouvriers et de nos paysans, elle se vit refuser une robe de soie par le maître du monde. »

La circulation du sang, chez les insectes, est d'une extrême simplicité.

— Je m'étais figuré, dit Raoul, que les insectes n'avaient pas de sang.

— Autrefois les plus savants pensaient comme vous que les insectes étaient privés de sang. C'est que ce fluide est chez eux tout a fait incolore, ou coloré d'une teinte jaune, verte ou grise à peine sensible. Le cœur ou *vaisseau dorsal*, ainsi nommé parce qu'il s'étend le long du dos depuis la tête, jusqu'à l'extrémité du corps de l'insecte est formé d'une succession de petites chambres qui se contractent et se dilatent alternativement. La direction que ces mouvements impriment au liquide est d'arrière en avant. Après s'être répandu dans les différentes parties du corps, le sang revient au vaisseau dorsal ; mais comme il n'existe pas dans ces animaux de parois vasculaires, le sang, hors du vaisseau dorsal, forme de simples courants marchant en sens inverse et que nous pouvons voir au moyen de la loupe, sous la peau transparente des larves d'éphémères.

Mais il faut aux insectes de l'air ; il faut, comme cela a lieu pour nous, que l'oxygène, l'air vital, vienne revivifier le sang épuisé par les pertes qu'il a subies en nourrissant les organes ; il faut en un mot, que les insectes respirent,

— Ils respirent, comme nous, par la bouche, cela est certain, dit Roger.

— Ils ne peuvent assurément pas respirer par le nez, ajouta Raoul, puisqu'ils sentent à l'aide de leurs antennes ; et, il n'y a là rien qui puissent donner passage à l'air.

— Ils ne respirent ni par la bouche, ni par le nez, et cela ne doit pas vous étonner de ces animaux si singulièrement conformés. L'*appareil respiratoire* est représenté extérieurement par des *stigmates*, dont on doit la découverte à Bazin, et qui sont des sortes de petites bouches, ou plutôt de petites boutonnières, placées généralement sur le côté des anneaux de l'abdomen.

Vous pouvez les apercevoir sur cette grosse chenille qui rampe là, au milieu de nous, et qui semble être venue tout exprès. C'est la couleur du pourtour des stigmates qui tranche sur la couleur de la peau de la chenille.

Ces stigmates, portent en dedans du corps, une infinité de petits canaux, de tubes déliés, formés d'une fibre argentine, simulant des arbuscules très délicats et qu'on nomme *trachées*. Ce sont ces petits tubes, prodigieusement ramifiés, qui portent l'air dans toutes les parties du corps de l'insecte.

Tous les insectes à l'état parfait respirent par des trachées, mais tous n'ont pas le même nombre de stigmates pour l'entrée de l'air. Ainsi parmi les espèces aquatiques, les Nèpes et les Ranâtres ont à l'extrémité de l'abdomen deux longs tubes par lesquels s'opèrent, l'entrée et la sortie de l'air. Pour cela, l'animal vient de temps en temps présenter à la surface de l'eau l'extrémité de ses deux tubes respiratoires.

D'autres insectes, parmi les Coléoptères et les diptères, respirent de la même manière, mais seulement à l'état de larve. L'action de l'air n'est pas localisée chez les insectes, comme elle l'est chez presque tous les animaux ; elle doit se produire dans tous les organes pour restituer au sang son oxygène.

C'est au moyen de contractions et de de dilatations successives que les insectes font entrer l'air dans les trachées lorsqu'ils veulent prendre leur vol. Vous avez souvent observé le hanneton quand il *compte ses écus*, comme le disent, dans un langage peu scientifique, les gamins qui torturent le malheureux coléoptère. Quand attaché au bout d'un fil, il cherche à se soustraire en s'envolant, à la tyrannie de ses persécuteurs, il soulève un grand nombre de fois ses élytres pour faire glisser l'air le long de son corps ; puis, il le force à pénétrer dans ses stigmates par l'abaissement de cette sorte de soufflet. Chez d'autres insectes, notamment les sauterelles les criquets, les mantes, on aperçoit de véritables mouvements respiratoires qui consistent en des alternatives de resserrement et de dilatation de l'abdomen.

Pour relier entre elles les fonctions diverses des admirables appareils dont les insectes sont pourvus, ces animaux sont munis d'un *système nerveux* formé par une double série de ganglions communiquant par des cordons longitudinaux, se ramifiant dans toutes les parties du corps.

Je ne veux pas vous fatiguer, mes enfants, dit M. Darien, et nous reprendrons jeudi prochain les généralités sur les insectes. Toutes ces notions qui, peut-être, ne vous paraissent pas bien attrayantes sont cependant nécessaires à connaître avant de commencer vos collections.

La station sous le gros chêne avait été longue : A la grande satisfaction des petits naturalistes, impatients de courir, leur vieil ami donna le signal du départ.

— Est-ce que nous allons déjà retourner à la maison ? demanda René.

— Mon intention, dit M. Darien, est de ne rentrer que ce soir, vers cinq heures, comme il a été convenu avec Mme Clairbois. Vous pouvez donc croquer tout à votre aise les provisions que chacun de vous a apportées ; ce ne sera pas un repas bien confortable : mais, quand on veut s'instruire, il faut savoir faire quelques sacrifices. Je suis satisfait de l'attention que vous avez apportée à votre première leçon, et pour vous récompenser, je veux vous proposer une petite excursion jusqu'à Rochenoire.

— Oh ! oui, dit Raoul, allons à Rochenoire, et vous nous raconterez l'histoire de la *Comtesse*.

Il existait, à environ deux kilomètres en amont de la rivière, un sombre ravin profondément encaissé au fond duquel coulait un étroit ruisseau. Au confluent des deux cours d'eau se dressait un énorme rocher dont la large base de granit s'avançait sur un gouffre profond. Le sommet était couronné par des ruines attestant qu'une habitation s'élevait autrefois dans ce lieu sauvage dont les habitants de la contrée s'éloignaient avec un sentiment de superstitieuse terreur. Jamais les trois cousins, que la curiosité avait fortement aiguillonnés, n'avaient osé s'aventurer jusqu'à Rochenoire.

C'est que la tradition avait conservé dans de sombres légendes le souvenir de drames sanglants dont Rochenoire avait été le théâtre.

Nos chasseurs d'insectes prirent donc le sentier qui conduisait dans la direction de cet endroit sinistre ; ils marchaient au milieu des difficultés d'un terrain mouvementé, couvert de ronces et d'épines et semé d'obstacles de toute espèce ; là ils étaient arrêtés par un éboulement des terrains supérieurs, plus loin par une tranchée profonde produite par l'affaissement du sol ; ici, c'étaient les branches d'un épais buisson qui leur fouettaient le visage, ou des lianes entrelacées qui entravaient leurs pieds.

M. Darien souriait en voyant comment l'attitude des enfants se modifiait à mesure qu'on avançait vers Rochenoire et que les obstacles devenaient plus nombreux et plus difficiles à vaincre. Les filets qui tout à l'heure faisaient leur office servaient maintenant de cannes sur lesquelles on s'appuyait pour rendre la marche plus sûre ; les éclats de rire avaient cessé, les visages étaient devenus sérieux, presque graves, et les enfants silencieux se pressaient autour de leur vieil ami. Ils avaient le cœur tout palpitant comme de jeunes soldats le jour de leur première bataille.

Arrivés au fond du ravin, ils durent traverser sur une passerelle rustique formée d'un seul tronc d'arbre, le ruisseau qui tombait en cascades bouillonnantes, et ce ne fut pas la partie la moins accidentée de leur excursion. Roger qui avait voulu faire le brave et marcher le premier, s'élança trop vite sur le bord opposé et prit un bain que la chaleur rendait heureusement peu dangereux. Enfin, ils étaient au pied du rocher sur lequel s'élevait au douzième siècle, le château de Rochenoire.

De nombreux blocs s'étaient détachés du sommet du coteau et avaient roulé jusqu'à la berge du ruisseau. En partie cachés par de grandes fougères, ils ressemblaient à un troupeau d'animaux au pâturage,

Une sorte d'escalier taillé dans le roc permit aux chasseurs de gravir le rocher, et bientôt, assis sur les décombres de Rochenoire, ils dominèrent du regard toute la campagne voisine. Ils reconnurent l'avenue de tilleuls de Bellevue, dont ils se croyaient beaucoup plus éloignés.

Les ruines dont ils étaient entourés surexcitaient vivement la curiosité des enfants qui prièrent M. Darien de leur raconter la légende de Rochenoire. C'était encore les instruire que de leur faire connaître les mœurs des siècles passés et de les mettre en garde contre les préjugés et les superstitions d'un autre âge, aussi le

vieux professeur, au courant de toutes les traditions locales, s'empressa-t-il d'accéder à leur désir.

La comtesse Gisèle, dit-il, était la fille d'un des plus puissants barons de cette contrée : encore enfant, elle avait été fiancée au comte de Rochenoire dont le château dressait sa forêt de tours, de tourelles, de clochetons surmontés de girouettes grinçantes, au-dessus de l'abîme qui bouillonne sous nos pieds. Mais la main de la belle Gisèle était également recherchée par le chevalier Adhémar dont le manoir s'élevait, d'après la tradition à peu de distance de Rochenoire, et dont il ne reste plus trace aujourd'hui.

Tous les Seigneurs du pays furent conviés au mariage de Gisèle et du comte de Rochenoire ; un brillant tournois eut lieu sur ce plateau, et la jeune épouse voulut elle-même couronner le vainqueur. Le chevalier Adhémar repoussa l'invitation du comte ; il entra dans une sombre fureur et résolut de se mettre en lutte ouverte contre son rival ; puis il pensa que la dissimulation servirait mieux ses projets.

On le voyait souvent monté sur un fougueux coursier, errer dans les grands bois qui couronnaient toutes ces collines ; et lorsqu'il arrêtait son regard sur Rochenoire, l'expression terrible de sa physionomie glaçait d'effroi ceux qui en étaient les témoins. Les serviteurs et les hommes d'armes de Rochenoire pensaient que le farouche Adhémar méditait quelque sinistre forfait.

Pendant dix ans rien, cependant, ne vint troubler la sécurité des châtelains de Rochenoire, et chacun pouvait croire que le le temps avait cicatrisé la blessure faite à l'amour-propre du chevalier et qu'il avait oublié sa vengeance.

C'était l'époque où un courant irrésistible entraînait vers l'orient les défenseurs de la croix sans cesse menacée par le croissant. Le comte de Rochenoire avait fait vœu de se rendre en Terre-Sainte ; et, malgré les prières et les larmes de la comtesse dont les funestes pressentiments furent hélas ! trop tôt justifiés, il partit après avoir recommandé sa femme et son fils, Rodolphe, qui avait alors huit ans, aux fidèles serviteurs qu'il laissait à la garde du manoir féodal.

A force d'or et de promesse, Adhémar qui n'avait rien oublié, parvint à circonvenir ceux des serviteurs de Rochenoire en qui la comtesse Gisèle mettait toute sa confiance. Deux mois après le départ du comte, à la suite d'un orage formidable qui avait mis en émoi tous les habitants du château, le petit Rodolphe disparut sans qu'il fut possible de trouver un indice qui pût faire retrouver ses traces. Après avoir épuisé toutes les conjectures, on s'arrêta à l'idée que l'enfant, à la suite de quelque imprudence, avait été précipité au pied du rocher, et que la rivière changée en torrent, avait emporté au loin son cadavre.

La douleur de la comtesse était de celles qu'on renonce à décrire. Éloignée de son époux dont le retour était subordonné à toutes les éventualités d'une expédition périlleuse et lointaine ; ne pouvant compter sur son père, parti lui-même en Palestine, la mère désolée ne savait à qui confier sa douleur lorsque, à sa grande surprise et à son grand effroi, le belliqueux Adhémar se présenta à Rochenoire avec toutes les marques du respect et de la sympathie. Il fit connaître à la comtesse le dessein qu'il avait formé de se mettre à la recherche du petit Rodolphe ; il avait entendu dire que l'enfant n'était pas mort, mais qu'il avait été enlevé par des Bohémiens.

La châtelaine de Rochenoire, d'abord incrédule, évita cependant de faire allusion aux événements passés et aux dissentiments qui en avaient été la conséquence. Elle encouragea Adhémar dans son noble projet, lui promettant une éternelle reconnaissance, s'il parvenait à lui rendre son fils. De temps en temps le chevalier informait la comtesse du résultat de ses démarches, et, ses insinuations étaient si adroites que la mère se remit à espérer.

Mais un nouveau malheur s'était abattu sur la noble maison de Rochenoire : un des serviteurs qui avaient accompagné le comte revint, couvert d'habits de deuil, annoncer à la comtesse que son maître était mort avant d'avoir atteint le terme de son voyage. Le coup fut si terrible que la pauvre femme faillit perdre la raison : La nouvelle de ses infortunes se fut à peine répandue que le che-

Le belliqueux Adhémar se présenta à Rochenoire.

alier accourut, lui apportant une bonne nouvelle, bien capable de modérer son chagrin : Il promit de lui rendre bientôt l'héritier du nom de Rochenoire.

Il n'en fallait pas davantage pour que la noble Gisèle se rattachât à l'existence ; puisque son enfant vivait, elle devait se conserver pour lui.

Cependant, les mois s'écoulaient et le petit Rodolphe n'était pas retrouvé : La pauvre mère passait son temps dans la prière et dans les larmes ; elle ne songeait plus qu'à mourir.

Un soir Adhémar se présente devant elle ; il l'engagea à ne pas désespérer ; son fils n'était pas mort, il en avait la certitude et dût-il poursuivre ses ravisseurs jusqu'au bout du monde, il le retrouverait. Puis revenant sur les projets de sa jeunesse, il dit à la comtesse qu'elle ne pouvait pas rester sans appui ; il lui fallait un bras puissant pour soutenir ses droits et ceux du jeune comte de Rochenoire, et il osa lui offrir sa main.

D'abord la comtesse se redressa sous l'outrage, tout son sang reflua à son cœur, et pâle d'indignation sa première pensée fut d'appeler ses serviteurs et de chasser Adhémar.

Elle réfléchit que l'importun s'était joué de ses douleurs, que son fils était bien mort et qu'aucune puissance humaine ne saurait le lui rendre. Elle se dit que son indigne voisin n'avait inventé l'histoire de l'enlèvement que pour avoir un accès auprès d'elle.

Cependant si le chevalier avait dit vrai? Si le petit Rodolphe était en vie et qu'il lui fût encore donné de caresser sa chère tête blonde ?

Elle résolut alors de confondre le chevalier avec les armes mêmes qu'il lui avait fournies, et elle eut l'imprudence de lui promettre de devenir sa femme le lendemain du jour où il lui aurait ramené son enfant. . . . .

. . . .

Les trois cousins avaient écouté avec un vif intérêt le récit de la première partie de la légende de Rochenoire, lorsque à leur grand regret, M. Darien s'arrêta et leur dit qu'il était temps de se mettre en route pour revenir à Bellevue. Mme de Clairbois les attendait, et, ils devaient le soir même rentrer au collége. La fin de l'histoire de la comtesse Gisèle fut donc remise au jeudi suivant.

II.

Le jeudi suivant, dès le matin, nous rencontrons nos petits chasseurs d'insectes s'éloignant de Bellevue sous la conduite de leur vieil ami.

— Allez-vous nous terminer la légende de Roche-Noire? demanda René à M, Darien.

— Nous allons d'abord, mes enfants, continuer l'histoire des insectes; il faut toujours faire passer l'utile avant l'agréable. Ce soir, si je suis content de vous, je vous raconterai la suite de la légende.

Nous savons maintenant, mes amis, dit-il, comment sont organisés les insectes; et en examinant le mécanisme de leur structure, on se demande comment la nature a pu renfermer dans ces petits corps, aussi bien que dans les plus grands animaux, des viscères, des vaisseaux, du sang, des ressorts qui opèrent les mouvements les plus surprenants, les mieux combinés, et dans un degré de perfection supérieur à tout ce que l'art et l'industrie peuvent produire. Mais, s'il est intéressant de connaître l'organisation de ces petits animaux, la bizarrerie de leur forme, leurs métamorphoses et leurs mœurs présentent des considérations non moins dignes d'exciter notre curiosité et notre admiration.

Disons sans plus tarder, qu'on appelle *entomologie* la science qui traite de l'histoire des insectes.

— Y a-t-il, demanda Roger, beaucoup d'espèces d'insectes ?

— « Leur nom, dit Michelet, c'est l'infini vivant. »

Le grand observateur Swammerdam, recula épouvanté, au moment où le microscope lui permit d'entrevoir le monde des insectes ; et, c'est par quantités innombrables qu'il faut compter ceux qui sont visibles à l'œil nu. De tous les animaux du globe, ce sont les plus nombreux et les plus diversifiés ; il y en a partout sur la terre et dans les eaux : Chaque arbre, chaque plante, chaque brin d'herbe, chaque animal, en nourrit plusieurs espèces, et le monde disparaîtrait sous la dent vorace de ces êtres méprisés si la nature ne leur avait suscité une multitude d'ennemis, oiseaux, poissons, reptiles, et si eux-mêmes ne s'entredévoraient constamment.

— Notre jardinier prétend, dit Raoul, que les insectes naissent de la terre et des matières corrompues.

— Votre jardinier se trompe, mon enfant, mais il faut lui pardonner son erreur que de plus savants que lui ont partagée. Les anciens croyaient, en effet, à la *génération spontanée* des insectes, et cette erreur resta accréditée jusqu'au dix-septième siècle. Jusque lu, on avait ignoré comment la larve qui rampe sur la terre, qui s'agite dans des matières immondes pouvait se rattacher à l'insecte adulte, pourvu d'ailes et voltigeant sur les fleurs.

« La paresse de notre esprit, dit Maurice Girard, aime ces solu-

tions simples et générales, en accord avec le naïf orgueil de la suprême ignorance. On voyait sortir du sol, au milieu des gazons, ces petits êtres ailés qui, par l'éclat de leurs couleurs, rivalisaient souvent avec les fleurs d'or et d'azur; c'étaient les gracieux enfants

de la terre, de cette mère commune d'où naissent à lafois les végétaux maintenus immobiles sur son sein fécondant, et les insectes
remplissant l'atmosphère de leurs scintillations, du murmure
confus de leurs bourdonnements. La vase séchée et crevassée par
le soleil, engendrait les noirs essaims des mouches qui tourbil-
lonnaient à sa surface. D'autres prenaient leur origine dans la chair
corrompue des cadavres d'animaux abandonnés à l'air. Souvent
les qualités des insectes dépendaient de l'animal d'où ils tiraient
le jour par une prétendue fermentation. Les abeilles mêmes, ces
fières habitantes des monts sacrés, ces douces nourrices de Jupiter
enfant, n'échappaient pas à la loi commune. Celles qui proviennent des entrailles du lion, dit Elien, sont indociles, farouches,
rebelles au travail; celles qui naissent du mouton, nobles et pa-
resseuses; au contraire, on recherchait les abeilles sorties des
flancs du taureau : elles étaient laborieuses, obéissantes. »

— Ce sont là des fables, dit Raoul; mais je croyais cependant
que la viande corrompue et le fromage engendraient des vers.

— Vous avez vu, en effet, des vers dans la viande corrompue
et dans le fromage, mais ils provenaient des œufs déposés dans
ces substances par les femelles des insectes.

Un naturaliste italien, Redi, né à Arezzo en 1626, mort en
1697, qui exerçait la médecine à Florence, fit le premier des
expériences qui prouvèrent cette vérité.

Il exposa à l'air un grand nombre de boîtes découvertes contenant de la chair de différents animaux. Ces chairs attirèrent des
mouches dont l'observateur constata la ponte, et bientôt de nombreux vers, né des œufs, se développèrent avec une incroyable
rapidité. Il obtint ainsi quatre sortes de mouches.

Puis, il fit la contre épreuve, c'est-à-dire qu'il plaça de la chair des même animaux dans de nouvelles boîtes, cette fois, recouvertes de toiles à claire-voie permettant à l'air de circuler librement pour amener la putréfaction, mais rendant impossible l'introduction des œufs. Redi vit, comme la première fois, les chairs se corrompre, mais aucun ver ne s'y développa.

La grande généralité des insectes est ovipare ; cependant quelques espèces, mais en très petit nombre, sont vivipares. Les insectes ovipares sortent de l'œuf en dehors du corps de la femelle ; néanmoins, il en est qui éclosent dans l'intérieur du corps de leur

Ennemis des insectes.

mère et qui naissent à l'état de larve. Quoi qu'il en soit, les femelles d'insectes sont d'une prévoyance extraordinaire ; elles ne déposent leurs œufs ou leurs larves qu'après avoir choisi un endroit où la pâture nécessaire aux petits se présente d'elle-même à leur portée ; cette prévoyance est d'autant plus indispensable et d'autant plus admirable que souvent la mère meurt après avoir assuré l'avenir de sa postérité.

Quelquefois les œufs sont enfermés dans des logettes, d'autres fois ils sont fortement collés sur quelque point d'appui. Beaucoup

d'insectes les placent sur les feuilles des végétaux, et chaque famille choisit la plante qui lui convient. Souvent le même arbre
nourrit plusieurs espèces ; les uns préfèrent les fleurs, les autres
les feuilles, ceux-ci l'écorce, ceux-là les racines. Les feuilles de
de certains végétaux, quand les œufs y ont été déposés, s'élèvent
en formes de noix creuses qui constituent pour les larves une
habitation commode. Là ne s'arrête pas leur industrie : Il y en a
qui insinuent leurs œufs dans l'intérieur des feuilles entre la face
supérieure et la face inférieure. A l'abri des injures de l'air et des
attaques de ses ennemis, la petite larve se creuse des routes secrè-
tes dans l'épaisseur du parenchyme qui lui sert en même temps
de nourriture. Ceux à qui un régime végétal ne saurait convenir
trouvent moyen d'enfermer leurs œufs dans le corps des animaux.
Des mouches et des papillons les déposent dans des fruits ; les
cousins les placent sur l'eau croupissante ; l'escarbot les introduit
dans les excréments ; les teignes les disposent dans les fourrures ;
certaines mouches les projettent dans le fromage ; et les abeilles
les enferment dans les belles cellules hexagonales qu'elles ont
elles-mêmes construites.

Cet insecte recherche pour pondre le dos d'un bœuf ; cet autre,
le corps d'un renne ; à celui-ci il faut pour se développer les nari-
nes d'une brebis, à celui-là les intestins d'un cheval.

Tous les insectes ne demeurent pas le même espace de temps dans
leurs œufs. Quelques heures suffisent aux uns pour éclore ; à d'autres il faut plusieurs jours et même plusieurs mois ; un degré de
chaleur factice ou naturelle plus ou moins élevé, accélère le terme
de l'éclosion. Les œufs ne se durcissent que quelques minutes
après qu'ils ont été pondus. D'abord on n'y aperçoit qu'une
matière aqueuse ; mais bientôt on découvre dans le milieu un

point obscur, commencement de l'organisation du petit être qui brisera la coque et se mettra à ramper.

Un phénomène presque général dans la classe des insectes, ce sont les *métamorphoses* plus ou moins complètes qu'ils subissent dans le cours de leur existence. Les oiseaux et les quadrupèdes naissent avec la forme qu'ils auront toute leur vie ; les insectes subissent divers changements, passent par divers états avant de prendre définitivement la physionomie des parents dont ils ont reçu l'existence. Déjà vous les avez observés sous les trois états

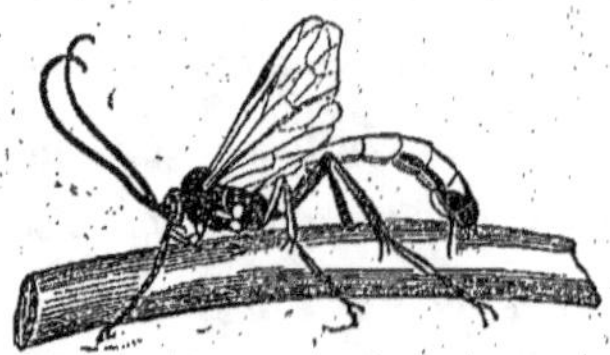

Ichneumon.

bien distincts de *larve*, de *nymphe* et d'*insecte parfait*. Cette chenille qui rampe au milieu du chemin, ce cocon accroché aux épines du buisson, ce papillon qui s'envole vous offrent le même insecte sous ses trois états différents : C'est un exemple de *métamorphose complète*.

Parfois les changements ne sont que de simples développements de certaines parties du corps : Promenons le fauchoir sur le bord de ce champ de luzerne et nous recueillerons peut-être quelques insectes à *métamorphose incomplète*. . . . .

Justement, voici dans le filet des échantillons qui vous sont bien connus.

— Oui, Monsieur, ce sont des sauterelles, dit René ; et en voilà une toute petite.

— Cette toute petite sauterelle est un insecte à sa première métamorphose ; mais, c'est déjà une sauterelle, ressemblant complètement à l'insecte parfait, bien qu'elle ne soit encore qu'une *larve*, c'est-à-dire un *masque* qui cache le véritable insecte. Cette autre qui porte des rudiments d'ailes est à l'état de nymphe, mais cette nymphe mange et marche.

Enfin cette grosse sauterelle qui porte des ailes et fait des efforts pour bondir sur ses longues pattes est l'insecte à son troisième état, c'est l'adulte.

Au sortir de l'œuf, les insectes à métamorphose complète sont toujours vermiformes pendant le temps qu'ils demeurent à l'état de larve. Leur corps, de forme allongée, se compose d'anneaux mobiles dont le nombre le plus ordinaire est de treize. Parmi ces larves, les unes possèdent des pattes, les autres en sont privées. L'état de larve est celui sous lequel les insectes vivent le plus long-temps ; c'est aussi la période de leur existence pendant laquelle les insectes nuisibles causent le plus de dégâts.

Savez-vous combien il faut de temps à ces pauvres hannetons que vous savez si bien torturer, pour devenir des insectes adultes dont le bourdonnemeut a pour vous tant d'attraits? Il ne leur faut pas moins de trois longues années, tandis que ceux de ces insectes parfaits qui échappent à la dent des mammifères, au bec des oiseaux, ou aux poursuites des enfants, ne vivent pas plus de trois semaines.

Les *turcs* ou *vers blancs*, dont votre jardinier déplore tant les ravages, ne sont autre chose que les larves grasses et dodues des hannetons.

L'éphémère qu'un même jour voit s'élancer dans l'espace et mourir a vécu deux longues années à l'état de larves. Il y a des espèces, au contraire, qui subissent dans un seul été toutes leurs transformations et ne se perpétuent l'année suivante que par l'éclosion des œufs qu'elles ont laissés.

C'est improprement qu'on donne aux larves le nom de vers, toutes sont des *chenilles*, bien qu'on réserve spécialement ce nom aux larves des lépidoptères.

L'accroissement des larves se fait par des mues qui semblent résulter de l'augmentation du corps de l'animal; le nombre de ces mues, généralement de cinq, est souvent dépassé chez les lépidoptères. Pendant les quelques heures qui précèdent la mue, la larve reste immobile; seulement, tout son corps éprouve de temps à autre des contractions brusques et saccadées. La peau se dessèche insensiblement et finit par s'ouvrir sur le dos en commençant par la tête; alors la larve s'en dégage peu à peu et se montre revêtue de nouveaux téguments qui ne tardent pas à se solidifier : Elle a rejeté son vêtement trop étroit et se trouve revêtue d'un habit à sa mesure.

Voici comment, dans un magnifique langage, Michelet décrit la mue des insectes :

« La vie de ces pauvres enfants sans mère, dit-il, est faite de deux choses sévères : le travail et la croissance par la maladie.

« Les mues ne sont pas autre chose.

« Le moment douloureux étant venu pour la petite bête de changer son vêtement, celui qui adhère à sa chair, elle se sent prise de malaise, abandonne sa famille, et languissante se traîne en quelque lieu solitaire. A la voir ainsi molle, inerte, flétrie, si différente d'elle-même, vous diriez qu'elle va mourir. En effet, beaucoup succombent dans cette crise laborieuse.

« Passive, suspendue à quelque branche, elle attend que la

nature fasse son œuvre, que son épiderme se détache de la seconde peau qui est au-dessous, appelant à elle seule les énergies de la vie.

« C'est alors que l'on voit la robe, si brillante naguère, se dessécher, se durcir comme une chose désormais inutile qui va être emportée par le vent.

« Mais pour qu'il cède et se rompe, il faut que la malade, malgré sa faiblesse, s'agite en tous sens, se torde, se gonfle, se contracte et fasse tous les actes d'un être en sa plus grande force.

« Enfin elle a vaincu, le vieux fourreau éclate et je la vois qui s'en dégage toute baignée de sueur.

« N'y touchez pas encore, le moindre contact la blesserait. Elle le sent, ne bouge. Elle est pâle et comme en défaillance ; il faut qu'elle attende pour se remettre en marche que sa peau soit moins sensible et ses jambes affermies. Bientôt heureusement la nourriture la remettra ; un terrible appétit lui vient qui lui fait reprendre sa force, et la prépare encore à la mue. Telle est son sort. Elle est condamnée à s'enfanter toujours jusqu'à ce qu'elle arrive à sa transformation dernière.

« Si l'effort ou la douleur lui donne une lueur de pensée, elle doit se dire à chaque mue : « Me voilà quitte !... j'ai fini, je serai tranquille, c'est mon dernier changement. » A quoi la nature répond : « Pas encore ! et pas encore !... Qu'es-tu ? rien qu'une larve, un masque qui va tomber. »

« Quoi ! un masque qui veut et travaille, qui s'ingénie, souffre, qui semble parfois plus avancé que ne le sera l'être qui doit surgir ! Tant d'industrie, tant d'adresse dans une peau qui tout à l'heure doit sécher et voler au vent !

« Quoi qu'il en soit, un matin, je ne sais qu'elle irritation, quelle inquiétude la saisit, un aiguillon mystérieux la pousse à un travail nouveau. On dirait qu'en elle, une autre *elle* se meut, s'agite, suit un but tout tracé, et veut dormir... quoi ? le sait-elle ? on ne peut le dire, mais enfin vous la voyez agir, se conduire sagement, tout comme si elle le savait. Le pressentiment du sommeil qui va la gagner, la paralyser, la laisser inerte à tous ses ennemis, lui faire déployer tout à coup une activité nouvelle. Travaillons bien ! travaillons vite !... Ah ! que je vais bien dormir ! »

Beaucoup de larves, avant de passer à l'état de *nymphe*, s'enferment dans un cocon qu'elles fabriquent avec de la soie secrétée par leurs glandes salivaires et préparée à l'aide de filières creusées dans les lèvres. Il en est qui s'enfoncent dans la terre et s'y aménagent une loge qu'elles tapissent avec soin. Chez un grand nombre, la peau dont la larve s'est dépouillée à sa dernière mue, se dessèche, et constitue une espèce de coque, en forme d'œuf, dans laquelle l'animal reste enveloppé. Parfois, la larve se recouvre d'une peau mince qui emmaillote son corps. Cette dernière disposition qui s'observe très bien chez les nymphes de diverses mouches à viande leur a valu les noms de *pupes* (petites poupées) et de *maillots*. Mais on appelle communément *chrysalide*, parce qu'elle est souvent revêtue de taches brillantes d'or ou d'argent, la nymphe des papillons. Parmi ces chrysalides, il en est qui s'attachent à un cordon de soie qui les soutient au milieu du corps, d'autres qui se suspendent la tête en bas, à l'aide de leurs fausses pattes postérieures.

Elles restent absolument immobiles, renfermées dans leur coque ou dans leur trou, sans prendre aucune nourriture. Mais pendant cet état de repos apparent, leur organisme tout entier éprouve les changements les plus extraordinaires pour arriver à revêtir sa forme définitive dont il s'approche peu à peu. Les différents organes dont l'insecte parfait sera pourvu se développent insensiblement sous le voile qui les cache à nos regards ; et, lorsque l'évolution est achevée, l'animal se débarrasse de son linceul, et il apparaît doué d'un organisme supérieur et d'une vie plus active : C'est un *insecte parfait.*

Chrysalide du Sphinx tête de mort.

Prenons un de ces cocons que vous avez recueillis dans les ronces ; il est, vous le voyez, formé d'un tissu solide que la chenille a elle-même filé. Ouvrons-le, et voyons ce qui s'est passé à l'intérieur. Une fois isolée, la recluse s'est flétrie, s'est ridée comme si elle allait mourir ; puis à force de se remuer, de s'agiter, de se tordre dans la douleur, elle s'est dépouillée de sa dernière enveloppe de chenille, de cette peau qui a été repoussée là, dans un coin du cocon. La chenille est devenue cette chrysalide ; cette

espèce d'amande, arrondie par un bout, pointue par l'autre :
Vous y découvrez les reliefs qui trahissent la forme de l'insecte
futur : au gros bout, vous distinguez les antennes et les ailes
étroitement repliées.

— Je comprends, Monsieur, dit Roger, que le papillon peut
assez facilement sortir de sa coque de chrysalide, mais il me paraît plus difficile qu'il puisse percer le cocon.

— Il est vrai, mes enfants, que le papillon qui vient de naître
dans une coque de soie épaisse et forte se trouve avoir encore
un grand ouvrage à faire. Il est enfermé dans cette prison dont
il lui faut percer les murs pour jouir de sa liberté. Plus la
coque que la chenille a construite était solide, plus elle était en
état de défendre la chrysalide, et plus grandes sont les difficultés que le papillon devra vaincre. C'est qu'en effet l'insecte
paraît n'être muni d'aucun des instruments nécessaires pour
une semblable opération ; il n'a ni dents, ni mandibules qui
puissent déchirer et briser. Je vous avoue que moi-même, je ne
puis m'empêcher d'être étonné en voyant sortir un papillon de
certaines coques.

Malpighi, célèbre naturaliste du dix-septième siècle, pensait
qu'après avoir humecté la coque avec un liquide particulier que
secrète sa bouche, l'insecte allongeait la tête pour presser, pousser le tissus, en écarter les fils et finalement ouvrir une porte
assez vaste pour lui permettre de sortir ; mais les fils ne sont
pas seulement écartés, ils sont cassés ; et, c'est ce qui fait que les
coques des vers à soie qui ont donné des papillons ne peuvent
être dévidées.

Toute créature a ses resources dans les moments difficiles de
la vie, et celui qui a créé l'insecte à pourvu à sa conservation.

Je vous ai parlé des yeux à facettes, de ces gros yeux composés
qui servent de télescopes et permettent aux insectes de voir
dans toutes les directions : ces yeux font, dans cette circonstance,
l'office de râpe. Le papillon humecte avec sa salive le point qu'il
veut attaquer ; puis, appliquant son œil contre la paroi ramollie,
il tourne sur lui-même et lime jusqu'à ce que les fils soient
rompus. Il peut alors sortir et prendre son essor.

« Assistons à ce départ, dit Michelet. Le souffle tiède du printemps a éveillé les végétaux ; son banquet est préparé. Plus
d'une fleur l'attend et secrète son miel. Il tarde..... C'est qu'aujourd'hui cette enveloppe impénétrable qui faisait sa sûreté fait
un moment son obstacle. Faible, fatigué d'une si grande transformation, comment percera-t-il ce trop solide berceau qui ris-
que de l'étouffer ?..... La libératrice n'est autre que la nature.
Cette mère, inépuisable de tendresse et d'invention, donne au
petit la clef magique qui va ouvrir la barrière, percer la prison,
l'introduire au jour de la liberté.

« Quelle clef ?... Et comment direz-vous, cet être mou, peu
consistant, va-t-il avoir prise et mordre sur un tissu ferme et
serré, doublé parfois et muré par les alluvions pluviales pendant
le cours d'un long hiver ? »

« Nous voilà bien embarrassé : mais la nature ne l'est pas.
De petits moyens tout simples lui suffisent ; elle élude la difficulté, s'en joue. Le papillon du bombyx, par exemple, au moment critique, trouve une lime ; où ? dans son œil ! Cet œil à
facettes, d'une fine pointe de diamant, lime et coupe sa prison
de soie. »

La course était déjà longue, car le vieux professeur avait
donné sa leçon en marchant. Si parfois on s'arrêtait quelques

minutes, c'était pour introduire dans la boîte ou dans un flacon une capture nouvelle. La fatigue commençait à se faire sentir, on fit halte sous un gros chêne dont les longues branches s'étendaient sur une pelouse toute parfumée par l'odeur des fraises. Les enfants firent la cueillette de ses fruits excellents et s'étendirent sur l'herbe à côté de M. Darien.

— Je comprends, maintenant, dit Raoul, comment le papillon sort de sa prison. Cependant, j'ai dans ma boîte un cocon de de fils si gros, si bien liés, d'un tissu si fort et si épais qu'il ne me paraît pas possible qu'un papillon puisse le limer, à moins d'y employer bien du temps.

— Voyons ce fameux cocon ? dit M. Darien.

— Le voici, dit Raoul. C'est un cocon que j'ai recueilli dans un trou du mur de notre jardin.

— Il était bien là à sa place, reprit le professeur, car il est tissé par la grosse chenille du poirier, cette larve énorme qui porte sur son corps de brillants tubercules de couleur turquoise.

— Nous avons souvent, Monsieur, trouvé de ces chenilles dans notre jardin ; j'en ai même enfermé une dans une boîte et elle y file son cocon.

— Vous serez bien étonné, mon enfant, d'apprendre que ce papillon, malgré la force des fils, gros comme des cheveux, malgré la solidité et l'épaisseur du tissu qui en est composé, éprouve moins de difficultés à sortir que ceux dont les cocons sont d'un tissu plus mince formé de fils plus faibles.

— Cela, en effet, ne paraît pas naturel.

— C'est que, sans doute, mon ami, vous n'avez pas suffisamment examiné ce cocon qui est pourvu d'une porte, ou plutôt de deux portes toujours ouvertes. Lorsque le moment est arrivé, il n'a qu'à vouloir sortir, et rien ne s'y oppose. Tout son travail se réduit à pousser ces fils flottants, ces espèces de franges qui dissimulent les ouvertures.

— Mais alors, reprit René, rien n'empêche à un autre insecte de s'introduire dans ce cocon et de manger le propriétaire.

— C'est encore une erreur. Ouvrons ce cocon dans toute sa longueur et mettons l'intérieur à découvert : voilà qui est fait. Regardez bien, maintenant, et vous verrez que si tout a été prévu pour faciliter la sortie du papillon, rien n'a été négligé pour assurer sa sécurité.

Vous connaissez les nasses dans lesquelles on prend le poisson ; elles sont composées de plusieurs entonnoirs d'osier ou de roseau s'emboîtant les uns dans les autres. La circonférence évasée du premier entonnoir offre une entrée facile au poisson ; il n'en craint rien, il parcourt tout ce premier entonnoir ; et, sans défiance, entre dans le second qui se présente de même à lui ; puis, il se rend dans la grande cavité de la nasse. Mais quand il veut revenir en arrière, il ne sait plus trouver ou enfiler exactement l'orifice étroit par où il est sorti de chaque entonnoir.

Vous avez, dans ce cocon, une nasse en sens inverse. L'orifice est fermé par des entonnoirs qui sont tournés, par rapport au papillon, comme les ouvertures des nasses qui invitent le poisson à s'y engager. Il ne serait donc pas plus facile à un ennemi de s'introduire dans le cocon du papillon du poirier, qu'il n'est facile à un poisson de sortir de la nasse.

Vous allez, mes enfants, assister à l'un des plus jolis spectacles qu'il soit donné à des petits chasseurs d'insectes de contempler, dit tout à coup M. Darien, dont l'attention paraissait, depuis un moment, distraite.

Voyez-vous à l'extrémité de cette branche plusieurs chrysalides brunes, avec quelques taches dorées, portant un double rang d'épines coniques. Ces chrysalides qui sont suspendues la tête en bas appartiennent à un joli papillon appelé le *paon de jour*, et en voici une qui commence à forcer la porte du tombeau.

La peau se rompt vers la région de la tête ; l'ouverture s'agrandit et s'étend sur le dos ; mais cette petite créature informe, humide, toute gonflée qui se cramponne avec effort, ne ressemble guère à un papillon. Suivez bien tous ses mouvements ; sans

Paon du jour.

doute fatiguée, elle demeure immobile ; la voilà qui reprend son laborieux travail. Ses antennes d'abord repliées s'allongent ; elle les agite et semble interroger le monde nouveau dans lequel elle va vivre.

Voici les pattes qui se montrent ; elles sont à découvert ; l'insecte marche ; il tourne autour de cette peau ridée et flétrie qui l'enveloppait il n'y a qu'un instant.

— Il a une mine piteuse, dit Roger, et il aura bien de la peine à s'envoler.

— Un peu de patience, mon enfant. Sur ses flancs pendent

deux moignons, épais, inertes qui sont les ailes ; approchez-vous avec précautions, vous distinguez déjà la couleur ferrugineuse et le dessin du grand œil bleu qui forme à ce papillon une brillante parure. Voyez..... il introduit l'air dans ses trachées comme le faisait votre hanneton quand il comptait ses écus. Le fluide pénètre partout ; l'insecte s'affermit de plus en plus, les ailes se dessèchent ; il les anime de mouvements plus rapides et les expose tour à tour à l'air afin de les sécher. Le frémissement devient de plus en plus précipité.

— C'est extraordinaire, dit Raoul, il semble que les ailes grandissent dans des proportions incroyables.

— Elles grandissent en effet, mon enfant ; elles s'élargissent et deviennent de plus en plus brillantes. La petite bête reprend son immobilité, mais vous reconnaîtrez qu'elle a bien mérité quelques instants de repos.

Notre joli papillon frissonne sous le chaud rayon du soleil qui le frappe en ce moment ; le frémissement de ses antennes indique le plaisir qu'il éprouve. Un instinct nouveau s'éveille en lui ; il agite ses ailes avec plus d'assurance ; il part, et enivré de soleil, il va puiser de nouvelles forces dans le calice des fleurs embaumées. . . . .

René saisit son filet et s'élança à la poursuite du papillon ; mais le paon de jour, désormais délivré des entraves qui l'attachaient à la terre, s'était élevé dans l'espace et bravait l'attaque du petit chasseur qui, désappointé, revint s'étendre sur l'herbe.

Le moment est venu, dit M. Darien, de nous entendre sur la dénomination des principaux groupes d'insectes. Sans cette précaution, il ne serait pas possible de nous comprendre. Les échantillons que nous possédons dans nos boîtes vont nous rendre facile la *classification* que des exemples vous permettront de retenir sans difficulté.

Le premier ordre comprend les *coléoptères*, insectes à quatre ailes dont les supérieures sont des élytres ou étuis ne servant pas au vol. Ce *hanneton*, cette *cétoine dorée* sont des coléoptères.

— Est-ce que ce *carabe* n'est pas aussi un coléoptère ? demanda Roger.

— Ce carabe, reprit vivement Raoul, est un coléoptère ; mais,

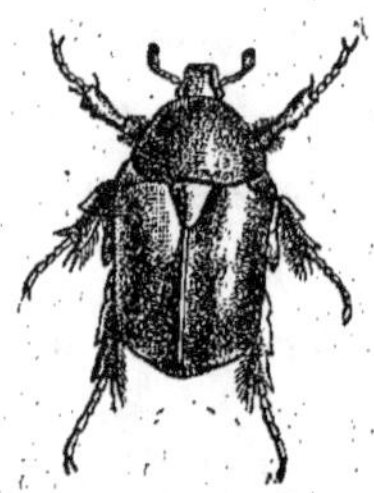

Cétoine.

M. Darien m'a fait remarquer que cette espèce ne porte pas d'ailes sous les élytres.

— Avez-vous aussi, René, quelques coléoptères dans votre petite boîte ? demanda le vieux maître.

— J'ai là une petite *bête à bon Dieu*, répondit l'enfant, et Raoul m'a dit que c'est un coléoptère.

— Il est, vous le voyez, pourvu d'ailes servant au vol, recouvertes par des élytres rouges ponctuées de noir ; Raoul ne s'est pas trompé.

Après les coléoptères, on place les *orthoptères*, insectes dont les premières ailes longues et étroites servent encore de fourreau ou d'étui aux secondes, mais ce fourreau est moins complet, moins solide, moins résistant que dans l'ordre précédent.

Les sauterelles sont des orthoptères.

— Les grillons ne sont-ils pas aussi des orthoptères? demanda René.

— Les grillons, les mantes et les criquets sont aussi des orthoptères, reprit M. Darien.

Après les orthoptères viennent les *névroptères* dont les qua- quatre ailes membraneuses sont traversées par des nervures formant une sorte de réseau.

— Il me semble, dit Roger, que cette *demoiselle* appartient à l'ordre des névroptères.

— C'est cela, mon enfant. Toutes ces jolies libellules qui vaga- bondent au-dessus des nénuphars de la petite rivière sont des névroptères.

— Le quatrième ordre, continua M. Darien, renferme des insectes dont le mode d'alimentation n'est plus le même que celui des coléoptères et des névroptères. Ce sont des *hyménoptères* dont les larves voraces dévorent d'autres insectes ou des pâtées spéciales préparées par la mère, tandis que les adultes se nourris- sent des liquides sucrés des fleurs. Cette abeille que j'aperçois dans ce flacon et que vous avez eu tort de capturer est un hy- ménoptères.

— Ce bourdon et cette guêpe sont aussi des hyménoptères, reprit vivement Roger.

— Vous voyez, mes enfants, qu'au moyen d'un exemple, il est facile de rapprocher les insectes d'un même ordre. Les ailes des hyménoptères sont menbraneuses comme celles des né- vroptères, mais les nervures divergentes dessinent de grandes cellules.

Le groupe suivant comprend les papillons qui vivent également, pendant leur courte existence, du nectar des fleurs. Leurs ailes paraissent parsemées de grains de fine poussière de toutes les nuances. Cette poussière est formée de petites écailles implantées par des pédicules dans la membrane des ailes. De là, le nom de *lépidoptères* attribué à ces êtres brillants. Le paon de jour que nous avons vu éclore, et tous ces jolis papillons qui voltigent dans ce bois sont des lépidoptères.

Voici maintenant des insectes qui, dans toutes les phases de leur existence, ont vécu en suçant des liquides végétaux ou animaux : Ce sont des *hémiptères* dont les ailes sont quelquefois en-

Cigale.

tièrement membraneuses comme dans la bruyante cigale. Plus souvent, les ailes inférieures seules sont entièrement membraneuses, tandis que les supérieures, coriaces à leur base, ne deviennent minces et transparentes qu'à l'extrémité, d'où le nom d'hémiptère. Cette punaise des bois est un hémiptère.

Un dernier ordre important est celui des *diptères*, qui se reconnaissent tout de suite en ce qu'ils paraissent n'avoir qu'une seule paire d'ailes membraneuses ; mais, en y regardant de près on voit au-dessous une paire de petits organes qui sont, en quelque sorte, deux moignons d'ailes, et dont nous reparlerons plus tard. Toutes les espèces de mouches, toutes les légions de cousins sont des diptères.

Après ces groupes supérieurs se rencontrent quelques types dégradés dont les représentants vivent la plupart du temps en parasites sur les animaux. Les ailes manquent toujours à ces insectes. Ainsi sont constitués les *thysanoures* dont vous connaissez assurément un individu aux écailles brillantes, au corps aplati. Vous l'avez vu courir dans les armoires humides, dans le garde-manger où il se jette sur les provisions.

— Je crois, Monsieur, dit Raoul, reconnaître à ce signalement le *petit poisson d'argent*.

— C'est bien cela, mon enfant. Nous trouvons aussi, au bas de l'échelle, les *puces* qui vivent sur un grand nombre de mammifères et d'autres parasites plus dégoûtants encore.

De l'endroit où ils étaient assis sur l'herbe, nos petits chasseurs d'insectes apercevaient dans le lointain les ruines de Rochenoire, et leurs regards interrogateurs disaient assez à M. Darien qu'ils attendaient avec impatience la fin de la Légende.

— René va-t-il pouvoir nous dire, demanda le vieux professeur, où nous avions laissé l'histoire de la comtesse?

— La dame de Rochenoire, répondit l'enfant, venait de promettre au chevalier de l'épouser, s'il lui ramenait le petit Rodolphe.

— Retrouver l'enfant était chose facile, car le chevalier lui-même avait été son ravisseur. Seulement, le pauvre petit aurait été incapable de l'accuser; il n'avait pas vu le visage des hommes qui l'avaient enlevé, et il ignorait en quel lieu on l'avait conduit.

— Mais ce chevalier était un monstre! s'écria Roger indigné.

— Les drames de ce genre étaient communs à cette époque où
le droit du plus fort était l'unique loi.

Pendant quelques jours l'enfant fut bien traité, mais peu à peu
on le négligea ; plus tard on le brutalisa et on le priva même des
choses les plus nécessaires. Cette conduite devait servir les projets d'Adhémar en rendant plus méritoire la délivrance qu'il avait

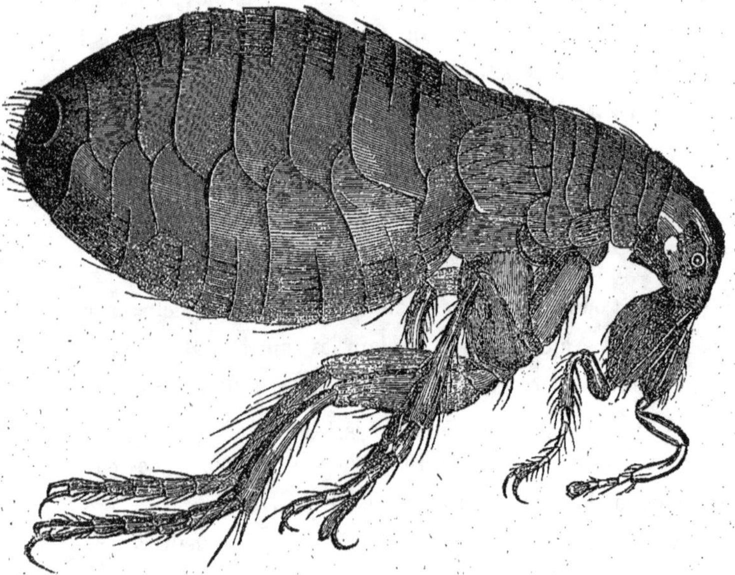

Puce vue au microscope.

promis d'accomplir. Le petit Rodolphe pleurait beaucoup ; il de-
mandait qu'on le reconduisît à sa mère ; mais ses geôliers riaient
de ses supplications et de ses larmes.

Un jour les gardiens de l'enfant affectèrent beaucoup d'inquiétude ; ils le regardaient d'une façon singulière qui le remplissait
d'effroi, et ils semblaient former des projets pour se débarrasser

de lui. Tout à coup la porte vola en éclat, et le chevalier Adhémar se plaça devant Rodolphe, menaçant quiconque tenterait de le lui ravir. Il le rassura, lui parla de sa mère, lui fit comprendre qu'il était un libérateur, et qu'il le reconduirait bientôt à Rochenoire. . . . .

A la joie qu'éprouvait la comtesse de revoir l'enfant qu'elle croyait perdu, succédèrent de vives inquiétudes causées par l'obligation qu'elle avait contractée. Il n'y avait pas encore un an qu'elle avait appris la mort du comte qu'elle pleurait toujours, et il lui répugnait de devenir la femme d'Adhémar. Elle ne pouvait croire à l'honnêteté de cet homme; son empressement lui paraissait suspect; et pourtant, il lui avait rendu son fils !...

Le chevalier eut la délicatesse de ne pas rappeler à la belle Gisèle la promesse solennelle qu'elle avait faite dans un moment où tout semblait indiquer que son fils était à jamais perdu; et, elle lui en fut reconnaissante. L'époque du mariage fut, d'un commun accord, reculée de six mois. . . . .

L'union du chevalier et de la comtesse avait été, dès le matin, célébrée sans éclat dans la chapelle du château; Gisèle, enfermée dans son oratoire, priait pour celui dont la mort prématurée l'avait laissée sans appui. De tristes pressentiments remplissaient son âme et faisaient place à des pensées moins tristes quand elle pensait à son petit Rodolphe et à l'avenir qui l'attendait.

Depuis quelques instants il lui semblait entendre le bruit d'une troupe en armes s'avançant vers le château ; elle perçut le son d'un cor et tressaillit. Ouvrant la fenêtre d'où la vue s'étendait au loin, elle vit une troupe de guerriers à la tête desquels marchait un chevalier couvert d'une brillante armure ; elle crut reconnaître la bannière de Rochenoire et se prit à trembler de tous ses membres. Était-ce une illusion de ses sens surexcités ? Mais non ; c'est bien le comte qui s'avance sur son grand destrier de combat !..... Il est accompagné des vassaux qui l'ont suivi dans son pèlerinage ; il arrive à la porte du château. D'un coup d'œil la malheureuse femme envisage la situation terrible qui lui est faite ; elle comprend toute l'infamie du chevalier ; mais elle ne veut pas survivre à sa honte ; elle ne veut pas être témoin du désespoir et de la colère du noble comte. La fenêtre domine le précipice ; elle s'élance, et, son corps brisé, bondissant de rocher en rocher, va s'abîmer dans le goufre profond de la rivière.....

Après avoir enlevé le petit Rodolphe, le chevalier Adhémar avait, avec l'aide d'un indigne serviteur, fait croire à la mère désolée que son époux venait de mourir et qu'elle était veuve. Le monstre ne croyait pas que le retour du croisé dût être si précipité ; et, il avait ourdi un complot dans lequel le comte de Rochenoire devait infailliblement périr. Mais les événements déjouèrent ses projets et ne lui permirent pas d'exécuter la dernière partie de la sinistre tragédie qu'il avait si bien organisée.

Le comte, inquiet, avait hâte de revoir sa femme et son fils ; il connaissait les sentiments du chevalier et redoutait quelque vengeance ; mais il ne s'attendait pas à tant d'infamie.

Saisi par les serviteurs de Rochenoire, livré pieds et poings liés à celui qu'il avait outragé, Adhémar avoua toute l'intrigue que son âme vile avait conçue. Le seigneur de Rochenoire fut impitoyable pour l'auteur de tous ces forfaits. Après l'avoir fait torturer, il le fit attacher tout vivant à une sorte de potence qui, de

la plus haute tour s'avançait sur le goufre béant qui gronde au
pied du rocher et dans lequel avait disparu le corps de la comtesse. Le malheureux, avant de rendre son âme, resta plusieurs jours suspendu entre le ciel et l'eau. Le chapelain du
comte, installé auprès du gibet, récitait les prières des morts. Des
nuées de corbeaux voraces s'abattirent sur le cadavre d'Adhémar
et lui arrachèrent les yeux avant qu'il eût expiré. Longtemps, les

paysans épouvantés, virent le corps du chevalier félon se balancer
au haut de la tour, jusqu'à ce que les os, se détachant un à un,
fussent entraînés par le torrent.

Quelque temps après, un incendie terrible détruisit le manoir
de Rochenoire. Le comte et son jeune fils furent ensevelis sous
les décombres.

Depuis cette époque, l'imagination superstitieuse des paysans voit souvent une blanche apparition passer en gémissant sur les ruines de Rochenoire. C'est la comtesse Gisèle qui pleurera, jusqu'à la fin des siècles, son époux et son enfant.

Parfois, pendant les nuits sombres, au milieu des éclairs et du tonnerre, on aperçoit surgir, au faîte de la colline, l'ombre de deux chevaliers dont les lances et les boucliers s'entrechoquent avec fracas ; l'un d'eux, dont le glaive étincelle, porte sur son casque une longue plume blanche ; un enfant se presse à ses côtés et agite la bannière de Rochenoire, dont la présence met en fuite l'ombre du sinistre Adhémar.

III

Lorsque, avec sa régularité habituelle, M. Darien arriva à Bellevue, les enfants étaient déjà en quête d'insectes dans le grand jardin de l'habitation. Si la chasse n'avait pas été fructueuse, ils avaient, en revanche, fait deux découvertes qu'ils s'empressèrent de montrer au vieillard. La première était un joli nid de chardonneret caché dans un grand rosier, renfermant cinq petits œufs' verdâtres parsemés de points rouges. La femelle, que la présence des enfants avait chassée, était maintenant retournée dans le charmant berceau, et le mâle, perché sur une branche voisine, lui chantait sa joyeuse chanson. La seconde découverte était encore un nid adroitement dissimulé dans une grosse touffe de lierre; il avait fallu l'œil exercé des petits chasseurs pour découvrir cette boule de mousse, de racines et de feuilles, tant elle s'harmonisait admirablement avec le feuillage et les branches qui la soutenaient : C'était le travail d'un roitelet.

— Voilà un nid que je vous recommande, dit M. Darien. Le roitelet est, comme vous, un infatigable chasseur d'insectes, et le jardinier ne se plaindra pas de sa présence.

La voix de Mme Clairbois, appelant nos amis dans la salle à manger, mit fin à la promenade du jardin, et vingt minutes plus tard les enfants et le maître se dirigeaient vers les grands bois.

— Nous allons commencer aujourd'hui, disait M. Darien, à recueillir des insectes pour vos petites collections ; mais, j'ai encore quelques conseils à vous donner sur la manière de s'en emparer, de les conserver et de les disposer dans les boîtes,

Les coléoptères, au vol lourd et pesant, à la marche lente, se prennent à la main ; mais le plus grand nombre des insectes se capturent au vol, ou quand ils se reposent sur les plantes. On les saisit au moyen du filet de gaze dont vous êtes munis, ou du fauchoir qui sert également à pêcher les espèces aquatiques. Un moyen bien simple de recueillir une foule d'insectes qui se réfugient sur les arbres consiste à tenir dessous un parapluie renversé, formant entonnoir, pendant qu'une personne secoue vigoureusement les branches.

A mesure qu'on s'empare des coléoptères, on les jette dans un flacon, mais vous avez vu l'inconvénient de ce procédé.

— Il faudrait, Monsieur, dit Raoul, avoir autant de prisons que de pensionnaires. Jeudi dernier, j'avais mis une douzaine d'insectes dans ce flacon, et lorsque nous sommes rentrés à Bellevue, il n'y restait plus qu'un Carabe : tous les autres avaient été dévorés ou étaient abominablement mutilés.

— Le carabe est un insecte féroce et conséquemment fort utile ; mais vous auriez évité cet accident si votre flacon avait, comme celui-ci, contenu des rognures de papier imprégnées de quelques gouttes de benzine, de chloroforme, de sulfure de carbone ou d'essence de térébenthine. On peut remplacer les rognures de papier par de la grosse sciure de bois ou simplement de fins rubans de menuisier. Les insectes les plus faibles trouvent, au premier instant, des cachettes toutes préparées où ils se dissimulent ; et bientôt, petits et gros sont engourdis et ne peuvent plus nuire.

Prendre les insectes avec un filet est une opération bien simple ; un coup d'œil juste et une main prompte assurent le succès. Mais, il est plus difficile de les en sortir sans les détériorer ; vous savez que tous les pauvres papillons dont vous vous êtes emparés sont froissés, mutilés, décolorés et indignes de figurer dans une collection.

Voici des petites pinces d'acier, des *brucelles*, qui vous seront d'une grande utilité, et à l'aide desquelles vous pourrez éviter les inconvénients que je viens de signaler. J'en ai apporté une pour chacun de vous.

Les enfants remercièrent M. Darien de son attention ; et celui-ci continua :

— Dès que l'insecte est pris dans le filet, on le saisit à travers la gaze, avec l'extrémité des pinces ; on le prend, autant que possible, au milieu du corps ; puis on presse doucement, sans l'écraser, mais assez pour l'affaiblir. Ensuite on lève le filet en lâchant l'insecte, qui est hors d'état de s'envoler ; on le reprend avec les pinces, on lui enfonce une épingle au milieu du dos et on le fixe avec précaution dans celui des compartiments de la grande boîte qui porte un fond de liège ; on le retire pour le déposer dans la collection après l'avoir laissé sécher à l'air libre

La pince sera d'une grande utilité, non seulement pour éviter de froisser les ailes ou de briser les pattes, mais encore pour vous préserver de l'aiguillon des hyménoptères et du stylet des hémiptères.

On étale, dans les collections, les ailes de tous les insectes, à l'exception des coléoptères et des hémiptères : Cette opération qui permet de rendre visible toute l'étendue des ailes et toutes les parties du corps, est extrêmement délicate. On y parvient en fixant l'animal, au moyen d'une épingle, le plus près possible de la surface d'une planchette, et enfonçant ensuite d'autres épingles au bord antérieur de chaque aile en ayant soin de choisir le point où se voient les plus fortes nervures : Les épingles doivent être inclinées du côté opposé au corps de l'insecte. Ce procédé, qui n'exige qu'une planchette de liège ou de bois tendre, et quelques épingles, est défectueux.

Les naturalistes se servent d'une planchette portant une rainure centrale garnie de liège, et connue sous le nom d'*étaloir*. On pique en long, dans la rainure, l'insecte qu'on veut dresser ; on dispose les ailes perpendiculairement au corps de manière à ce qu'elles ne se recouvrent pas et que toutes quatre soient bien visibles ; puis on les maintient en place sur l'étaloir au moyen de bandes de papier fixées par des épingles.

Tous les naturalistes sont d'accord pour piquer les coléoptères vers le milieu de l'élytre droite. Les autres insectes se piquent au milieu du corselet de manière que l'épingle ressorte sous le corps au centre de l'insertion des trois paires de pattes.

Pour la bonne conservation de certains lépidoptères et orthoptères dont l'abdomen est très volumineux, on est astreint aux précautions suivantes : On fend le ventre dans le sens de la longueur, avec de bons ciseaux ou un canif ; on le vide, puis, on le bourre avec un peu de coton imprégné de savon arsenical ou d'alcool tenant du sublimé corrosif en dissolution.

La conservation des libellules, dont le corps extrêmement grêle se détacherait promptement après la dessication, exige aussi une préparation spéciale :

Il faut passer à l'intérieur du corps de l'insecte, de l'extrémité de l'abdomen à la tête, un fil de fer, ou simplement une paille fine et rigide qui maintient en place toutes les parties du corps.

Quand les antennes et les pattes sont longues, on les range

symétriquement de chaque côté du corps en les maintenant par quelques épingles.

S'il est nécessaire d'être pourvu de la petite pince droite pour saisir les insectes dans le filet, une pince aux extrémités larges et recourbées n'est pas moins utile pour fixer dans les boîtes les épingles qui supportent les sujets à conserver.

Vous savez que les *épingles entomologiques* dont on se sert, sont toutes de même longueur ; mais elles sont de grosseur différentes et plus l'insecte est de petite taille, plus l'épingle qui sert à le fixer doit être fine.

Après avoir piqué l'insecte, il faut, comme nous l'avons déjà dit, le laisser sécher à l'air libre, pendant quelques jours, en lui conservant sa forme naturelle, et ne l'enfermer dans la boîte que lorsque la dessication est complète.

Tous les sujets doivent être placés à la même hauteur et à environ trois centimètres du fond de la boîte. Les épingles sont facilement piquées, car le fond des boîtes à insectes est en liège recouvert de papier.

Lorsque les sujets sont trop ténus, on les colle au moyen de gomme arabique sur un petit rectangle de papier-carte ; ces petits cartons sont ensuite disposés dans les boîtes de la même manière que les insectes.

Les étiquettes, formées d'une petite bande de papier, se disposent au-dessous de l'insecte : on y inscrit le nom du sujet, et, autant que possible, son caractère le plus saillant. Il est bon d'indiquer s'il est utile ou nuisible ; c'est ainsi que les collections auront un but d'utilité incontestable.

Il arrive qu'un insecte déjà sec est mal piqué ou mal étalé ; si, néanmoins, on tient à le conserver, il faut recommencer l'opération ; mais alors, pour que l'échantillon ne se brise pas, on est obligé de le soumettre au *ramollissoir*. Pour cela, on met du sable humide dans une assiette, et, après avoir placé le sujet à ramollir sur la couche de sable, on recouvre celle-ci avec une cloche de verre, ou à défaut, avec un pot renversé. Au bout de deux ou trois jours, l'insecte devient mou et flexible et peut être traité comme un insecte frais.

Certains sujets sont difficiles à piquer vivants ; ils se débattent, se brisent ; quand ce sont des papillons, leurs écailles brillantes restent fixées aux doigts de l'opérateur. On évite ce grave inconvénient au moyen d'un flacon à large goulot portant sous son bouchon un tampon imprégné de benzine, d'acide phénique, de sulfure de carbone ou de chloroforme : C'est un flacon insecticide. On introduit les insectes dans ce flacon où ils se trouvent soumis aux vapeurs meurtières qui se dégagent, et ils ne tardent pas à expirer, ou, tout au moins, à s'engourdir. On les pique ensuite sans difficulté.

Pour les sujets les plus gros, on emploie d'autres moyens, par exemple, celui qui consiste à leur traverser le corps, dans le sens de la longueur, avec une épingle imprégnée de jus de tabac très épais ; la nicotine les tue au bout de quelques instants. Si l'on est à la maison, on peut se servir d'une longue épingle de cuivre ; on chauffe la partie qui sort du corps de l'animal, et la chaleur amène bientôt la mort.

Lorsque les collections sont faites au prix de courses nombreuses, de recherches interminables et de précautions minutieuses, il importe de les conserver intactes.

Les boîtes doivent fermer bien hermétiquement ; il faut les tenir dans un lieu sec, à l'abri de la lumière.

Si la boîte ne ferme pas exactement, les sujets qui y sont installés, et dont le corps, malgré toutes les précautions, reste imprégné de matières grasses, attirent d'autres insectes destructeurs, si petits qu'ils s'introduisent par la moindre fissure et font tout perdre. Au bout de quelque temps, les boîtes se remplissent de poussière brune ; les ailes et les pattes se détachent, les corps s'en vont en lambeaux.

Pour empêcher cette destruct'on, on pique dans les boîtes un petit morceau d'éponge ou un tampon de ouate, qu'on imbibe de temps en temps avec quelques gouttes de sulfure de carbone, ou plutôt, à cause de l'odeur infecte de cette substance, avec un mélange de benzine et d'acide phénique. Pour que les boîtes soient plus agréables à l'œil et plus propres, on peut glisser le tampon préservateur dans un petit tube assujetti dans un coin.

J'ai dit qu'il fallait tenir les boîtes dans un endroit obscur, car l'influence de la lumière a pour effet de ternir les splendides couleurs qui ornent les ailes des insectes et dont la conservation est un des principaux attraits d'une collection.

Lorsque, malgré toutes les précautions, un peu d'humidité a produit de la moisissure, on passe, sur les sujets atteints, un pinceau imprégné d'alcool contenant une très faible quantité de sublimé corrosif.

En ce moment, nos petits chasseurs étaient dans un chemin creux dont les talus gazonnés recélaient beaucoup d'insectes. Les enfants s'étaient arrêtés pour voir un hanneton qui s'était fourvoyé au milieu de la route et qui, dans son empressement à fuir, faisait force culbutes. M. Darien réclama le silence et l'immobilité en voyant surgir des herbes un autre insecte dont il devinait les intentions.

— C'est, dit-il aux enfants, un *carabe doré*, semblable à celui qui a dévoré les prisonniers de Raoul. Il semble avoir des intentions hostiles à l'égard du hanneton qu'il vient d'apercevoir.

— Est-ce qu'il osera, dit René, attaquer ce hanneton qui est plus gros que lui ?

— Si le hanneton est plus gros que le carabe, il est bien moins armé, et il n'a pas le même régime. La lutte, dont l'issue n'est pas douteuse, ne va pas se faire attendre,

Le carabe, sorti des herbes, s'avançait de toute la vitesse de ses longues pattes fauves, agitant ses antennes et ouvrant ses mandibules d'un air menaçant. Sa tête, son corselet et ses élytres resplendissaient des plus vives couleurs. Tout son corps, d'un brun vert doré, étincelait sous les rayons du soleil. Il s'élança sur le hanneton avec une incroyable prestesse, le renversa, lui planta dans l'abdomen ses griffes aiguës, et le déchira de ses puissantes mâchoires. Les enfants regardaient étonnés le carabe dévorant toute vivante, avec la férocité d'un tigre, cette proie qu'une attaque si soudaine avait déconcertée, et qui ne protestait contre cette agression meurtrière qu'en agitant dans le vide ses six pattes impuissantes.

Le hanneton agonisait lorsqu'un autre insecte vint revendiquer sa part de ce festin de cannibale. L'odeur de la chair fraîche était arrivée jusqu'à lui, et il espérait bien en arracher quelques lambeaux. Celui-là aussi avait des allures guerrières ; il ne différait du précédent que par son corps un peu plus allongé, sa taille un peu plus grande, sa robe d'un noir sombre, ses élytres finement striées et bordées comme son corselet de violet purpurin. C'était le *carabe pourpré*.

Une lutte terrible s'engagea entre les deux rivaux également redoutables, également couverts de solides armures, comme les chevaliers du moyen-âge, et non moins belliqueux. Les enfants suivaient avec anxiété ce combat véritablement émouvant : Les antennes s'agitaient, les mandibules se froissaient ; les adversaires se saisissaient corps à corps. Enfin, le carabe doré, rassemblant toutes ses forces, tendit ses muscles, raidit ses longues pattes, et d'un brusque mouvement renversa son rival. Honteux de sa défaite, le carabe pourpré s'éloigna du lieu de la lutte et ne tarda pas à se consoler en dévorant une inoffensive limace qui lentement se traînait sur les herbes humides.

Le carabe doré revint sur sa victime, lui ouvrit le ventre, plongea sa tête dans les entrailles palpitantes et p raissait jouir avec volupté du prix de sa conquête, lorsqu'un nouvel acteur parut sur cette scène de carnage. Tous les carabes paraissaient s'être donné rendez-vous dans ce chemin creux.. Beaucoup plus gros que les deux premiers, le nouveau venu, d'un noir uniforme, avait les élytres ponctuées. Il marchait tranquillement vers le hanneton, avec cette assurance que donne la force quand on n'a pas le droit. Le carabe doré ne jugea pas à propos d'engager une nouvelle lutte avec le *procuste chagriné*, et il lui abandonna un morceau de la victime qu'il était venu à bout de séparer en deux tronçons.

— Les carabes, dit M. Darien, sont des insectes fort utiles qu'il est regrettable de détruire. Cependant, il nous en faut quelques échantillons pour nos collections, et nous allons, pour cette raison seulement, venger le hanneton dont les dégâts sont trop manifestes pour que nous puissions nous apitoyer sur sa mort.

Bientôt les trois carabes, forcés d'abandonner les restes de leur repas, furent enfermés dans des flacons.

— Vous le voyez, mes amis, il règne chez les insectes, tout comme chez les êtres supérieurs, des antipathies, des inimitiés, des haines. Ils sont pleins de ruses et admirablement armés pour les satisfaire. Les plus gros, les plus forts, font la guerre aux faibles et aux petits, qui deviennent leurs victimes et leur proie.

Beaucoup, en effet, sont carnassiers, et il leur arrive de s'entre-dévorer. Malheur à celui qui perd ses ailes ou son aiguillon dans la bataille ; il est fatalement voué à servir de nourriture aux autres. Vous avez vu que la plupart sont en état de faire la guerre, d'attaquer et de se défendre ; et, pour cela, ils ont tout un arsenal à leur disposition. Des dents en scie, des dards aigus, des stylets acérés, des pinces, des boucliers, des cuirasses, des ailes, des cornes, des pattes armées de griffes, telles sont les armes offensives et défensives dont la nature les a pourvus.

Les généralités qui précèdent étaient indispensables avant d'aborder, avec quelques détails, l'étude des insectes. Nous allons commencer notre travail par l'ordre des coléoptères. Mais n'allez pas croire que mon intention soit de vous faire connaître les soixante mille espèces décrites par les naturalistes. Notre but est simplement de recueillir et d'examiner les types les plus intéressants de chaque groupe parmi les espèces qui habitent notre pays. Vos observations personnelles, vos longues promenades à travers la campagne, votre désir d'étendre le cercle de votre instruction vous fourniront plus tard le moyen de compléter ou tout au moins d'agrandir vos collections.

Les *coléoptères* forment le principal groupe de la classe des insectes. Ce groupe comprend tous ceux qui ont quatre ailes et dont les deux supérieures, plus solides, sont désignées sous le nom d'élytres. Les insectes qui composent cet ordre sont les plus nombreux et de beaucoup les mieux connus. Leurs formes singulières, leurs couleurs brillantes, la consistance de leurs téguments, qui rend plus facile leur conservation, ont particulièrement fixé l'attention des entomologistes.

A la description que vous connaissez des insectes en général, j'ajouterai que leurs yeux, au nombre de deux, sont à facettes, et jamais lisses, exceptés dans quelques *brachélytres*. Quelques in-

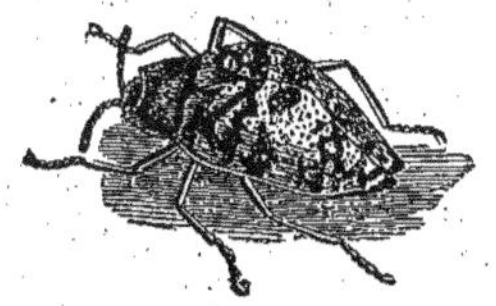

sectes aquatiques semblent avoir quatre yeux, mais cela tient à ce que chaque œil est divisé en deux parties, l'une supérieure, l'autre inférieure. Les antennes, qui présentent des formes variées, sont ordinairement plus volumineuses dans les mâles ; elles se composent presque toujours de onze articles. L'abdomen est *sessile*, c'est-à-dire qu'il est réuni au thorax par sa plus grande largeur ; il est composé de six ou sept anneaux presque toujours membraneux en dessus, cornés en dessous, présentant chacun, sur les côtés, une petite ouverture qui n'est autre chose que le *stygmate* servant d'orifice à chaque *trachée*.

Les élytres ne peuvent s'écarter du corps qu'à angle droit ; elles ne frappent pas l'air dans le vol, et une fois étendues elles restent fixes ; leur écartement précède nécessairement le développement des ailes membraneuses. Leur forme, leur consistance, leurs couleurs sont très variables. A l'état de repos, elles se joignent l'une contre l'autre par leur bord interne, et présentent, sur le dos, une ligne médiane appelée *suture* ; quelquefois, comme chez les cara-

bes, elles se soudent, et il en résulte l'absence d'ailes membraneuses.

Les ailes proprement dites, insérées en dedans des élytres, se
soudent sur leur bord externe, et forment ainsi une articulation
angulaire qui leur permet de se replier en travers et de se cacher
entièrement sous les élytres quoiqu'elles aient une longueur à peu
près double.

Parmi les coléoptères, il en est qui sont carnassiers et qui
chassent leur proie sur la terre, qui la poursuivent sur les plantes et sur les plus grands arbres; d'autres qui habitent les eaux et
qui portent le carnage et la mort au plus profond de l'élément
liquide. Ces carnassiers terrestres et aquatiques composent les trois
familles des *cicindélètes*, des *carabiques* et des *hydrocanthares*,
dont nous allons examiner successivement un certain nombre
d'espèces.

Les *cicindèles*, plus petites que les carabes, se distinguent par
leur corps svelte et élancé, leur tête plus volumineuse que le corselet et munie de gros yeux saillants, leurs longues pattes, la rapidité de leur vol et de leur course; elles aiment les terrains arides,
les coteaux sablonneux bien exposés au soleil, et nous ne pouvons pas manquer d'en trouver quelques échantillons, par cette
chaude journée, dans le chemin sec et pierreux qui conduit au
haut de la colline.

Les prévisions du vieux maître étaient fondées : A peine les
chasseurs d'insectes s'étaient-ils engagés dans le chemin, qu'ils
aperçurent plusieurs de ces insectes d'un beau vert, avec des
points dorés sur les élytres, courant avec rapidité et s'envolant
plus rapidement encore quand ils voulaient les saisir. Heureusement pour les petits naturalistes, le vol des cicindèles ne fournit

par une longue carrière ; après trois ou quatre remises, elles sont
fatiguées, et il est assez facile de mettre la main sur ces jolis insectes. Ce fut Raoul qui, après une chute grotesque au milieu du
chemin, fit la première capture ; et il fut tout étonné, dans le premier instant, de sentir une agréable odeur de rose. Mais bientôt
il jeta un cri ; il venait de sentir comme une piqûre d'épingle ;
la cicindèle l'avait mordu, et il allait la lâcher lorsque M. Darien
intervint.

— Soyez sans inquiétude, mon enfant, dit-il à Raoul, les morsures des coléoptères ne sont jamais venimeuses ; il en serait au-
trement, s'il s'agissait de l'aiguillon d'une guêpe. Quant au liquide
brun que le gracieux animal rejette par la bouche, il est également inoffensif.

— Oh ! la belle robe verte, s'écria Roger.

— Et comme elle est, dit René, parsemée de gouttelettes d'or
pâle.

— Vous constatez aussi, mes enfants, la délicieuse odeur qui
s'exhale de tout le corps de l'insecte ; c'est, suivant les espèces,
une odeur de rose, de jacinthe ou de musc. Mais vous remarquerez également l'aspect belliqueux de cette grosse tête armée de
mandibules aiguës qu'elle agite avec colère et dont la morsure a
tant effrayé Raoul.

Tout fier de sa chasse, notre héros désormais rassuré, prit
l'insecte avec précaution et l'introduisit dans un flacon.

Il est curieux de voir, dit M. Darien, avec quelle férocité ces
insectes carnassiers s'élancent sur leur proie.

— Voici dit Roger, une cicindèle, qui vient de saisir un autre
insecte.

— Regardez attentivement, dit M. Darien, et voyez avec quelle rapidité elle tranche avec ses mâchoires, les ailes et les pattes de sa victime. La voilà maintenant qui lui suce le corps. Approchez-vous doucement, Roger, vous verrez qu'elle n'abandonne pas facilement sa conquête.

La cicindèle, en effet, sans lâcher prise, essaya de s'envoler avec sa proie qu'elle tenait entre ses pattes ; mais l'enfant s'en empara.

— Les deux insectes que vous avez capturés, dit M. Darien, appartiennent à la même espèce. C'est la *cicindèle champêtre* (cicindela campestris) très commune partout, dont l'abdomen offre d'éclatantes nuances d'un rouge cuivreux. Il en existe une variété très rare qui est d'un magnifique bleu de saphir.

René, qui voulait aussi s'emparer d'une cicindèle, était distrait ; ses yeux erraient sur le bord du chemin quand, tout à coup, sa main s'abattit sur un de ces insectes qui courait dans l'herbes.

— René a eu la main heureuse, mes amis ; il vient de recueillir une seconde variété de cicindèle ; c'est la *cicindèle hybride* (cicindela hybrida). Sa robe, d'un vert plus terne, est ornée par des bandes et un croissant blanc.

Tous ces insectes, si actifs par ce brûlant soleil, disparaîtraient instantanément, si des nuages en interceptaient les rayons. Profitons donc du moment favorable pour continuer notre chasse.

M. Darien riait en voyant les enfants ruisselants de sueur, animés par le succès, courir après les insectes du chemin. Bientôt il s'empara lui-même d'un de ces coléoptères ; mais, celui-ci était plus grand ; au lieu de l'élégant manteau vert brodé d'or, il portait une livrée brune ornée de bandes et de points blancs. C'était la *cicindèle sylvatique* (cicindela sylvatica) dont les forestiers apprécient tout particulièrement les services.

— Il existe en France d'autres espèces de cicindèles, dit M. Darien aux enfants, mais vous les rechercheriez vainement dans cette contrée. Vous pourrez cependant rencontrer, courant dans les gazons et dans les chaumes, la *cicindèle germanique* (cicindela germanica) petite espèce au corps effilé, aux élytres vertes, au corselet cuivreux. Cette espèce ne vole jamais.

La *cicindèle maritime* (cicindela maritima), qui paraît n'être qu'une variété de la cicindèle hybride, est très commune au bord de la mer où on la voit courir et voler sur le sable.

Tous ces insectes si élégants de formes, si brillants de couleur, proviennent de larves affreuses, molles, d'un blanc jaunâtre, avec une tête cornée plus large que le corps, et le premier anneau d'un vert métallique, élargi comme un bouclier. Ces larves se creusent dans la terre un trou cylindrique assez profond qu'elles déblayent en chargeant le dessus le leur tête des molécules de terre qu'elles ont détachées et en rejetant leur fardeau dès qu'elles arrivent à l'orifice du trou. Quand elles sont en embuscade, elles ferment exactement avec leur tête l'entrée de leur cellule, et attendent patiemment leur proie qu'elles saisissent avec une extrême promptitude. Leur voracité s'étend jusqu'aux larves de leur propre espèce.

Au moment de se métamorphoser en nymphe, la larve bouche l'ouverture de son trou et en agrandit le fond ; c'est vers le mois d'août que commence la transformation.

Vous placerez vos cicindèles en tête de votre collection, et vous les ferez suivre des carabes qui sont, comme elles, d'intrépides chasseurs.

Tous les carabiques se nourrissent de proies vivantes ; leur régime se compose d'insectes, de chenilles, de limaces, de vers, dont ils détruisent des quantités innombrables.

Les larves des carabes, qui se ressemblent beaucoup dans les différentes espèces, ne sont pas moins carnassières et pas moins utiles que les insectes parfaits. On les reconnaît à leur corps noir, aplati, brillant, muni de courtes pattes et terminé par deux petites pointes. Très agiles, bien cuirassées, elles chassent à découvert, courent partout ; et comme leur aspect n'a rien de bien attrayant, elles sont souvent écrasées par des personnes qui croient avoir débarrassé le sol d'un animal nuisible.

Elles s'enfoncent en terre ou se cachent sous les pierres pour s'y transformer en nymphes. Les carabes qui en sortent, par la peau fendue, d'abord mous et de couleur terne, voient au bout de deux ou trois jours leurs téguments acquérir toute leur dureté et tout leur éclat métallique.

Examinons les trois captifs qui voulaient se partager le cadavre du hanneton, et qui ont été victimes de leur voracité.

Le *procuste chagriné* (procustes coriaceus), qui est maladroitement sorti des herbes où il se tenait caché, ne chasse pas habituellement, à cette heure de la journée. C'est le plus grand des carabes et il est facile de le reconnaître à sa couleur d'un noir mat, à ses élytres grossièrement ponctuées. Il ne sort habituellement que vers le soir et la nuit, et se rencontre particulièrement dans les champs et les vignobles où il dévore des quantités de limaces et de colimaçons. Pendant le jour, il se tient dans les haies épaisses, sous les grosses pierres et plus souvent, sous les tas de fagots.

Le *carabe doré* (carabus auratus) connu sous les noms de *jardinière, sergent,* est commun partout dans les champs, dans les jardins, à la lisière des bois. Trop souvent, il poursuit sa proie dans les chemins et dans les sentiers ou les passants, qui ne savent pas combien cet insecte est précieux, l'écrasent. Le carabe doré est reconnaissable à ses élytres d'un vert doré portant chacune trois côtes élevées ; ses pattes et ses antennes sont jaunâtres.

Le *carabe pourpré* (carabus purpurasceus) plus allongé que le précédent, porte sur ses élytres noires relevées par une belle bordure violette, des lignes serrées et crénelées.

Voici un échantillon que j'ai capturé ce matin en me rendant à Bellevue, et que vous ferez figurer à la suite du carabe doré : C'est le *carabe aux grains de chapelet* (carabus monilis), d'un vert cuivreux, violacé, orné de trois rangées de lignes sur chaque élytre, avec trois séries de points saillants entre les sillons. On a comparé ces points à des grains de chapelet.

Je puis encore vous montrer le *carabe à chaînettes* (carabus catenulatus) portant également entre les côtes des élytres des granulations que l'on a comparées à une petite chaîne.

Je vous citerais également plusieurs espèces de carabes qui habitent la France, s'il n'avait pas été convenu que nous nous arrêterions à quelques types les plus remarquables de chaque famille.

La répulsion qu'inspirent tous ces brillants insectes s'explique par la salive brune, à odeur désagréable, qu'ils laissent échapper par la bouche quand on les saisit, et qui imprègne fortement les doigts. En outre, ils lancent, par l'extrémité de l'abdomen un liquide caustique qui, lorsqu'il atteint la figure et surtout les yeux, cause de très vives douleurs.

« Presque toujours d'une assez grande taille, dit M. Fairmaire, puisque plusieurs atteignent trente millimètres de longueur, les carabes attirent l'attention par leur force, leur agilité, la forme élégante de leur corps, dont les téguments présentent une sculpture des plus variées et une grande richesse de couleurs métalliques, depuis la pourpre et le cuivreux, jusqu'à l'azur. Leur nombre et leur voracité permet de les ranger parmi nos plus utiles auxiliaires ; par malheur, il est difficile, à première vue, d'apprécier tout leurs mérites, car étant presque tous nocturnes ou crépusculaires, on ne peut constater les carnages qu'ils commettent sur les insectes et les mollusques qu'ils rencontrent dans leurs courses : Mille-pattes, cloportes, fourmis, limaces et colimaçons. Aussi les trouvons-nous souvent écrasés au milieu des chemins par le pied des ignorants et des indifférents, qui n'en comprennent pas l'utilité. Vous verrez même des jardiniers, qui devraient veiller avec tant de soin à leur conservation et à leur multiplication au milieu des cultures, les détruire, sous prétexte que ce sont des insectes malfaisants. Triste préjugé, contre lequel nous ne saurions trop nous élever, en conseillant à tous les amateurs de jardins d'y réunir autant qu'il leur sera possible, tous les carabes de leurs environs. »

Voici pourtant un carabique, le *zabre bossu* (zabrus gibbus) qui, prétend-on, par inversion de régime, ronge les anthères des fleurs, pendant que sa larve s'attaque aux racines et à l'intérieur des tiges des céréales.

Le zabre bossu, très répandu chez nous, est, vous le voyez, long d'environ quatorze millimètres. D'un brun noirâtre, ses élytres sont striées ; les palpes, les antennes et les tarses sont ferrugineux.

« Cette assertion, dit encore M. Fairmaire, aurait besoin d'être vérifiée de plus près. On trouve, à la vérité, des ditomes, des amares, des zabres, des harpales, grimpés sur diverses plantes, des graminées surtout, et dévorant les anthères de leurs étamines ; mais il ne faut pas perdre de vue que ces organes renferment une matière animalisée. Il n'est donc pas étonnant que des insectes carnassiers se jettent, faute de mieux, sur des substances appropriées à leur nourriture et qui sont à leur portée. C'est ainsi que certaines mouches qui déposent d'habitude leurs œufs sur des cadavres d'animaux en putréfaction, vont se jeter sur les fleurs de plusieurs arums, dont l'odeur est fétide. »

Dirigeons-nous vers ces grands chênes sur lesquels j'ai remarqué plusieurs nids de chenilles et nous y trouverons, sans doute, d'autres coléoptères chasseurs dans la voracité et l'agilité

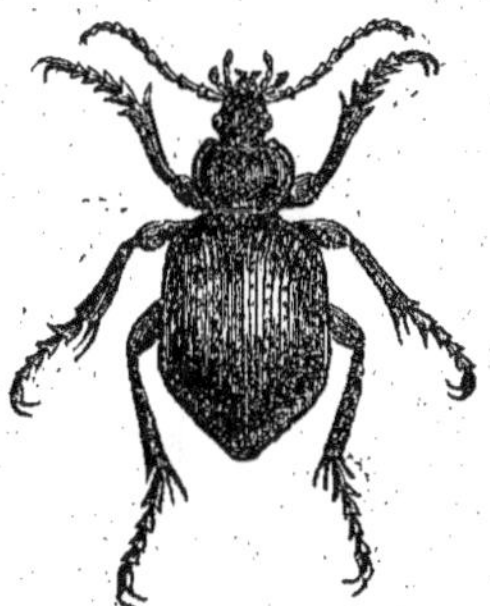

Calosome sycophante.

ne le cèdent en rien aux cicindèles et aux carabes. Pourvus d'ailes sous leurs élytres, comme les cicindèles, les *calosomes* ne se bornent pas à poursuivre leur proie sur le sol ; ils grimpent sur les arbres et volent sans difficulté de l'un à l'autre.

Voyez-vous ces deux brillants insectes qui courent sur cette grosse branche ; leurs élytres étincellent de l'éclat de l'or le plus poli. Ils sortent particulièrement vers le soir ; et si nous étions à cette place vers six ou sept heures, nous en compterions des centaines escaladant les chênes et dévorant toutes ces dégoûtantes chenilles qui rampent sur les feuilles et dévastent ces beaux arbres.

Les enfants voyaient courir les deux insectes, mais ils ne pouvaient les atteindre : Raoul proposa à M. Darien de grimper sur l'arbre, et comme de vrais chasseurs d'insectes doivent se familiariser avec cet exercice, le vieux professeur obtempéra au désir de son élève. En un clin d'œil Raoul fut sur la branche ; ce n'était certainement pas la première fois qu'il se livrait à cette opération. Les insectes tout occupés de la poursuite de leur gibier ne songeaient guère à fuir, lorsqu'un accident vint compromettre la chasse de Raoul : La branche sur laquelle il s'engageait avec précaution portait un nid de pies-grièches contenant de jeunes oiseaux nouvellement éclos. Les parents crurent qu'on en voulait à leur progéniture ; et sans se préoccuper de la taille de leur adversaire, ils engagèrent la lutte avec l'enfant, le harcelant, lui frôlant le visage de leurs ailes, poussant des cris d'angoisse et de colère. Raoul, rassuré par la présence de M. Darien, ne se déconcerta pas ; son sang-froid lui épargna peut-être une chute dangereuse. Mais, pendant ce temps, les insectes s'étaient envolés.

Heureusement que Roger et René avaient l'œil au guet : pendant que Raoul descendait tout penaud, battant en retraite devant l'attitude énergique des pies grièches, les deux cousins capturaient les coléoptères.

Groupés autour du professeur, les enfants admiraient les magnifiques insectes au corselet d'un bleu sombre bordé d'un bleu plus vif, aux élytres presque carrées d'un vert doré à reflets changeants, à l'abdomen mêlé de noir et de violet. Ils avaient capturé le *calosome sycophante* (calosoma sycophanta), l'ennemi le plus terrible des chenilles processionaires ; et ils purent constater que ces coléoptères dont le corselet est en cœur comme celui des carabes, répand aussi, comme eux, une odeur forte et pénétrante, bien différente de la suave odeur des cicindèles.

La larve de cet insecte, dit M. Darien, attaque également les chenilles, et elle est aussi insatiable que l'adulte.

Voici la relation que Réaumur nous a laissé de la larve du calosome et de l'insecte lui-même; elle est de tout point exacte, comme la plupart des observations de l'illustre naturaliste.

« Un des insectes les plus redoutables pour les chenilles, dit-il, est un ver noir qui a seulement six jambes écailleuses attachées aux trois premiers anneaux. Il devient aussi long et plus gros qu'une chenille de médiocre grandeur ; le dessus de son corps est d'un beau noir lustré ; il semble que ses anneaux soient écailleux ou crustacés ; ils sont pourtant plus mous que les anneaux écailleux. En devant de la tête, il porte deux pinces écailleuses, recourbées en croissant l'une vers l'autre, avec lesquelles il a bientôt percé le ventre d'une chenille, et c'est ordinairement par le ventre qu'ils les attaque. La chenille qu'il a une fois percée a beau se donner des mouvements, s'agiter, se tourmenter, marcher ; il ne l'abandonne pas jusqu'à ce qu'il l'ait entièrement mangée.... Ces vers très gloutons savent se placer à merveille pour que la proie ne leur manque pas ; ils savent trouver les nids des processionnaires et s'y établir. Il ne m'est guère arrivé de défaire un nid de ces chenilles où je n'aie rencontré quelque ver de cette espèce ; et souvent, j'y en ai rencontré jusqu'à six. Là, ils peuvent assurément manger autant qu'il veulent ; il n'y a pas de jour apparemment où chacun d'eux ne fasse périr un bon nombre de ces chenilles ou de leurs chrysaliddes, car ils continuent à se tenir dans les nids des processionaires, après qu'elles se sont métamorphosées en chrysalides. J'ai vu quelquefois les plus gros de ces vers punis de leur gloutonnerie ; lorsqu'elle les avait mis hors d'état de pouvoir remuer, ils étaient attaqués par d'autres vers de leur espèce, encore jeunes et assez petits, qui leur perçaient le ventre et les mangeaient.... Lorsque le chêne est couvert de feuilles, on trouve aussi sur ses branches, plus que sur celles de tout autre arbre, de gros scarabées d'une belle espèce qui proviennent de notre gros ver noir, et qui chassent les chenilles. La préférence qu'ils donnent au chêne marque qu'ils savent choisir les endroits où ils doivent espérer trouver plus de gibier.... Ce scarabée (calosome sycophante) est un fort bel insecte ; les étuis de ses ailes sont d'un vert doré changeant et mêlé d'un peu de rougeâtre, d'un peu de couleur de cuivre. Sur ces mêmes étuis, on aperçoit des bandes parallèles à la longueur du corps, qui changent de couleur et de place, selon que l'œil qui les regarde est placé. Cet effet est produit par de très petites cannelures parallèles les unes aux autres et qui, toutes, le sont à la longueur de l'étui. Tout le reste du corps de ce scarabée est d'un beau noir très luisant. Il est monté sur de grandes jambes. Sa forme, un peu racourcie, à quelque chose de carré. Les antennes, tant du mâle que de la femelle, sont à graines. Le mâle ne diffère de la femelle que parce qu'il est plus petit. »

Depuis un instant, Raoul était distrait ; il lui semblait voir, à une petite distance un calosome grimpant contre le tronc d'un chêne ; il se précipita et s'empara de l'insecte.

Ce coléoptère, plus petit que les deux premiers, portait une livrée plus sombre, ayant l'éclat du bronze foncé, un peu cuivreux : C'était le *calosome inquisiteur* (calosoma inquisitor) qui fréquente également les vergers et les bois.

On trouve encore en France, dit M. Darien, le *calosome à*

point d'or, et le *calosome chercheur*, mais ces deux dernières espèces sont fort rares. Tous ces calosomes, pourvus de robustes mandibules, sèment autour d'eux le carnage et la mort en débarrassant les arbres des chenilles qui les rongent. On a des exemples d'horticulteurs qui ont sauvé d'une ruine certaine les arbres fruitiers de leur jardin, en y lâchant des colosomes capturés dans les bois.

Les chasseurs d'insectes ne doivent jamais passer indifférents auprès des grosses pierres qui bordent les chemins ou les champs. Réunissons nos efforts pour soulever celle-ci qui disparaît en partie dans l'herbe et nous serons peut-être récompensés de nos peines. Voici d'abord une ancienne connaissance, le procuste chagriné, qui attendait la nuit pour se mettre en chasse. Mais approchez-vous et prêtez l'oreille. Entendez-vous de petites explosions, de faibles crépitations : Elles sont produites par tous ces élégants petits coléoptères, longs de quatre à cinq millimètres, dont nous venons de troubler la douce quiétude. Ce sont des brachines, que vous reconnaîtrez à leurs corps d'un roux clair et à leurs élytres d'un bleu ardoisé ; il y en a là trois espèces qui ne diffèrent que par la taille : Le *brachine crépitant* (brachinus crepitans) ; le *brachine pistolet* (brachinus sclopeta), et le *brachine explosif* (brachinus explodens).

C'est le bouquet d'artifice de notre promenade ; nous reprendrons jeudi prochain l'histoire de cette intéressante petite famille. Et maintenant, en route pour Bellevue où nous sommes attendus.

IV

La promenade, ce jour là, devait être longue et accidentée. Au plaisir de la chasse allait se joindre celui, non moins attrayant, de la pêche. Il fallait recueillir des insectes aquatiques, et la mare dans laquelle pullulaient de nombreuses espèces était à près de quatre kilomètres de Bellevue.

A peine les chasseurs étaient-ils en marche que René réclama quelques détails nouveaux sur les singuliers tirailleurs recueillis le jeudi précédent sous une grosse pierre.

— On dirait, mes enfants, observa M. Darien, que la Providence a voulu que rien ne manquât aux appareils meurtriers dont sont armés les carabiques. Ils avaient leur artillerie bien longtemps avant que les hommes eussent inventé la poudre.

— Cette artillerie n'est pas bien dangereuse, dit Raoul.

— Cela dépend, reprit M. Darien, de l'animal contre lequel elle est dirigée.

Soulevons encore cette pierre qui cache certainement quelques brachines. Justement, en voilà toute une famille; il faut écouter attentivement pour percevoir le feu de peloton qu'ils tirent en notre honneur. Prenez entre vos doigts un de ces charmants petits coléoptères : voyez comme il s'agite; le voilà maintenant qui se tient tranquille; il se prépare à exécuter une décharge; en effet, il lance par l'extrémité de l'abdomen une vapeur à odeur pénétrante accompagnée d'une faible crépitation. Il faut écouter avec soin pour percevoir le bruit, et regarder attentivement pour voir cette fumée qui, vous pouvez le constater, brunit un peu la peau. Eh bien ! cette démonstration suffit pour effrayer de gros insectes carnassiers qui attaquent les brachines, et plus d'un féroce calosome a dû fuir devant l'attitude énergique de nos gentils tirailleurs, qui pourtant, ne regardaient pas l'ennemi en face.

— Les enfants se mirent à rire de la boutade de leur vieil ami qui continua :

Il existe, sous les tropiques, des brachines dont la taille atteint deux centimètres; les explosions qu'ils produisent sont beaucoup plus fortes et aussi plus dangereuses que celle des brachines de notre pays.

Mais, sans aller chercher si loin nos exemples, on trouve dans les endroits secs et montagneux des Pyrénées Orientales une espèce plus grande que celles que nous avons recueillies, portant un corselet rouge et des élytres noires, cannelées; c'est le *Brachine tirailleur* (brachinus explosor) qui lance avec bruit une vapeur pernicieuse, d'une odeur forte et piquante, produisant sur la peau la sensation d'une brûlure, et formant des taches qui persistent pendant plusieurs jours.

. Cette vapeur, même pour les petites espèces de notre contrée, est phosphorescente et lumineuse dans l'obscurité.

René venait de saisir, au milieu du chemin, un coléoptère long d'environ neuf millimètres, d'un vert bronzé brillant, avec des élytres finement striées ; les pattes et les antennes étaient d'un rouge ferrugineux.

Cet insecte, dit M. Darien, très commun dans toute l'Europe, est le *Harpale bronzé* (harpalus ceneus). On l'appelle aussi *Protée*, à cause des changements nombreux de ses couleurs. L'innombrable tribu des harpales renferme une immense quantité de carabiques de taille moyenne, de couleur vert bronzé, noir terne ou brillant, de formes difficiles à spécifier, mais qui tous rendent d'immenses services à nos jardins et à nos cultures. Embusqués sous les pierres, dans les herbes, sous les débris de toutes sortes, ils donnent la chasse au menu gibier, souvent le plus nuisible aux végétaux : Ce qu'il dévorent de mites, d'acarus de cloportes, de chenilles, de vers, est impossible à dire.

A son tour, Raoul présenta au professeur un insecte brillant, à peu près de même taille, mais plus plat que le harpale. C'est dit le naturaliste, la *Féronie vulgaire* (feronia vulgaris) qui chasse également les petites proies vivantes et qui, à cause de son corps plus plat que celui des carabes, peut les poursuivre en passant par d'étroits interstices. Ausi nombreuses, et aussi variées de formes et de couleurs que les harpales, de tailles moyennes, souvent d'un éclat métallique très brillant, quelquefois noires et ternes, les féronies se rencontrent partout. Leurs larves, d'un blanc sale, avec les deux extrémités du corps d'un jaune un peu enfumé, détruisent une quantité de chenilles.

Roger, qui voulait aussi faire sa découverte, explorait attentivement le chemin et ses abords ; il aperçut un petit insecte qui brillait entre les pierres comme un fragment de métal, et il s'en empara.

C'est, dit M. Darien, l'*Amare des carrefours* (amara trivialis) qui butine partout, aussi bien dans les rues et sur les places des villes et des villages que dans la campagne. Les amares, de forme ovalaire, de couleurs métalliques, sont les premiers insectes, avec les harpales, qu'on voit apparaître au soleil du printemps. Ces petites bestioles que vous voyez souvent reluire comme de l'or dans la poussière des routes, entre les pavés des rues, sont des amares ou des harpales.

Il y avait environ une heure qu'on était parti de Bellevue, et on reconnaissait à certains indices que la mare n'était plus très éloignée.

A l'hymne matinal des oiseaux chanteurs, aux roulades sonores du merle et du loriot, se mêlait le coassement d'une légion de grenouilles. Cette partie peu harmonieuse du concert devenait de plus en plus distincte ; et bientôt les enfants aperçurent la nappe tranquille de l'eau de la mare qui réfléchissait les rayons éblouissants du soleil de juin.

M. Darien, qui voulait faire observer aux enfants les bruyants habitants de la mare, leur recommanda le silence. Malgré leurs précautions, les grenouilles s'interrompaient au moindre bruit, puis reprenaient leur monotone chanson quand les petits chasseurs d'insectes gardaient l'immobilité. Enfin, ils furent assez rapprochés pour apercevoir les curieux batraciens, accroupis sur leurs jambes de derrière et guettant leur proie.

Si un insecte passait à leur portée, les grenouilles se précipitaient avec beaucoup de vivacité, dardaient leur langue enduite d'une mucosité visqueuse, et la retiraient pour entraîner la proie qu'elles avalaient. Tout cela se faisait avec tant de rapidité qu'il fallait la plus grande attention pour s'en apercevoir.

Quelques-unes, paresseusement étendues sur de larges feuilles de nénuphars, semblaient repues, et ne songeaient qu'à se chauffer au soleil.

Cependant, les enfants ne pouvaient rester éternellement immobiles ; ils étaient impatients de commencer leur pêche. S'avançant sans précautions, ils virent les grenouilles se précipiter dans l'eau où la chute de tous ces corps qui bondissaient, produisit l'effet le plus singulier ; puis les verts batraciens se mirent à nager avec grâce, étendant leurs longues pattes postérieures, et cherchant dans les herbes ou dans la vase, un abri contre les regards indiscrets.

Penchés sur le bord de la mare bordée de plantes aquatiques et bien exposée aux rayons du soleil, les enfants voyaient s'agiter dans ces eaux tranquillles une incroyable population de toutes les tailles, de toutes les couleurs et de toutes les formes. M. Darien leur nommait successivement les tritons, ces crocodiles en miniature, qui s'élevaient jusqu'à la surface de l'eau, les pattes étendues, sans faire aucun mouvement ; la couleuvre à collier, qui s'éloignait rapidement et disparaissait dans les herbes ; les noctonètes et les ranâtres, les larves des cousins et des tipules qui se tortillaient comme des petits serpents ; les gros dytiques montant perpendiculairement, la tête en bas, pour venir à la surface prendre une provisions d'air, puis regagnant précipitamment le fond, en bousculant tout sur leur passage.

Bientôt le fauchoir fut mis en état de fonctionner, et les enfants voulurent eux-mêmes explorer les parties de la mare encombrées de broussailles et de plantes aquatiques où les insectes se tiennent de préférence.

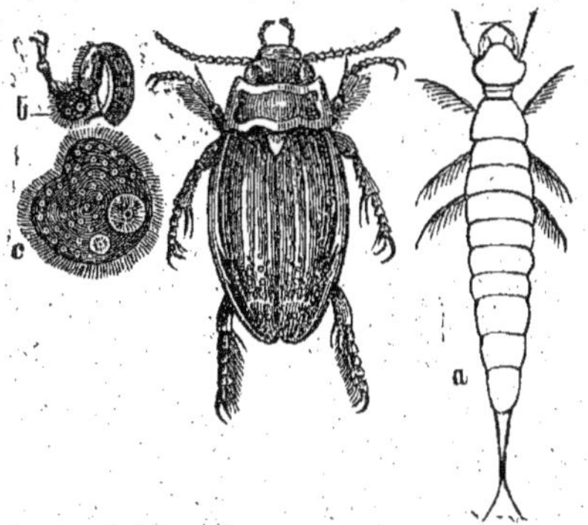

Le Dytique et sa larve (pattes antérieures du mâle).

Les coups de filet se succédaient rapidement sans beaucoup de succès ; les fronts ruisselaient de sueur, car ce n'est pas chose facile de manœuvrer un fauchoir dans l'eau et dans la vase. Enfin les mouvements de la toile semblaient indiquer que cette fois la pêche était fructueuse ; les trois cousins célébraient bruyamment leur victoire ; ils allaient s'emparer des prisonniers lorsque M. Darien les vit tout à coup, se retirer avec effroi : Le filet était rempli de *lézards d'eau*, de tritons, et il semblait aux enfants qu'ils eussent à leurs trousses, tous les crocodiles du Nil. Leur

vieil ami les rassura ; il leur dit que les tritons, absolument inoffensifs, sont des animaux fort utiles, des insectivores précieux ;
et, pour leur donner la preuve que les lézards d'eau ne sont aucunement dangereux, il les prit doucement à la main et les
remit dans la mare.

Un nouveau coup de filet récompensa les enfants de leurs
peines ; ils capturèrent deux gros insectes de ceux que le professeur leur avait montré venant respirer à la surface de la mare
et qu'il avait appelé des *dytiques* ; il y avait avec ceux-là, d'autres insectes qui furent enfermés dans le fauchoir pendant que
les entomologistes s'asseyaient à l'ombre d'un grand ormeau.

— Ces insectes, dit M. Darien, appartiennent à la famille des
hydrocanthares ou *carnassiers d'eau douce*, que nous placerons naturellement, dans notre collection, à la suite des carnassiers terrestres. Ils sont la terreur des mares et des étangs, les
requins de la création entomologique, comme les carabes en sont
les tigres.

Véritables pirates, leur rapacité dépasse tout ce qu'on peut
imaginer : Ils attaquent toutes les larves des eaux douces, larves
d'éphémères, de libellules, de phryganes, de cousins ; les mieux
armées ne les effraient pas. Ils détruisent les limnées, les pla-
norbes, les physes, jolis mollusques à coquilles que vous avez
vus ramper sur les plantes aquatiques. Ils ne respectent ni les
têtards de grenouilles, ni ceux des tritons, ni les petits poissons,
et se dévorent entre eux quand ils sont pressés par la faim.

Si une grenouille ou un triton sont blessés, les dytiques s'attachent à leurs flancs, se repaissent avec délices de leur chair, et les
dévorent tout vivants.

Aussi, est-il facile de conserver ces insectes dans des aquariums, dans de simples bocaux de verre, où l'on peut les alimenter avec de la viande crue. Un naturaliste en a nourri un de la sorte, pendant plus de trois ans. Dès que l'animal voyait arriver sa provison accoutumée, il se précipitait dessus avec avidité, et en suçait le sang de la manière la plus complète. La seule précaution à prendre est de recouvrir l'aquarium avec une gaze ou un fin grillage, car ces insectes sortent de l'eau le soir et la nuit et peuvent facilement s'envoler.

Ces êtres voraces dépeuplent quelquefois si complètement les eaux qu'ils habitent, qu'ils finiraient par y mourir de faim, faute de nourriture, s'ils n'étaient amphibies.

Heureusement, ils ont la faculté de sortir de leur retraite ; ils marchent, il est vrai, difficilement sur le sol, mais le soir venu, ils déplient leurs ailes et vont peupler les petites mares, les fossés, quelquefois même les ornières des routes où il n'est pas rare de les rencontrer.

Les hydrocanthares, en général, se distinguent des carnassiers terrestres en ce que ceux-ci sont très utiles et ceux-là fort nuisibles ; ils en diffèrent également par une organisation appropriée à leur genre de vie. Leurs pattes sont en forme de rames plus ou moins aplaties, leur corps est ovalaire et déprimé ; leur tête large est enfoncée jusqu'aux yeux dans un corselet plus large que long, leurs yeux sont peu saillants, leurs mandibules courtes, robustes, dentées à l'extrémité, sont presque entièrement recouvertes ; les élytres sont larges et recouvrent l'abdomen.

Les deux dytiques que nous avons capturés appartiennent à la même espèce, la plus commune de toutes, le *dytique bordé* (dytiscus marginalis). Comme tous les autres *dytisciens*, il a les antennes filiformes et plus longues que la tête, et les pattes antérieures plus courtes que les autres ; il nage avec beaucoup de vitesse, se tient au fond de l'eau et n'apparaît à la surface que pour prendre une provision d'air.

Longs de trois à quatre centimètres, les dytiques sont partout répandus en Europe ; leur couleur est uniformément brune ou noire avec un reflet olivâtre, nne bordure jaune autour des élytres et souvent autour du corselet. Leur tête en forme de museau, est armée de mandibules robustes et acérées. Leurs pattes antérieures, plus courtes, leur servent à saisir leur proie et à la porter à leur bouche ; les pattes postérieures, rames puissantes, sont longues, comprimées et garnies de cils serrés.

Très hardis et très courageux, ils se livrent entre eux des combats acharnés, et attaquent, quelquefois avec succès, le grand hydrophile que nous pourrons bientôt examiner, je l'espère.

La Providence leur a fourni d'ingénieux moyens qui leur permettent de respirer l'air en nature : Ils se laissent flotter sans agiter leurs membres, remontent facilement à la surface de l'eau, la tête en bas, l'extrémité de l'abdomen sortie du liquide, les pattes postérieures étalées en croix de chaque côté du corps. Alors ils soulèvent doucement le bout de leurs élytres, englobent une bulle d'air, et referment leurs étuis pour mettre le fluide à l'abri. Cette opération terminée, ils regagnent le fond de leur humide séjour.

Le vol de ces insectes est lourd et bruyant comme celui des cétoines et des hannetons ; mais voyez comment leur corps, tranchant sur les bords, faiblement convexe au milieu, est admirablement conformé pour fendre l'eau !

Quand on saisit les dytiques, ils se couvrent d'une sorte d'efflorescence blanchâtre qui disparaît rapidement ainsi que vous avez pu le constater.

Le type du genre est le *dytique très large* (dytiscus latissimus) propre au nord de l'Europe où il est très nuisible aux poissons, et que l'on rencontre quelquefois dans les étangs de la Lorraine et de la Champagne.

M. Darrien s'interrompit pour prendre dans le filet un animal bizarre que les enfants n'avaient pas remarqué.

— Voici, dit-il, la larve du dytique bordé; si l'insecte parfait est vorace et cruelle, cette larve au corps brun, allongé, renflé au milieu et couvert d'écailles, ne lui cède en rien en férocité. Elle est composée de onze anneaux dont le dernier, de forme conique est garnie de cils serrés. Cette disposition facilite la locomotion et vient en aide aux pattes, également pourvues de cils natatoires.

Lorsque ces larves veulent changer de place, poursuivre leur proie ou fuir un danger, elles s'élancent en imprimant à leur corps un mouvement vermiculaire rapide et en frappant l'eau par des coups répétés de leur queue frangée.

Leur tête large, aplatie, est armée de deux formidables mandibules en forme de faucille qui, au repos, s'appliquent contre le devant de la tête et qui servent à harponner les victimes. En dessous se trouve la bouche, presque dissimulée, et contenant à l'intérieur de petites mâchoires. Ces larves ne déchirent pas leur proie; elles la sucent, et cette succion s'opère par les mandibules qui présentent à leur face interne un sillon avec une ouverture à la base.

Le dernier segment du corps porte deux filets coniques, ciliés, qui leur servent à pomper à la surface de l'eau (où elles s'élèvent la tête en bas) l'air qui leur est nécessaire.

Lorsque ces larves ont acquis tout leur développement et que le temps de la métamorphose est arrivé, elles s'enfoncent dans la terre humide qui borde les mares et les étangs ; elles pratiquent une cavité ovale, et se changent en nymphes, d'un blanc sale, qui restent là pendant l'hiver : Elles se transforment au printemps.

Dans un genre très voisin des dytiques, je citerai le *cybister de Rœsel* (cybister Rœseli) d'un noir olive, avec une étroite bordure jaune ; dans l'eau, cet insecte présente de magnifiques reflets azurés.

Je trouve encore dans le filet, le *colymbète strié* (colymbetes) de couleur brune, avec le corselet jaunâtre marqué d'une bande noire et les élytres très finement striées en travers.

Voici encore *l'acilie sillonnée* (acilius sulcatus) au corps ovalaire et déprimé ; puis, un *agabus* aux élytres jaunâtres saupoudrées de brun.

En ce moment Raoul aperçut un insecte qui se traînait sur la vase et qui fit entendre un petit cri strident qui effraya l'enfant, quand il voulut s'en emparer. M. Darien sourit ; il venait de reconnaître le *Pélobie d'Hermann* (Pelobius Hermanni) dont la tête est presque complètement dégagée du corselet, comme une tête de carabique. Cet insecte d'un brun roussâtre, mat, porte sur les élytres une grande tache noire qui en occupe la majeure partie. Quand on veut le saisir il fait entendre une stridulation assez forte, un peu analogue à celle du grillon.

« Il arrive parfois, dit M. Fairmaire, qu'au milieu d'un vaste étang desséché on entend ce petit cri sortir de tous les côtés ; c'est le pauvre Pélobie qui se trahit et qu'on découvre bien vite, enterré sous quelque croûte de vase, et tellement barbouillé de limon qu'on a de la peine à le deviner. »

Depuis quelques instants l'attention des petits chasseurs était attirée par des insectes qui nageaient avec une incroyable vitesse, dessinant à la surface de la mare des cercles sans fin interrompus par de brusques arrêts. Ils tournaient si vite, glissaient si rapidement qu'on ne pouvait distinguer leur forme. Leur corps, à reflets métalliques, les faisait ressembler, sous les rayons du soleil, à de vives étincelles courant sur l'eau, et laissant derrière elles une traînée lumineuse.

— Est-ce que nous n'allons pas pêcher des *tourniquets* ? demanda René ?

— Ils ne sont pas rares sur la mare, dit M. Darien, et les hirondelles qui rasent l'eau voudraient bien en faire leur proie. Mais observez attentivement ces curieux insectes : on les croirait tout occupés à quelques jeux, et absolument indifférents à tout ce qui se passe autour d'eux. Cependant, lorsque l'oiseau s'avance à tire-d'aile, le bec grand ouvert, croyant déjà tenir sa proie, le tourniquet disparaît lestement en plongeant avec rapidité.

— Prenez le filet, continua le vieux professeur, et essayez d'en capturer vous-mêmes quelques-uns pour que nous pussions les étudier de près ; il serait impossible, en raison de leur petitesse et de leurs mouvements continus, de nous faire une idée de leur conformation, si nous n'en avions sous les yeux quelques échantillons.

Les enfants essayèrent vainement, et à vingt reprises différentes, de s'emparer des *tourniquets*. De droite ou de gauche, d'en haut et d'en bas, de dessous et de dessus, il semblait que ces fugitives étincelles, sans s'arrêter dans leur course folle, vissent venir le danger de tous les points environnants.

M. Darien riait de la déconvenue des chasseurs : S'emparant lui-même du filet, il put, d'un mouvement rapide, emprisonner quelques-uns de ces vigilants insectes.

— Ce petit animal, dit-il, que vous connaissez sousla dénomination de *tourniquet*, et qu'on appelle encore *puce d'eau*, est le *gyrin nageur* (gyrinus natator) insecte très carnassier qui se jette avec avidité sur les petites proies qui font sa nourriture.

Ces coléoptères si alertes se réunissent en troupes nombreuses, soit dans les étangs, soit dans les parties des rivières où les eaux sont dormantes, tournoyant sans cesse, poursuivant sans relâche les insectes qui vivent à la surface de l'eau, saisissant ceux qui montent pour respirer, ou les insectes terrestres qu'un accident y fait tomber.

Leur corps est couvert d'une mince couche d'air qu'ils entraînent quand ils plongent; on voit alors sous leur abdomen une bulle simulant une petite boule d'argent.

Si on examine attentivement les gyrins, on observe certaines particularités curieuses : D'abord, chacun des yeux fortement séparé par le bord de la tête paraît en former deux, dont l'un regarde dans l'eau et l'autre au-dessus de sa surface.

Prenez ma loupe et regardez la tête de ces insectes, vous verrez comment les yeux sont admirablement disposés, et vous comprendrez pourquoi ils échappent facilement à l'hirondelle et aux petits maladroits armé d'un filet, ce qui ne les empêche pas de surveiller en même temps le fond de l'eau et d'échapper aux poursuites des poissons. Si vous placez un gyrin dans un verre d'eau vous constaterez les effets de cette organisation remaquable.

Après avoir décrit quelques cercles, il reste immobile à la surface, mais si l'on avance un doigt ou si l'on fait le moindre mouvement, l'insecte devient inquiet, il s'agite et se réfugie au fond du verre.

Les élytres couvrent l'abdomen à l'exception du dernier anneau qui laisse apercevoir deux petits mamelons cylindriques que l'insecte retire à volonté, et qui secrètent probablement le liquide laiteux, à odeur pénétrante, dont le gyrin se couvre quand on le saisit. Cette odeur que vous avez constatée dès que nous avons retiré le filet est devenue plus forte depuis que vous avez touché l'insecte avec vos doigts.

Le dytique, nous l'avons vu, a les pattes postérieures les plus longues ; chez le gyrin, au contraire, elles sont plus courtes.

Au premier coup d'œil, les larves de gyrins ressemblent à des *mille-pattes*. Leur corps est enveloppé d'une peau transparante qui laisse apercevoir quelques vaisseaux internes ; il est grêle, allongé et d'un blanc sale ; la tête, armée de mandibules qui dénotent des habitudes carnassières, est assez grande, oblongue et aplatie. Les trois premiers anneaux du corps portent les trois paires ordinaires de pattes, mais les anneaux suivants sont pourvus d'appendices membraneux, ciliés et flottants, qui suivent les mouvements du corps, et qui sont probablement les organes respiratoires.

A la fin de l'été, lorsqu'elles sont parvenus à leur entier développement, ces larves grimpent hors de l'eau, sur des plantes aquatiques ; elles y construisent une coque ovalaire, pointue à ses deux bouts, ayant la consistance du papier gris.

L'insecte parfait en sort au bout d'un mois, et se précipite aussitôt dans l'élément où s'accomplira le reste de son existence.

Toutes les larves et tous les insectes qui sont encore dans le filet appartiennent à des espèces dont nous n'avons pas à nous occuper pour le moment. Cependant, bien que l'hydrophile ne soit pas un carnassier à proprement parler, les mœurs de sa larve justifient pleinement cette dénomination, et nous allons fouiller la mare afin de pouvoir placer ces curieux insectes, dans la collection, à la suite de hydrocanthares.

Après plusieurs recherches infructueuses et de nombreux coups de filets qui ramenèrent quantité de larves et d'insectes grouillants, des tritons et des têtards de toutes les tailles, M. Darien fut assez heureux pour pêcher le *grand hydrophile brun* (hydrophilus piceus) connu sous le nom de *grand scarabée aquatique*, et appartenant à la famille des *palpicornes*. Les *hydrophiliens* se font remarquer par la longueur de leurs palpes qui dépasse de beaucoup celles des antennes ; ils portent une pointe sternale très acérée qui est redoutable chez les grosses espèces quand on les saisit sans précaution. Il est donc facile de distinguer les hydrophiles des dytiques. Mais c'est surtout à l'état de liberté qu'on peut apprécier la différence qui sépare les deux familles.

Pendant que les dytiques bousculent tout, circulent brutalement sans se soucier des obstacles, renversant, égorgeant, dévorant sans merci, les hydrophiles évoluent paisiblement dans le même espace ; et, malgré l'ampleur de leur taille, leurs mouvement tranquilles peuvent faire juger de leurs habitudes pacifiques. Ils s'accrochent aux plantes marécageuses, se promènent paisiblement sur leurs tiges, flottent le corps renversé, ou rampent, dans cette position singulière, à la surface de l'eau. Tandis qu'à l'état de larve l'hydrophile était avide de proies vivantes, il se contente, maintenant, d'une nourriture végétale ; et, en captivité, on les nourrit parfaitement avec des feuilles de salade.

— Prenez l'hydrophile qui est dans le filet, Raoul, et ne le saisissez qu'avec précaution ; pour plus de sûreté, servez-vous de vos brucelles.

— Vous avez tort de vous étonner de ma recommandation.... retournez l'animal et examinez sa poitrine. Voyez-vous cette longue pointe, ce pieu très aigu ; il peut percer la peau jusqu'au sang si l'on n'a pas soin de l'éviter.

Le mode de respiration des hydrophiles diffère également de de celui des dytiques ; comme ces derniers, ils doivent, de temps en temps, renouveler leur provision d'air ; mais c'est par la partie antérieure du corps, à l'inverse de leurs voisins, qu'ils viennent puiser à la surface le fluide qui leur est nécessaire.

L'antenne est coudée et ses articles aplatis, collés contre le corps, forment une sorte de rigole où s'engage une bulle d'air, quand cet organe est hors de l'eau, De là, cet air passe dans la la couche soyeuse qui garnit le dessous du corps, faisant à l'animal une sorte de fourreau d'argent, et s'introduit ensuite dans les orifices respiratoires.

Il arrive que sous l'influence de la chaleur, les pièces d'eau où vivent les hydrophiles se dessèchent, ces insectes se retirent alors alors sous des pierres voisines ou restent engourdis dans la vase jusqu'à ce que des pluies nouvelles viennent les délivrer de leur captivité.

C'est vers la fin de l'été que l'hydrophile brun prend sa forme parfaite. Pendant l'hiver, il reste engourdi au fond de l'eau ou sous les mousses humides des bords. Dès le mois d'avril, les femelles s'occupent du soin d'assurer leur postérité : elles filent, à cet effet, une espèce de coque de soie dont la forme approche de celle d'un sphéroïde aplati dont un aurait emporté un segment.

Vous savez que chez tous les insectes les larves filent elles-mêmes leur cocon : L'hydrophile nous offre un exemple unique d'une mère d'insecte exécutant elle-même ce travail.

A la partie supérieure de l'endroit de la coque où le segment paraît enlevé se dresse une espèce de corne solide, composée, de même que la face aplatie, d'une soie brune, en sorte que cette coque ressemble à un ancien bonnet de hussard : C'est le berceau flottant, qui porte la nouvelle famille ; c'est dans cette curieuse nacelle que l'hydrophile dépose ses œufs.

Le prolongement de la coque, en forme de corne, est tout à la fois, un mât qui maintient l'équilibre du bateau, et un siphon respiratoire, quand l'air est nécessaire, au moment de la naissance des larves ; sa pointe est constamment sortie de l'eau.

Après s'être nourries de végétaux, pendant les quelques jours qu'elles restent attachées contre leur berceau, ces larves deviennent très carnassières. Réaumur décrit ainsi cette larve que j'aurai, sans doute, occasion de vous montrer et qu'il appelle *ver assassin* :

Ce ver, qui a six pattes velues, peut avoir deux pouces de longueur ; sa queue est hérissée de poils, qui lui servent comme de gouvernail pour diriger avec certitude ses mouvements, en nageant. Il respire l'air par cette partie postérieure, ainsi qu'un grand nombre d'insectes aquatiques.

Ce ver assassin est armé de deux dents creuses et si transparentes, que l'on voit, à travers, couler le sang de l'insecte qu'il suce, et qui, à l'aide de ses tuyaux aspirants, est porté dans la bouche, et de là à l'estomac : on voit quelquefois monter, avec le sang, de petites bulles d'air. Ce ver voit très bien dans l'eau, au moyen d'yeux noirs, immobiles, placés sur sa tête ; dès qu'il aperçoit sa proie, il nage du côté où elle est et s'en saisit avec ses dents redoutables. On remarque à sa tête six soies ou barbes articulées, dont quatre sont placées entre les mandibules, en dessous ; les autres, qu'on peut regarder comme des antennes, sont des deux côtés de la partie supérieure de la tête. Cet insecte aquatique est dur comme un crustacé : il a de chaque côté du corps, six stigmates. Après avoir vécu de sang et de carnage, et être parvenu à sa dernière période d'accroisement, il sort de l'eau, entre en terre, s'y fait une loge sphérique où il se change en nymphe ; de l'état de nymphe il passe à l'état de grand scarabée ; puis il retourne dans les eaux, son premier élément.

Ce ver assassin, ou plutôt cette larve de l'hydrophile, a de longues pattes ; elle est fort agile et grimpe aux plantes. Elle détruit beaucoup de mollusques à minces coquilles, et voici comment elle opère : Les mollusques sont saisis par dessous ; la larve recourbe sa tête en arrière et presse contre son dos, qui lui sert de point d'appui, la coquille qui se brise, et qu'elle dévore ensuite tout à son aise.

Veut-on la saisir ? Le bec d'un oiseau aquatique la rencontre-t-il ? elle fait la morte et laisse pendre son corps comme une dépouille flasque et vide. Si cette ruse est inutile, elle projette par l'anus une liqueur noire qui trouble l'eau, ce qui lui permet, quelquefois, d'échapper à son ennemi.

Après être restée environ deux mois à l'état de larve, elle sort de l'eau, cesse de manger, se creuse un terrier, s'y pratique une cavité sphérique, comme l'a observé Réaumur, et se change en nymphe blanchâtre. Au bout d'un mois, la peau de la nymphe se fend sur le dos ; l'hydrophile sort ; ses élytres couchées le long du ventre se retournent sur le dos à la place qu'elles doivent occuper ; ses ailes se déplient, se raffermissent, puis se replient sous les étuis encore blancs et mous. L'insecte s'appuie sur ses pattes mal affermies ; peu à peu il se colore ; et, après être resté encore une douzaine de jours sous la terre, le grand hydrophile dont la taille atteint de quarante à cinquante millimètres, s'échappe et se rend à l'eau après trois mois environ d'évolutions successives.

Laissant les habitants de la mare se livrer à leurs ébats qui sont loin d'être toujours aussi pacifiques, les chasseurs d'insectes, chargés de leurs boîtes et de leurs filets s'engagèrent dans un sentier qui conduisait vers les bois et les rapprochait de Bellevue. A peine avaient-ils fait quelques pas que Roger s'arrêta en présence d'un insecte dont la structure singulière et les allures bizarres justifient le nom populaire de *diable* sous lequel il est connu. Long

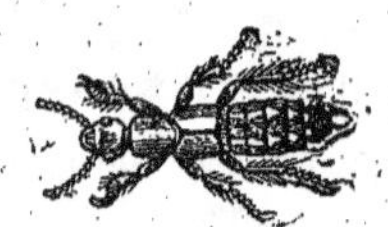

Staphylin

de vingt-cinq millimètres environ, d'un noir mat, pourvu d'élytres tronquées ressemblant à un habit trop court, cet insecte, campé au milieu du sentier, ne songeait nullement à fuir ; il ouvrait et refermait ses mandibules étroites, arquées comme des faucilles, et redressait la partie postérieure du corps d'où l'on voyait saillir deux vésicules blanches.

Rassuré par la présence de son vieil ami, sûr que les morsures produites par les redoutables mandibules ne sauraient être dangereuses, Roger s'empara de l'insecte et fut surpris de sentir une agréable odeur de pomme de reinette.

Cet animal, dit M. Darien, est le *staphylin odorant* (staphylinus olens), le type de la famille des *brachélytres* ou insectes à *courtes élytres.*

Au moment où le naturaliste allait faire l'histoire du staphylin, un grand cri, puis des gémissements partis du bois, attirèrent son attention. Suivi des enfants, il se dirigea en toute hâte vers l'endroit d'où semblaient venir ces plaintes retentissantes ; il y avait sûrement là une personne en danger, et il fallait s'empresser de lui porter secours.

Deux voix maintenant appelaient au secours ; et lorsque les chasseurs d'insectes arrivèrent à l'extrémité d'une futaie d'où le regard pouvait plonger au loin ; ils aperçurent un enfant, grimpé contre le tronc d'un chêne, au pied duquel une vieille femme s'agitait impuissante. D'un coup d'œil, le vieux professeur comprit ce qui s'était passé. L'enfant, un petit paysan, se cramponnait à l'arbre pour éviter une chute terrible ; une longue couleuvre, enroulée autour de son bras, poussait des sifflements de colère : le visage enflammé du patient, ses yeux hsgards sortis des orbites disaient assez ses angoisses et sa terreur.

Avec une légèreté et une vigueur que son âge semblait devoir rendre impossibles, M. Darien saisit le tronc de l'arbre et s'éleva promptement à la hauteur de l'enfant ; en un clin d'œil il eut fait lâcher prise à la couleuvre, malgré sa résistance ; ses anneaux déroulés, elle tomba sur le sol et se glissa, aussi effrayée que sa victime, dans les herbes épaisses du bois. Mais la partie la plus difficile de la tâche restait encore à accomplir. La main du petit garçon était engagée dans une cavité de l'arbre d'où il paraissait impossible de la faire sortir. Avec des précautions infinies, M. Darien parvint à dégager l'enfant du piége naturel dans lequel il était tombé et bientôt, glissant doucement contre le tronc, il déposa sous le chêne, plus mort que vif, le petit paysan. Il lui fit boire quelqnes gouttes d'un mélange d'eau et de café contenu dans une gourde, et l'enfant rassuré aurait vite oublié sa mésaventure, si son bras, enflé à la suite de ses nombreux efforts, ne l'avait fait cruellement souffrir. M. Darien se tourna vers la vieille femme qu'il semblait connaître, et lui demanda comment elle s'était trouvée sous ce chêne.

— J'étais, dit-elle, sous la futaie, ramassant quelques branches mortes que le propriétaire m'a permis d'emporter, lorsque j'ai entendu les appels du petit. Je suis accourue de toute la vitesse de mes vieilles jambes ; dans l'impossibilité de lui porter secours, je me mis à crier de toutes mes forces pour attirer l'attention des rares promeneurs qui fréquentent nos bois.

Catherine, c'était son nom, ajouta aussitôt : Il y a bien longtemps, M. le Médecin, que vous m'avez promis de venir visiter, avec ces enfants, la *Grotte du chasseur*, la vieille Catherine serait heureuse de vous y recevoir.

— Vous pouvez compter sur nous jeudi prochain, mère Catherine, reprit M. Darien avec bienveillance. Ces enfants seront heureux de visiter les curiosités de votre habitation.

— C'est une bien triste demeure, reprit la bonne vieille, mais je vous y recevrai de mon mieux.

Puis elle s'éloigna après avoir prié M. Darien de reconduire à sa famille le petit blessé.

Le petit Antoine était un intrépide destructeur de nids qui préférait l'école buissonnière aux leçons de son instituteur. Malgré les représentations de ses parents, il passait la plus grande partie de son temps dans les bois, s'emparant des jeunes oiseaux, détruisant les couvées, sans aucun profit pour lui-même, et pour le seul plaisir de faire le mal. Il y a de ces natures mauvaises contre lesquelles les bons conseils sont impuissants, jusqu'à ce qu'une leçon cruelle vienne les faire réfléchir sur la gravité de leurs fautes. Cette leçon terrible qui pouvait entraîner sa mort, le petit Antoine venait de la recevoir.

Parti de chez lui depuis le matin, il avait parcouru le bois, et plusieurs nids remplis d'œufs, qui gisaient sur le sol, indiquaient assez le mal que le petit vaurien avait commis.

Arrivé sous le chêne, il avait vu un oiseau sortir de son tronc creux, et il avait compris qu'il pouvait faire là un nouvel exploit. Il grimpa sans difficulté jusqu'à la cavité qui devait contenir le nid ; l'ouverture était étroite, il eut quelque peine à y faire pénétrer sa main qu'il voulut retirer précipitamment, quand, au lieu du chaud duvet des petits oiseaux, il sentit le froid de la peau d'un reptile. Mais il avait mal calculé son mouvement ; sa main resta emprisonnée, et au même instant, le reptile troublé dans sa retraite, se glissa hors dn trou et s'enroula autour de son bras. Ce fut alors que l'enfant, justement effrayé, se mit à pousser les cris qui avaient attiré l'attention des chasseurs d'insectes.

Après avoir maintenu avec un mouchoir le bras malade du petit dénicheur, M. Darien lui fit comprendre tout ce que sa conduite avait de répréhensible, et quel tort il faisait aux cultivateurs en détruisant les jolis chanteurs des bois.

— Que va dire ma mère ? disait en pleurant le malheureux enfant.

— Les petits oiseaux ont aussi des mères, reprit le vieux professeur et tu n'as jamais eu pitié de leurs cris de douleur. Songe un peu à ce qui serait arrivé si personne ne s'était trouvé dans le bois, pour te secourir, ou si au lieu d'une inoffensive couleuvre, le nid avait été occupé par une vipère? La mort la plus horrible aurait été le résultat de ta conduite.

Pâle d'effroi à cette seule pensée, le petit Antoine promit de se corriger, et bientôt il fut reconduit à sa mère à qui l'on raconta sa triste aventure. Elle remercia avec effusion M. Darien et ses jeunes élèves vivement impressionnés de l'accident dont ils venaient d'être les témoins.

Malgré les nombreuses questions qui se pressaient sur leurs lèvres, l'émotion des enfants était si grande qu'ils avaient gardé le silence jusqu'à leur retour à Bellevue.

Le soir, ils racontèrent avec force détails à Mme Clairbois, l'accident survenu au petit Antoine et le sauvetage exécuté par M. Darien.

— Comment, disaient-ils à leur vieux maître, le jeudi suivant, avez-vous osé prendre à la main le serpent pour lui faire dérouler ses anneaux ?

— C'est que ce serpent était une couleuvre, et que la morsure de ce reptile est absolument inoffensive. J'aurais dû prendre d'autres précautions si j'avais eu affaire à une vipère dont la piqûre est toujours dangereuse et quelquefois mortelle.

— Je n'ai pas compris, reprit Raoul, pourquoi la mère Catherine vous appelait M. le médecin.

— La pauvre femme, comme la plupart des paysans, s'ima-
gine qu'un médecin seul doit avoir la fantaisie de parcourir les
bois et les champs avec des filets et une boîte où l'on enferme des

La Grotte du Chasseur.

insectes et des plantes. Souvent, dans mes excursions, je l'ai rencontrée; longtemps elle a été malade de la fièvre, et je lui ai apporté quelques remèdes qu'elle n'avait pas le moyen de se procurer et qui l'ont guérie. Depuis cette époque, elle ne sait comment
me témoigner sa reconnaissance, et elle est de plus en plus con-
vaincue que je suis médecin.

— Qu'est-ce donc, demanda Roger, que cette *grotte du chasseur* dont elle a parlé, et où vous avez promis de nous conduire?

— La *grotte du chasseur* est une des curiosités de la contrée; c'est une excavation naturelle creusée dans le flanc de cette colline que vous apercevez là-bas, bien loin, et au sommet de laquelle vous voyez le plus gros chêne des environs.

— Est-ce que la vieille Catherine habite cette grotte, au milieu des bois?

— Oui, mon ami; la mère Catherine est pauvre; elle ne craint pas les voleurs, et, comme c'est une excellente personne, qui a éprouvé bien des revers, nul ne songe à lui faire du mal. Elle s'est appropriée, à l'entrée de la grotte, une petite habitation proprette et commode, et elle vit là, en véritable recluse, du produit de son travail, qui consiste à filer du chanvre et à tricoter des bas. De temps en temps, elle reçoit quelques pièces de monnaie des rares curieux qui visitent la grotte du chasseur.

Mais il me semble que nous oublions le véritable but de notre promenade?

— Je venais, dit Roger, de capturer un *staphylin*, lorsque notre leçon a été interrompue par les cris du petit Antoine.

— Nous allons donc reprendre où nous l'avions laissée l'histoire des *brachélytres* : La forme de ces coléoptères est très allongée et aplatie; leur tête est large et porte de courtes antennes; le prothorax est court; et, l'abdomen très long, n'est qu'en partie couvert par les élytres tronquées à leur extrémité, qui néanmoins recouvrent les ailes. Les pattes sont assez grêles; l'extrémité de l'abdomen est garnie de deux vésicules coniques et velues que l'insecte peut faire sortir à volonté, et d'où s'échappe une vapeur subtile dont l'odeur varie dans les différentes espèces. Celui que vous avez capturé sentait la pomme de reinette; il en est qui exhalent une odeur de musc, d'autres qui sentent le soufre, etc...

Ces animaux ont la singulière faculté, lorsqu'on les trouble dans leurs ébats, de relever leur abdomen qui est doué d'une grande flexibilité dans tous les sens. Ils s'en servent même, lorsqu'ils cessent de voler, pour renfoncer sous leurs courtes élytres, leurs longues ailes à demi-transparentes.

Les staphylins marchent vite et volent très bien quoiqu'ils ne se servent que rarement de leurs ailes. Ils sont partout répandus dans les matières plus ou moins altérées, végétales ou animales. On les trouve dans le terreau, le fumier, les excréments, les champignons en décomposition. Certaines espèces microscopiques se tiennent sur les fleurs, d'autres fréquentent les nids de fourmis et de guêpes.

Leurs larves, avant de se transformer en insectes parfaits, se changent, comme celles des autres coléoptères, en nymphes immobiles. Ces larves diffèrent peu de l'adulte; elles en ont l'agilité, l'activité et la voracité.

J'aperçois dans ce lambeau de chair putréfiée qui a appartenu à un oisillon, un représentant de la famille des brachélitres. Prenez-le, Roger, avec l'aide de votre pince, et nous allons l'examiner : Les bandes cendrées dont il est revêtu et les dimensions de ses mandibules me font reconnaître le *staphylin à grandes mâchoires* (staphylinus maxillosus) grand amateur de cadavres.

Voici le *staphylin velu* (staphylinus hirtus) ou *staphylin bourdon*, non moins friand de chair corrompue; long d'environ vingt-deux millimètres, il est facile de le distinguer à son corps noir, velu, avec les deux derniers anneaux de l'abdomen couverts de poils épais, d'un jaune doré et lustré. Recueillons encore le *staphylin à élytres rouges* (staphylinus erythropterus), le *staphylin cuivré* (staphylinus cupressus), le *staphylin bleu* (staphylinus cyaneus), qui empruntent leur nom à la couleur de leurs étuis.

« Si le nombre des espèces, dit M. Fairmaire, suffisait pour rendre une famille intéressante, celle des staphylins aurait certainement la palme ; mais la monotonie des formes, les transitions insensibles d'un type à un autre, rendent ces insectes d'une étude peu attrayante, »

Dans tous les cas, ce sont des insectes fort utiles, qui détruisent beaucoup de chenilles et de limaces, et qui, avec beaucoup d'autres que nous aurons sans doute occasion de voir à l'œuvre, constituent d'excellents agents de la salubrité atmosphérique.

Suivant les contrées et les climats, ils achèvent l'œuvre de purification bienfaisante commencée par les hyènes et les chacals, les vautours et les corbeaux ; leur odorat subtil les conduit sûrement partout où il y a un atome de matière corrompue à faire disparaître.

C'est à propos de tous ces carnassiers de chair vivante et de chair morte, de tous les destructeurs de matières animales ou végétales que Michelet s'écrie dans un incomparable langage :

« La haute loi de la nature, la loi de salut, c'est la destruction rapide de tout ce qui est décroissant, languissant, stagnant, donc nuisible, sa purification brûlante par le creuset de la vie. Ce creuset, c'est surtout l'insecte. Il ne faut pas accuser sa furie d'absortion. Qui songe à accuser la flamme ? La flamme n'est accusable que quand elle ne brûle pas. Et de même, ce feu vivant, l'insecte, est fait pour dévorer. Il faut qu'il soit ardent, cruel, aveu-

gle, d'un appétit implacable ! Loin de lui la sobriété, la modéra-
tion, la pitié ! Toutes ces vertus de l'homme et des êtres supérieurs seraient des non-sens qu'on ne peut imaginer. Concevez-
vous un insecte avec la sensibilité et la tendresse du chien ? qui
pleurerait comme un castor ? qui aurait les aspirations, la poésie
du rossignol ? Enfin, la pitié de l'homme ?... Mais ce serait un insecte incapable, très impropre à son métier d'anatomiste, de dis-
séqueur et destructeur, disons mieux, de traducteur universel de
la nature, qui, précipitant la mort en supprimant les langueurs,
accélère par cela même le brillant retour de la vie. Par lui, dégagée et légère, elle dit, d'une joie sauvage : « Nulle maladie, nulle
vieillesse ! Fi de toute décroissance !... Salut à l'éternelle jeunesse !... Meure ce qui vécut plus d'un jour ! »

Les insectes, en effet, mes petits amis, sont le creuset bienfai-
sant où viennent se purifier toutes les matières immondes qui,
sans leur concours actif, auraient bientôt partout répandu la souf-
france et la mort.

Eloignons-nous un peu de la lisière du bois et approchons-nous
des champs cultivés, où nous ne pouvons manquer de découvrir
de nouvelles espèces.

— J'aperçois, dit René, un insecte qui veut déloger un limaçon
pour se mettre à sa place.

— Je le vois aussi, dit M. Darien ; il pénètre dans la coquille
où il est certain de faire un excellent repas aux dépens du pauvre
mollusque.

— Voici, dit Roger, un autre insecte qui veut aussi s'introduire dans l'habitation d'un limaçon ; mais il est d'une autre espèce.

— C'est une erreur, mon ami, ces deux insectes sont de la

même espèce, avec cette différence que le premier est un insecte parfait et le second une larve.

Nous sommes en présence d'une espèce essentiellement utile, un de ces anatomistes, de ces excellents disséqueurs dont parle Michelet. C'est le *silphe lisse* (silpha lœvigata), de la famille des *clavicornes*, mot qui signifie cornes ou antennes en forme de massue. Le caractère essentiel de cette famille est, en effet, d'avoir les antennes plus grosses à leur extrémité.

Les silphes rendent d'importants services en dévorant beaucoup de chenilles et de limaces et en activant la destruction des cadavres d'animaux qui gisent dans les bois et dans les champs; ils sont ainsi un élément de la salubrité générale.

Lorsque les silphes (qu'on nomme aussi *boucliers* à cause de la forme large et arrondie de leur corps qui ressemble à un bouclier déprimé) rencontrent le cadavre d'un mammifère ou d'un oiseau, ils pénètrent sous la peau et ont bientôt dépouillé toute la chair, jusqu'aux os, mieux qu'on ne pourrait le faire à l'aide d'un scalpel.

La livrée de ces insectes est ordinairement sombre; leur corps exhale une odeur nauséabonde, ce qui n'a rien d'extraordinaire si l'on songe au régime et à la mission qui leur sont imposés.

Les larves, non moins utiles que les insectes adultes, se plaisent comme eux au milieu des chairs putréfiées. De forme plate, elles paraissent très large à cause des prolongements dentelés de leurs anneaux.

Voici un autre de ces insectes qui marche dans la direction de cette grosse limace. Celui-ci a le corps noir, le corselet rouge et les élytres marquées de trois lignes flexueuses : c'est le *silphe thoracique* (silpha thoracica).

Il semble que toutes les espèces se soient réunies sur le revers de ce fossé, car j'aperçois encore le *silphe a quatre points* (silphus quadripunctata) au corps noir, avec le corselet et les élytres jaunâtres, et deux points noirs sur chaque élytre. Celui-là se tient communément sur les chênes où il va chercher au vol les chenilles vivantes.

Je vous citerai encore le *silphe terne*, le *silphe noir*, le *silphe caréné*, le *silphe sinué*; puis le *silphe littoral* (silphus littoralis), grande espèce de couleur noire qui vit sur le bord des eaux et fait disparaître les cadavres de poissons ou d'animaux noyés.

Le *silphe obscur* (silpha obscura), long de quinze à dix-huit millimètres, au corps noir, finement ponctué, avec trois côtes sur les élytres, cause parfois des dommages aux betteraves dont il dévore les racines. On dit aussi que le silphe noir mange les fraises dans les Alpes et les Pyrénées. Mais ces deux exceptions ne sauraient empêcher de classer les silphes parmi les plus utiles des coléoptères.

— Voyez ce mulot, dit tout à coup René; il est mort, ce me semble, et pourtant on dirait qu'il remue.

— Certainement il est mort, dit Roger, en s'approchant; les émanations qui s'en dégagent ne laissent aucun doute à cet égard.

Ce sont probablement, reprit Raoul, en riant, quelques silphes qui se sont introduits sous sa peau et qui préparent son squelette pour nos collections.

En ce moment plusieurs insectes bourdonnaient autour du cadavre. M. Darien reconnut des *nécrophores*.

— Asseyons-nous sur le revers du fossé, dit le vieux maître, et vous allez assister à un des plus curieux spectacles dont puisse jouir un naturaliste.

Les insectes qui bourdonnent autour du mulot et ceux qui, vraisemblablement, se sont glissés dessous, sont des *nécrophores* qui ne se contentent pas, comme les silphes, de disséquer les cadavres à l'air libre, mais qui les enterrent soigneusement, faisant ainsi disparaître toute cause d'infection.

Nécrophore.

Ils sont, comme les silphes, de la famille des clavicornes, et l'espèce que nous avons sous les yeux et qui se prépare à un grand travail, est le *nécrophore fossoyeur* (necrophorus vespillo), long de quinze à vingt millimètres, noir, avec l'extrémité des antennes rouge et deux bandes orangées transversales sur les étuis. Vous pourrez, un peu plus tard, en recueillir à l'aide de vos pinces, quelques échantillons. Pour l'instant, nous n'avons rien de mieux à faire que de suivre leurs évolutions.

Plusieurs insectes, des nouveaux arrivés, se glissèrent sous le cadavre du mulot qui, lentement, se mit en mouvement.

— On dirait que ce cadavre marche, fit Raoul.

— Le mot nécrophore, dit M. Darien, signifie *porteur de cadavre*, et nous aurons dans la suite l'explication de ce déplacement du mulot ; en ce moment, les insectes le portent réellement.

— Vous avez ici un nouvel exemple du zèle avec lequel les insectes remplissent leur mission hygiénique. Dès qu'un cadavre est signalé à l'odorat subtil des nécrophores, ils se réunissent pour procéder à leur funèbre travail. Attirés par les émanations, ils arrivent à tire-d'aile en faisant entendre ce bourdonnement strident que vous remarquez depuis un instant. Après avoir examiné les **difficultés** de leur tâche, ils se mettent résolument à l'œuvre. Si le terrain ne leur permet pas d'enfouir le cadavre au lieu même où il est tombé, ils se glissent dessous, et le transportent dans une terre plus meuble.

Le mouvement qui vous étonnait n'a pas d'autre raison ; une pierre s'est sans doute rencontrée sous le mulot et faisait obstacle à son ensevelissement.

— Il me semblait, dit René, que le cadavre marchait tout seul.

— Il n'y a à cela rien d'étonnant puisque tous les porteurs étaient cachés sous le corps de la taupe.

— Je crois, remarqua Raoul, que le cadavre descend maintenant peu à peu dans la terre.

— Il ne tardera pas à y disparaître complètement. Les insectes se rangent autour ; vous pouvez en distinguer plusieurs. Voyez quelle vigueur ils déploient en grattant le sol avec leurs robustes pattes.

— La fosse sera-t-elle bientôt creusée? demanda Roger.

— Elle le sera peut-être en moins d'une journée, et alors le cadavre sera complètement enseveli.

Lorsque le corps est suffisamment descendu, les nécrophores rejettent sur lui la terre ; ils la piétinent, la nivellent, y ajoutent de menus cailloux, de petites brindilles et rendent l'emplacement de la sépulture absolument invisible.

— C'est un bien curieux travail ! dit Roger.

— Oui, ce travail est curieux, mais il n'est pas accompli dans un but tout à fait désintéressé. Les femelles des nécrophores déposent leurs œufs dans le corps même de l'animal où les larves, en naissant, trouvent la nourriture qui leur convient.

La terre était meuble, la besogne facile, et l'ensevelissement du mulot marchait rapidement. On ne pouvait cependant pas attendre qu'il fût entièrement terminé. Les enfants s'approchèrent et s'emparèrent de plusieurs des intéressants insectes ; ils remarquèrent alors que la présence d'une pierre plate avait nécessité le transport de la taupe dans l'endroit où avait lieu l'enterrement. Les autres nécrophores continuèrent la corvée sans se préoccuper de leurs camarades que les enfants enfermaient dans des flacons.

— Laissons-les maintenant, dit M. Darien ; ils se repaîtront d'une partie de la chair du cadavre, et ils auront besoin de cette nourriture pour réparer leurs forces. Les femelles pondent leurs œufs, et les larves qui en sortiront mangeront les reliefs du festin de leurs pères. Ces larves, qui ne tarderont pas à éclore, ont douze anneaux ; elles sont grisâtres, avec le dos garni de plaques écailleuses, des pattes courtes, de fortes mandibules. Elles s'enfonceront davantage dans le sol, se pratiqueront une loge de forme ovale avec de la terre enduite d'une salive gluante ; puis, dans un mois environ, elles sortiront transformées en insectes parfaits.

Le nécrophore fossoyeur est l'espèce la plus commune ; mais vous pouvez aussi vous procurer le *nécrophore fouisseur* (necrophorus humotor) ; le *nécrophore chasseur* (necrophorus vastigator) ; le *nécrophore des morts* (necrophorus mortuorum), espèce plus petite qui se rencontre particulièrement dans les champignons en décomposition, et, plus difficilement, le *nécrophore germanique* (necrophorus germanicus) dont la taille dépasse quelquefois vingt-cinq millimètres, et dont la triste livrée nous porte une tache ferrugineuse à l'endroit du front.

Partout de nombreux ouvriers sont à l'œuvre, poursuivant sans relâche leu, incessant labeur. En voici à qui incombe la mission peu appétissante, mais fort utile, de faire disparaître les excréments, les détritus végétaux, les champignons décomposés; très nombreux en espèces, ie plus souvent d'un noir brillant, ils sont de petites tailles. Retirons-les des substances immondes dans lesquelles ils se sont introduits. Vous pouvez une fois de plus constater que la pince n'est pas seulement utile pour empêcher le froissement des ailes et préserver de la piqûre des aiguillons.

Ces insectes sont des *Histen* ou *Escarbots*, qui présentent certaines analogies avec les nécrophores par leurs antennes coudéecr terminées par un bouton, et leurs élytres dures, tronquées, plus courtes que l'abdomen; comme eux, ils sont chargés de transformer en principes de vie les matières corrompues.

Celui-ci est l'*escarbot à quatre taches* (hister quadrimaculatus) dont chaque élytre est marquée de deux grandes taches rouges qui souvent se réunissent en forme de petite lune.

Cet autre s'appelle l'*escarbot des cadavres* (hister cadaverinus), long de sept à huit millimètres, et absolument noir.

Celui que vient de saisir Raoul est l'*escarbot unicolore* (hister unicolor) qui diffère à peine du précédent.

Nous allons maintenant passer en revue différents insectes que j'ai recueillis moi-même et qui figurent à la suite de ceux dont nous venons de parler. J'aurai, du reste, plus d'une occasion de vous les montrer vivants.

Ce très petit coléoptère que j'ai fixé avec de la gomme sur un morceau de papier-carte est l'*atomaire linéaire* (atomaria linearis) de la tribu des *cryptophagiens*. Partout répandu en Europe, il attaque les jeunes plants de betteraves et cause quelquefois des dommages considérables.

J'ai ici plusieurs représentants de la tribu des *dermestiens*, remarquables par leur corps ovoïde, épais, garni d'écailles ou de poils qui le colore diversement. De même que les nécrophores et les boucliers s'attaquent aux chaires putréfiées, les *dermestes* rongent de préférence les tendons et les peaux et achèvent ainsi l'œuvre de destruction. Malheureusement, il s'en prennent à toutes les matières animales désséchées : Le lard, les plumes, le crin, l'écaille, les pelleteries les plus grossières comme les fourrures les plus précieuses, sont tour à tour rongés, souillés, détériorés par ces malfaisantes créatures.

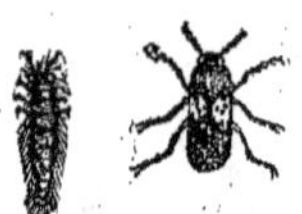

Dermeste et sa larve.

Voici le *dermeste du lard* (dermestes lardarius) qui abonde dans les charcuteries mal tenues. Long de huit à neuf millimètres, il est noir avec la base des élytres fauve et marquée de trois points noirs.

Celui-ci est le *dermeste renard* (desmestes vulpinus), reconnaissable à sa couleur d'un gris fauve. Il s'attaque particulièrement aux fourrures, et les ravages qu'il commet sont tels que la compagnie de la baie d'Hudson à offert une récompense de 500,000 fr. à l'auteur d'un procédé capable d'anéantir cet insecte.

Voici l'*anthrène des musées* (anthrenus varius) dont je vous ai déjà parlé, et qui est l'ennemi le plus redoutable des collections d'animaux de toutes sortes. Sa larve s'introduit partout et n'épargne rien. L'anthrène est encore une sorte de dermeste, long d'un peu plus de deux millimètres, noir, avec trois bandes transversales d'un blanc grisâtre sur les élytres.

Les insectes qui composent la tribu des dermestes, quand ils sont à l'état parfait, se tiennent ordinairement sur les fleurs, et les femelles ne recherchent les substances animales que pour y déposer leurs œufs. Mais les larves sont connues par leur extrême voracité, et ce sont-elles qui portent partout la dévastation.

A peine M. Darien avait-il fait disparaître, dans sa grande boîte de ferblanc, les insectes qu'il venait de montrer aux trois cousins, que Roger découvrait un gros *cerf-volant*, accroché au tronc d'un jeune chêne, et paraissant sucer avec délices, au moyen de ses mâchoires en forme de houppe, la liqueur qui suintait d'une crevasse.

— Voilà un insecte qui vous est presque aussi familier que le hanneton, dit le professeur. C'est le *lucane cerf-volant* (lucanus cervus) de la famille des *lamellicornes*, dont la taille peut atteindre jusqu'à huit centimètres, et dont la tête est armée de robustes mandibules qui lui donnent un air redoutable.

Ces pinces démesurées, qui donnent au cerf-volant une physionomie si étrange, sont l'apanage des mâles; et si nous nous en rapportons aux apparences, elles les gênent beaucoup plus qu'elles ne leur servent. Leur vol est lourd et sans durée; leur tête est tellement chargée que pour ne pas faire la culbute ils sont obligés de se tenir presque droit.

Ils se servent de ces armes, soit pour se battre entre eux, soit pour saisir d'autres insectes dans un but seul de méchanceté, car ils ne vivent, à l'état parfait, que de la sève extravasée qui découle des plaies des arbres ou qui suinte à la surface des souches récemment coupées.

— Ils s'en servent encore, dit Roger en secouant sa main, à pincer les doigts jusqu'au sang.

— Cela arrive, en effet, quand on les prend étourdiment, mais là s'arrête leur férocité car ni la chair, ni le sang ne sont leurs mets favori.

Indépendamment de leurs mandibules cornées, les lucanes se distinguent par la massue de leurs antennes, laquelle est composée de dents ou de feuillets disposés perpendiculairement à l'axe, en manière de peigne.

La couleur générale du corps est brun marron, avec la tête et le corselet noirâtres ; chez la femelle, qu'on désigne communément sous le nom de *biche*, la tête est plus étroite et les mandibules beaucoup moins développées. Elle pond ses œufs dans les troncs des vieux chênes ; les larves qui en proviennent mettent plusieurs années pour atteindre tout leur développement ; elles sont alors blanches, grosses et épaisses. Les Romains les considéraient comme un mets fort délicat, et les faisaient, avec celles du grand capricorne, figurer sur les tables les mieux servies, sous le nom de *cossus*. Ce peuple superstitieux, malgré sa civilisation avancée, attribuait de nombreuses vertus aux mandibules des cerfs-volants ; on les suspendait au cou des enfants, pour les mettre à l'abri des maladies du jeune âge ; et, après plus de vingt siècles, on rencontre encore cet usage dans certaines de nos campagnes.

En Allemagne, il s'est conservé parmi le peuple un préjugé d'une autre sorte : On considère ces insectes comme des incendiaires ; on croit que prenant entre leurs mandibules des charbons ardents, ils mettent le feu aux habitations couvertes de

Lucane ou cerf-volant; sa chrysalide et ses œufs.

chaume. C'est ainsi que l'ignorance explique certains catastrophes, certains crimes, dont on n'a pu découvrir les auteurs.

Vous connaissez un autre cerf-volant dont la taille ne dépasse pas vingt-cinq millimètres ; il a le corps convexe, d'un noir presque mat en dessus, brillant en dessous, avec les mandibules à peine plus longues que la tête.

— C'est, dit René, la *petite biche*.

— Oui, vous l'appelez petite biche : c'est le *dorque parallélépipède* (dorcus parallelepipedus) dont la larve vit dans les troncs creux des saules, des chênes, des hêtres et des ormeaux.

La larve du dorque, comme celle du grand lucane, est nuisible aux arbres dans lesquels elle séjourne par les galeries profondes qu'elle creuse.

Nous ne pouvons manquer de capturer encore un grand nombre de représentants de la famille des *lamellicornes*. Ce talus gazonné qui s'étend jusqu'à la rivière, et qui est chaque jour fréquenté par les troupeaux, va nous fournir un excellent terrain de chasse ; et, si j'en crois mes pressentiments, c'est une véritable récolte que nous allons faire.

Les insectes que nous allons chercher sont des *coprophages*, c'est-à-dire des mangeurs d'excréments ; ils forment la tribu des *scarabéiens* et renferment les vraies *scarabées* dont le nom a été improprement étendu à tous les insectes à étuis.

« Si la majorité des coléoptères qui composent la famille des lamellicornes passe sa vie sur les fleurs, les feuilles ou au moins sur les arbres, dit M. Fairmaire, plusieurs ont une existence beaucoup plus modeste et certainement plus utile ; ils sont appelés à faire disparaître les résidus des animaux qui pourraient infecter l'air, à déblayer le sol des immondices qui le souillent, et à concourir ainsi, à ce travail incessant de salubrité que nous avons déjà signalé chez les nécrophores, les boucliers, etc.. Cependant ce rôle utilitaire ne suffirait pas pour illustrer la tribu des bousiers ou stercoraires, et leurs mœurs ne sont pas de nature à attirer l'attention de trop près, puisqu'on ne peut les étudier qu'en soulevant les bouses, les crotins et autres matières analogues ; et pourtant c'est parmi eux que les anciens Egyptiens avaient eu la singulière idée de chercher un emblème divin ! Oui, c'est un de ces insectes dont les formes n'ont rien de saillant, dont les couleurs sont tristes, dont le domicile même est établi dans ce qu'il y a de plus infect, qui a reçu l'hommage d'un peuple éclairé. S'il jouissait d'une vénération inférieure à celle de l'Ibis, sa faveur dépassait certainement celle des poireaux et des oignons sacrés qui avaient fourni à Juvénal l'occasion de féliciter la vieille Egypte sur le nombre et la dignité de ses dieux. »

Le *scarabée sacré* (ateuchus sacer) vénéré par les Egyptiens, ne se rencontre pas dans notre pays, mais on le trouve sur les plages de la Méditerranée, dans le midi de la France ; il est assez grand, un peut aplati en dessus, entièrement noir, uni, avec le bord antérieur de la tête fortement dentelé.

Les ateuchus, en général, se distinguent par leur corps déprimé, leur chaperon à six dents et l'absence de tarses aux jambes de devant. Leurs mœurs sont extrêmement curieuses : Ils enferment leurs œufs dans des boules de fientes et les font rouler avec leurs pieds de derrière et souvent de compagnie, jusqu'à ce qu'ils aient trouvé des trous propres à les recevoir, ou des endroits où ils puissent les enfouir.

Tous les monuments des anciens Egyptiens retracent l'effigie du *scarabée sacré*, et d'une autre espèce, le *scarabée égyptien* d'une belle couleur verte avec de splendides teintes dorées que l'on ne rencontre que dans le Senaar. Ce peuple en faisait le symbole de la transmigration des âmes, et les personnes pieuses demandaient qu'on le plaçât dans leur sépulture. Une momie rapportée d'Egypte par Geoffroy Saint-Hilaire, renfermait un scarabée sacré parfaitement conservé.

Si nous ne possédons pas le scarabée sacré, nous allons voir à l'œuvre une espèce de coprophages dont les mœurs ne sont pas moins intéressantes. Cet insecte noir, assez petit, à abdomen et à élytres triangulaires, au corps court et ramassé, aux pattes grêles, courbées et très longues, est aussi un intrépide rouleur de boules. Le voilà justement à l'œuvre, marchant gauchement, à reculons, à la recherche d'une cachette où il puisse déposer son précieux fardeau. C'est le *sisyphe de Scheffer* (sisyphus Schæfferi) qui, vous le voyez, n'est pas difficile sur le choix de la matière dont ses larves devront se nourrir. Latreille a imposé à ces insectes le nom de sysiphe, en souvenir du fils d'Eole, condamné, suivant la Fable, à rouler au haut d'une montagne un rocher qui lui échappait toujours au moment où il croyait atteindre le but.

Ici ce sont des *gymnopleures* qui se réunissent en troupes sur les excréments des chevaux ; ils sont, par ce beau soleil, assez difficiles à observer, car ils volent avec facilité, et s'éloignent au moindre bruit. Approchons-nous discrètement, et tâchons d'en capturer quelques-uns. Ils sont facilement reconnaissables en ce que le premier anneau ventral est mis à découvert sur les flancs par un brusque rétrécissement des élytres au-dessous des épaules. Comme les sisyphes, ils ont, aux membres antérieurs, des tarses très grêles. Voici le *gymnopleure pilulaire* (gymnopleurus pilularius) ; et une autre espèce plus petite, le *gymnopleure flagellé*, dont les élytres sont chagrinées.

On voit souvent ces insectes voler autour des chèvres et des moutons ; et, à défaut des boules qu'ils construisent eux-mêmes, ils se jettent sur les crotins de ces animaux et les roulent.

Soulevons avez précaution la croute desséchée de cette bouse de vache ; ce résidu est rempli de cavités pratiquées par les *onthophages* et les *aphodiens*. Ces insectes de taille médiocre sont très nombreux ; dès qu'ils se sentent découverts, ils restent immobiles et comme incrustés dans la masse d'excréments ; les mâles se distinguent par des cornes et des pointes de formes variées. Ceux-là ne façonnent pas de boules ; ils se bornent à pratiquer dans les déjections toutes ces galeries que vous voyez, et creusent un peu le sol en dessous pour y déposer la matière qui servira de nourriture aux larves.

Voici l'*onthophage taureau* (onthophagus taurus) le plus commun de tous, long d'environ dix millimètres, tout noir, avec la tête armée de deux cornes grêles, longues et arquées.

Celui-ci est l'*onthophage vache* (onthophagus vacca), d'un vert bronzé avec les élytres rousses tachetées de vert. Il porte sur la tête une corne assez courte, comprimée transversalement.

Celui-là est l'*onthophage fourchu* (onthophagus furcatus) remarquable par son corps noir, l'extrémité de ses élytres rougeâtres, et les trois épines qu'il porte sur la tête.

Voici maintenant l'*aphodie des fumiers* (aphodius fimetarius) espèce extrêmement commune, longue d'environ sept millimètres, noire, à élytres rouges, avec des stries ponctuées ; et à côté, comme cela se produit presque toujours, l'*aphodie contaminé* (aphodius contaminatus) aux élytres fauves, piquetées de noir.

Ici c'est une espèce plus grande, l'*aphodie fossoyeur* (aphodius fossor) dont la taille atteint douze millimètres. Cet insecte porte une livrée entièrement noire et luisante.

— Je trouve, dans ce sentier, un insecte bien plus gros, dit Raoul ; il creuse un trou dans une bouse.

— Cet insecte d'un noir brillant, long d'environ dix-huit millimètres, remarquable par les trois cornes qui ornent son corselet, et cette autre corne qui se dresse sur son front, est le *bousier lunaire* (copris lunaria) qui se creuse, sous les matières stercoraires, un trou proportionné à sa taille. C'est là que la femelle dépose ses œufs avec les subtances nécessaires à la nourriture des larves.

Mais, nous n'en avons pas encore fini avec ces mangeurs d'excréments :

J'aperçois des *géotrupes* qui savent se creuser, sous les matières stercorales, des galeries ayant parfois plusieurs décimètres de profondeur. Ce sont ces insectes qui, avec un bourdonnement sourd, volent le soir sur tous nos chemins ; on dit que lorsqu'ils sortent en grand nombre, c'est un signe qu'il fera beau le lendemain.

On les reconnaît à leur abdomen court, à leur thorax très développé, donnant attache à de larges pattes éperonnées, admirablement constituées pour fouir le sol ; leur corselet n'est pas armé de cornes.

Une particularité remarquable de leur habitudes, c'est la manière dont ils contrefont le mort ; au lieu de replier leurs pattes et leurs antennes, comme le font beaucoup de coléoptères timides, ils les étendent et les tiennent roides comme s'ils étaient morts depuis longtemps et complètement desséchés. Grâce à ce stratagême, ils échappent souvent aux corneilles et aux pies qui ne se feraient pas faute de les dévorer s'ils remuaient la moindre des choses, et si ces oiseaux les croyaient vivants.

Ce gros insecte, long de près de vingt-cinq millimètres, dont le corps jette des reflets métalliques passant du vert au bronze foncé, au violet et au noir, est le *géotrupe stercoraire* (geotrupes stercorarius) ; c'est l'espèce la plus commune. Vous trouverez dans les bois le *géotrupe sylvatique* (geotrupes sylvaticus), chez lequel le bleu violet domine presque exclusivement.

En poursuivant nos recherches, nous découvririons encore plusieurs espèces de ces intéressants coléoptères qui activent la destruction des excréments et les dispersent dans la terre qu'ils fertilisent ; mais nous ne devons pas oublier la promesse que nous avons faite à la mère Catherine : il est temps de nous rendre à la grotte du chasseur ou l'on nous attend.

La journée était déjà avancée lorsque les chasseurs d'insectes arrivèrent chez la bonne vieille qui avait préparé, pour les recevoir, une appétissante corbeille de fraises des bois. Les enfants y joignirent les petites provisions qu'ils avaient apportées et firent une collation excellente.

L'entrée de la grotte aménagée par les hommes, était pourvue d'une solide porte de chêne que des lierres, une clématite des bois, et de grands liserons encadraient. Deux petites lucarnes, pratiquées dans le rocher et munies de fenêtre, éclairaient l'intérieur de l'espèce de vestibule qui servait d'habitation à la vieille Catherine. Au fond de cette pièce, dont les dimensions étaient assez exiguës, existait une autre porte qui semblait donner accès à une cave ou à un sellier, et qui conduisait dans cette grande excavation naturelle connue dans la contrée sous le nom de *grotte du chasseur*.

Après avoir franchi cette seconde porte, les visiteurs munis de torches aperçurent une suite de galeries dont les voûtes, soutenues par des colonnes naturelles, s'enfonçaient au loin dans les flancs de la colline. Les gouttes d'eau qui suintaient des voûtes humides glissaient le long des fûts irréguliers des colonnes et réfléchissaient la lumière des torches, produisant l'effet le plus pittoresque et l'illumination la plus fantastique.

Dans les pierres amoncelées sur le sol, dans les parois tourmentées des rocs, dans les stalactites des voûtes, dans les piliers grossièrement ébauchés, l'imagination des enfants voyait les groupes les plus étranges : C'était un autel avec ses statues et ses cierges, un orgue avec ses tuyaux, un cheval avec son cavalier, une forteresse avec ses tours et ses donjons. De toutes parts des grappes énormes de chauves-souris étaient suspendues aux voûtes : Troublées dans leur repos, quelques-unes se détachaient pour venir voltiger autour des flambeaux, et l'écho répétait avec une amplification extraordinaire les cris que poussaient les enfants quand un de ces êtres bizarres venait leur frôler le visage.

Tout à fait au fond de la grotte, une petite source jaillissait du rocher, tombait en cascades et formait un ruisselet de quelques mètres qui disparaissait sous une grosse roche, se dirigeant vers la rivière par quelque conduit souterrain.

Les enfants étaient émerveillés de ce spectacle extraordinaire et ils ne savaient comment remercier M. Darien de l'agréable surprise qu'il leur avait ménagée. Redoutant pour ses élèves un séjour trop prolongé dans cette grotte fraîche et humide après la longue course qu'ils avaient faite, le vieux professeur donna le signal de la retraite ; mais les jeunes chasseurs d'insectes se promirent bien de revoir la grotte du chasseur.

— A propos, mère Catherine, fit Raoul, pourquoi cette galerie souterraine est-elle appelée la grotte du chasseur ?

— C'est sans doute, s'empressa de dire Raoul, parce que

les chasseurs surpris par le mauvais temps y trouvaient un refuge.

— Ce n'est pas cela, mes petits amis, reprit la vieille ; et pour vous expliquer le nom de cette grotte, il faudrait vous raconter toute une histoire.

Voyez-vous, par la porte entr'ouverte, ces rochers qui se dressent sur la colline située de l'autre côté de la vallée.

— Ce sont les ruines de Rochenoire, s'écrièrent les enfants. M. Darien nous a raconté la légende de la comtesse.

— Eh bien, puisque vous connaissez la légende de Rochenoire, vous saurez que la tradition populaire appelle ces souterrains la *grotte du chasseur*, en souvenir du chevalier Adhémar !

— Contez-nous cela, mère Catherine, s'écrièrent les enfants.

— Ce sera pour notre prochaine promenade dit M. Darien ; la nuit va bientôt venir, et l'on serait inquiet, à Bellevue, de notre trop longue absence.

Et les enfants s'éloignèrent avec l'espoir de revoir la mère Catherine le jeudi suivant. Chacun d'eux, avant de sortir, glissa discrètement une petite pièce de monnaie dans la corbeille vide de fraises qui était restée sur table de la bonne vieille.

VI

Depuis que les trois petits chasseurs collectionnaient des insectes, tout le monde à Bellevue s'occupait plus ou moins d'entomologie. Mme Clairbois aidait les enfants à disposer régulièrement dans les jolies boîtes qu'elle leur avait achetées les sujets dressés et préparés d'après les conseils de M. Darien ; et, le jardinier lui-même, recueillait des échantillons des nombreuses espèces qui dévastaient ses légumes et ses arbres fruitiers.

Il n'est pas encore six heures, et déjà le professeur et ses élèves sont réunis dans le jardin de Bellevue où le jardinier étale les richesses entomologiques qu'il a découvertes.

— Voici, disait-il, un gros insecte que j'ai trouvé, en compagnie de vers blancs, dans mes couches à melons.

—Cet insecte brun-marron, long de plus de trente millimètres, remarquable par la longue corne dont son front est armé et la protubérance qui orne son corselet est l'*orcyte nasicorne* (orcytes nasicornis) qui se trouve fréquemment dans les cultures maraîchères où l'on emploie la tannée de l'écorce de chêne. Il est connu sous les noms de *rhinocéros*, ou de *licorne* : Ses larves, analogues à celles du hanneton, mais plus grosses, vivent trois ou quatre ans et se nourrissent des détritus ligneux du terreau et aussi de la racine des plantes.

— J'ai là un autre insecte à peu près semblable, mais qui n'a pas de corne sur la tête.

—C'est la même espèce, mon ami ; celui que vous venons d'examiner, et qui est armé d'une corne, est le mâle, cet autre est la femelle.

— François a recueilli, dit Raoul, des hannetons de diverses grosseurs, et il prétend que les plus petits passent l'hiver dans la terre et s'accroissent d'année en année pour devenir de gros hannetons.

— François se trompe, mes enfants ; les hannetons comme les autres coléoptères, sortent de leur coque avec la taille et les dimensions qu'ils auront jusqu'à leur mort. D'ailleurs, le hanneton qui est resté plusieurs années dans la terre, à l'état de larve, ne vit pas plus de six semaines à l'état parfait ; il ne peut donc pas s'enfouir dans le sol pour y passer l'hiver. Tous ces hannetons de différentes tailles, que vous me montrez, appartiennent à des espèces bien distinctes.

Ce gros insectes, que vous connaissez mieux que tous les autres, et que vous vouliez autrefois assimiler à un cheval, est le *hanneton commun* (melolontha vulgaris) qui fait la joie des enfants et le désespoir des cultivateurs ; ils est, tant à l'état de larve qu'à celui d'insecte parfait, un des plus terribles fléaux de l'agriculture.

Ces bêtes malfaisantes commencent à paraître vers la fin d'avril et l'on n'en voit plus à la fin du mois de juin ; dans quelques jours, il nous sera impossible d'en trouver.

Pendant le jour, les hannetons s'accrochent à la partie inférieure des feuilles et y restent, pour ainsi dire engourdis, jusqu'au coucher du soleil. A ce moment de la journée, ils s'agitent, volent en faisant entendre un bourdonnement assez intense produit par le frottement de leurs ailes.

Ce coléoptère a le vol lourd et il est si peu maître de le diriger qu'il se heurte contre tout ce qu'il rencontre, ce qui a donné lieu au proverbe : « Etourdi comme un hanneton. »

Il prend difficilement son essor et avant de s'envoler il agite ses ailes pendant quelques instants et gonfle son abdomen.

— C'est, vous nous avez dit, interrompit Roger, pour faire entrer dans les stigmates l'air qui pénètre ensuite dans les trachées.

— C'est bien cela, mon ami, et je vois avec plaisir que vous n'avez pas oublié nos premières leçons. Vous avez plusieurs fois chanté au coléoptère dans cette situation, pour encourager ses efforts : « *Hanneton, vole, vole donc !...* » Et le pauvre animal n'en partait pas plus vite,

Mais, ce n'est pas le moment de nous apitoyer sur le sort du hanneton, qui, lorsqu'il est adulte, dévaste les arbres et les prive de leurs feuilles, et dont les ravages sont plus grands encore quand il est à l'état de larve.

La durée totale de la vie du hanneton est de trois ans. Chaque femelle dépose, dans une terre fraîchement remuée, vingt ou trente œufs, à une profondeur de dix à vingt centimètres. Au bout d'un mois naissent de petites larves d'un blanc jaunâtre, munies de pattes et contournées en demi-cercle, qui s'attachent aux racines des plantes, les dévorent et causent sous cette forme, pendant trois années, des dégâts incalculables.

Ces larves sont les *vers blancs, turcs* ou *mans* si redoutés des agriculteurs et des jardiniers. Pendant l'hiver, elles s'enferment dans le sol, remontent au printemps pour changer de peau ; et, ordinairement, vers la fin de la troisième année, après avoir pris tout leur accroissement, elles s'enfoncent plus profondément encore et se métamorphosent en nymphes. Elles s'enferment, à cet effet, dans une coque ovalaire d'où elles sortent au printemps, transformées en insectes parfaits.

Le hanneton est souvent une vraie calamité pour l'agriculture et l'on signale des exemples de dévastation à peine croyable : Vers la fin du dix-septième siècle, ces coléoptères anéantirent toute la végétation d'une province d'Irlande. L'aspect de la campagne était désolé ; le mal était si considérable que les habitants prirent l'héroïque parti de mettre le feu à une forêt de plusieurs lieues d'étendue pour couper toute communication avec la contrée qui était infestée. La famine devint si horrible que les malheureux Irlandais se virent réduits à se nourrir de hannetons.

En 1868, plusieurs provinces de France, notamment la Normandie, furent tellement ravagées par les hannetons que l'on crut à la destruction complète de tous les végétaux. L'épouvante était dans les campages dont les arbres étaient dépouillés de feuilles comme au cœur de l'hiver ; le soir, l'air en était encombré à tel point qu'on pouvait à peine circuler. Des battues furent organisées, et les ramasseurs de hannetons recevaient une prime de six francs par cent litres de ces insectes. On cite une localité où, en quatre jours, on en détruisit plus de quatre mille kilogrammes ! Heureusement qu'un certain nombre de mammifères et d'oiseaux mangent avec appétit la larve dodue du hanneton, et croquent avec non moins de plaisir l'insecte adulte.

Nous ne trouverons pas dans cette contrée le *hanneton du châtaignier* (melolontha hippocastani), espèce à corselet fauve et à pattes noires, beaucoup moins dévastateur que le hanneton commun.

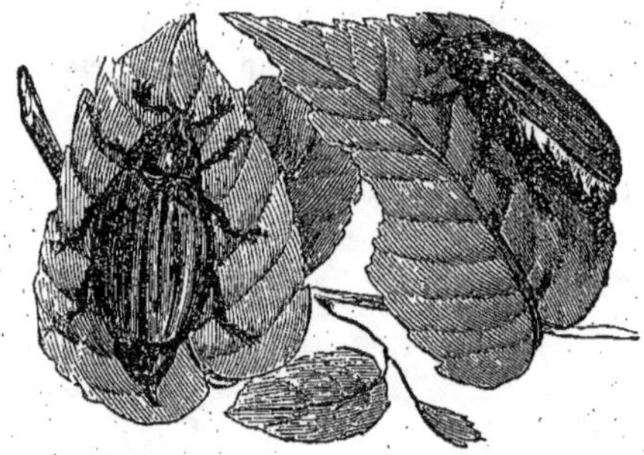

Hanneton.

Je dois vous signaler également le *hanneton foulon* (polyphylla fullo) d'une taille double du hanneton ordinaire, dont le corps est agréablement bigarré de fauve et de blanc, et qui n'habite que les rivages de la mer.

Passons maintenant à l'examen des petites espèces qui ont causé l'erreur du jardinier : Voici l'*anoxie poilue* (anoxia villosa) qui s'attaque aux racines et aux feuilles des arbres.

Celui-ci est le *petit hanneton d'été* (amphimallus solstitialis) dont vous trouverez une grande quantité le soir, dans les prairies ; cet autre est le *petit hanneton roussâtre* (amphimallus rufescens) nuisible, comme le précédent, aux prairies et aux gazons des jardins. Leurs petits vers blancs dévorent les racines des graminées.

Voici le *rhizotrogue estival* (rhizotrogus œstivus) bien plus nocturne que les vrais hannetons, et qui vole, après le coucher du soleil, autour des buisssons et au-dessus du gazon.

Cette espèce est le *petit hanneton de la Saint-Jean*, ou *hanneton des jardins* (phillopertha horticola) : ce sont ses larves qui dévorent les racines des choux et des autres légumes. L'adulte s'attaque aux arbres fruitiers dont il détruit les feuilles et parfois les fleurs.

Voici encore le *petit hanneton bronzé* (anomala œnea) dont les mœurs ne diffèrent guère de celles de l'espèce précédente.

Enfin ce dernier, long à peine de dix millimètres, d'un vert cuivré foncé avec les élytres d'un brun vif est l'*anisoplie des jardins* (anisoplia horticola), dont les larves et l'insecte adulte sont très nuisibles.

Il existe encore beaucoup d'autres espèce dont nous ne pouvons manquer de trouver quelques-unes ; mais je puis, dès maintenant vous montrer l'*hoplie farineuse* (hoplia farinosa) ou *petit hanneton azuré*, un des plus jolis insectes de France, employé, en raison de son riche éclat, pour les parures et les fleurs artificielles. J'en ai recueilli plusieurs individus sur une grosse touffe de ces ombellifères, qui croissent dans les sables au bord de la rivière. Tout le corps de ces gracieux hannetons est recouvert d'écailles brillantes, argentées, dont les supérieures ont un reflet d'un bleu violet, et les inférieures un reflet verdâtre.

Le jardinier n'avait pas épuisé toutes ses richesses ; il tenait en réserve d'autre insectes dont plusieurs étaient fort brillants.

Ce sont encore des lamellicornes, dit M. Darien, des *cétoines* et des *trichies*.

Cet insecte long de dix millimètres environ, noir avec des points blancs, est la *cétoine stictique* (cetonia stictica) qui fait avorter les roses et les fleurs des arbres fruitiers. Les larves des cétoines ne sont pas nuisibles ; elles vivent de terreau et de vieux bois décomposé ; mais les adultes causent de véritables dégâts en rongeant les étamines et les pistil des fleurs des arbres fruitiers.

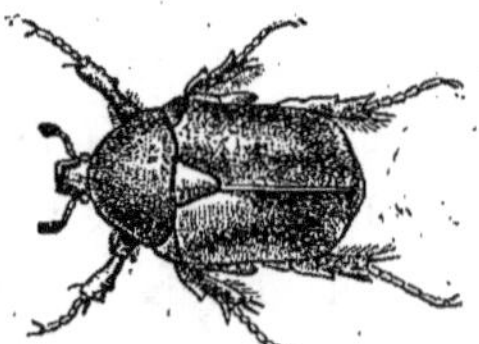

Cétoine dorée.

Voici la *cétoine velue* ou *cétoine poilue* (cetonia hirtella) dont les mœurs sont les mêmes que dans l'espèce précédente.

Ce bel insecte, long de vingt millimètres, d'un vert doré brillant en dessus, d'un rouge cuivreux en dessous, est le type du genre cétoine : C'est la *cétoine dorée* (cetonia aurata) qui aime à séjourner sur les lilas et dans les roses.

Cet autre insecte, de même taille, qui porte une livrée bien sombre est la *cétoine noire* (cetonia morio).

Ces deux cétoines s'attaquent aux fleurs des abricotiers, des pruniers et des poiriers.

A côté des cétoines nous placerons la *trichie à bandes* (trichius fasciatus) commune dans toute la France, facilement reconnaissable à son corps noir, couvert d'un duvet cendré, avec les élytres jaunes et ornées de trois bandes transversales noires, interrompue à la suture.

— Il n'y a, dit François qu'à visiter les roses du jardin pour trouver autant de ces insectes qu'on en désirera.

— Ce coléoptère n'est-il pas aussi une trichie ? demanda Raoul.

— Cet insecte se rapproche, en effet, par la forme, du genre trich e, mais il en diffère par sa taille moins grande, et par ses élytres plus courtes : C'est le *valgue hémiptère* (valgus hemipterus) dont la larve est quelquefois nuisible aux bois.

Mais il est temps de nous mettre en route, si nous voulons, comme nous l'avons promis, rendre aujourd'hui une nouvelle visite à la mère Catherine.

Nous nous rappelons que le jeudi précédent la journée était très-avancée lorsque M. Darien et ses élèves étaient partis de la grotte du chasseur. La nuit était tout à fait venue avant leur retour à Bellevue ; et, de toutes parts, le long des haies, dans les grandes herbes, les vers luisants avaient allumé leurs petits phares qui scintillaient dans l'obscurité comme de pâles étoiles.

Il n'avait pas été difficile aux petits chasseurs de s'emparer de ces insectes privés d'ailes et incapables de fuir; ils avaient pu, en même temps, capturer quelques coléoptères qui venaient voltiger autour des feux des vers-luisants, comme les papillons qui, le soir, entrent dans les appartements, attirés par la lumière des lampes.

— Les vers-luisants ne sont pas des coléoptères, dit tout à coup Raoul, en présentant à M. Darien le flacon dans lequel il avait enfermé ces petits animaux.

— Le *ver-luisant*, ou plutôt le *lampyre noctiluque* (lampyris noctiluca) est, au contraire, un vrai coléoptère ; il appartient à la famille des *serricornes*, ou insectes qui ont les antennes en forme de scie, et à la tribu des *malacodermes*.

Presque tous les coléoptères que nous avons étudiés précédemment avaient des téguments durs et solides, leur corps présentait beaucoup de résistance. Les malacodermes, comme leur nom l'in-

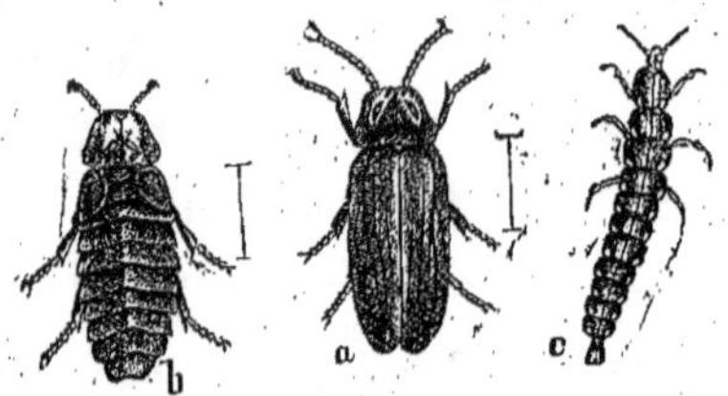

Lampyre ou ver-luisant (mâle, femelle et larve)

dique, ont le corps, en tout ou en partie, de consistance molle et flexible. Il paraît que les puissantes armures ne sont pas indispensables à tous les carnassiers, puisque les vers-luisants vivent de proies vivantes et détruisent une grande quantité de chenilles, limaces et limaçons.

Ces êtres aplatis, annelés, d'un gris brunâtre, que vous avez vus scintiller sous les buissons, sont des femelles de lampyre qui ne diffèrent presque pas des larves, et restent comme elles, toujours privées d'ailes. Ces autres insectes d'un jaune brunâtre, marqués d'une tache noire sur le corselet, avec des élytres grisâtres finement ponctuées et ornées de trois côtes longitudinales, sont les mâles. Je n'insiste pas sur la description de ces intéressants insectes que vous reconnaîtrez facilement. Plusieurs grosses espèces sont communes dans le midi de la France et en Algérie.

A côtés des lampyres se placent les *driles* dont voici plusieurs mâles qui volent autour de ce buisson. Cet insecte, long d'à peu près huit millimètres, est noir, velu, avec les élytres d'un jaune sale : C'est le *drile jaunâtre* (drilus flavescens).

La dissemblance qui, dans cette espèce, existe entre les deux sexes, est encore plus tranchée que chez les lampyres. Longue d'au moins quinze millimètres, la femelle, absolument privée d'ailes et d'élytres, est d'un brun jaunâtre avec la base de chaque segment de couleur noire. Elle vit exclusivement dans les coquilles des limaçons dont elle dévore le mollusque, et c'est protégée par cet abri que ces insectes opèrent leurs différentes transformation.

Non moins utiles sont les *téléphores*, insectes du même genre, très communs partout, voltigeant lentement autour des arbres, des buissons et dans les herbes, chassant les proies vivantes, détruisant des chenilles, des larves et des pucerons. Cet insecte d'un noir grisâtre, avec le corselet roussâtre marqué au milieu d'une grande tache noire, long d'un peu plus de dix millimètres est le type du genre : C'est le *téléphore brun* (telephorus fuscus) très commun partout. Sa larve d'un noir de velours, portant six pattes écailleuses, vit dans la terre humide et sous les pierres où elle se nourrit de vers et d'insectes. Vous rencontrerez beaucoup d'autres espèces de téléphores.

Approchons-nous des champs de blé, nous y trouverons d'autres représentants de la famille des malacodermes.

Voyez-vous sur les tiges des céréales ces petits insectes de diverses couleurs ; examinez-en quelques-uns à la loupe, vous saisirez mieux les détails de leur organisation ; leur corps est étroit et allongé ; la base de la tête est recouverte par le corselet ;

ils sont très agiles, et se font remarquer par des expansions vésiculeuses rétractiles, d'un rouge vif, situées sur les côtés du thorax et de l'abdomen, qui deviennent très visibles quand on les inquiète. Ces petits insectes sont des *malachies* connus vulgairement sous le nom de *cocardiers*, à cause de leurs caroncules rouges qui ressemblent à des cocardes.

Voici la *malachie bronzée* (malachius œneus) ; cette autre, d'un vert luisant, avec le bout des étuis rouges, est la *malachie à deux pustules* (malachius bipustulatus). Ces insectes n'ont pas plus de six millimètres de longueur.

Ici nous rencontrons le *dasyte bleuâtre* (dasytes cœruleus), dont la taille est également d'environ six millimètres, et qui se distingue des malachies par la forme plus allongée du corps, et par l'absence des cocardes.

Une autre espèce, le *dasyte à pattes jaune* (dasytes flavipes) vit à l'état de larve, et souvent en compagnie du dasyte bleu, sous les écorces des pins, au dépens des larves de bostriches.

Nous rechercherons également l'*opilon mou* (opilo mollis) dont les larves rendent de grands services en dévorant, sur les pins, d'autres larves d'insectes nuisibles.

Les *nécrobies* qui achèvent l'œuvre de destruction des cadavres commencées par les silphes et les dermestes, devront être représentées dans vos collections par la *nécrobie violette* (necrobia violacea), le type du genre, petit insecte d'un bleu violet ou verdâtre, très commun dans les maisons, au printemps, et que vous trouverez certainement à Bellevue.

Je rencontre, sur ces tiges d'herbes, des coléoptères velus qui vivent en général sur les fleurs, mais dont les larves se tiennent sous les écorces où elles détruisent des insectes nuisibles.

Celui-ci, dont le corps est bleu, avec les élytres rouges traversées par trois bandes d'un bleu foncé est le *clairon des abeilles* (clerus trichodes), le type du genre clairon, dont la larve s'attaque quelquefois à celles des abeilles domestiques et nuit ainsi aux ruches.

Voici le *clairon des alvéoles* (clerus alvearius) presque semblable au précédent, mais avec une tache d'un noir bleuâtre à l'écusson. Sa larve vit dans les nids des abeilles maçonnes et dévore leurs larves.

Cet autre, qui a l'aspect d'une fourmi tachetée, est le *clairon-fourmi* (clerus formicarius), dont la larve fait une guerre active à toutes celles des espèces qui s'attaquent aux bois d'essences diverses.

Pendant que nous nous reposerons un instant, je vais vous montrer quelques autres insectes de la famille des serricornes, qu'il vous sera facile de vous procurer.

La tribu des *ptiniores* comprend des petits coléoptères de couleur sombre, de forme généralement ovalaire, dont le corps est de consistance assez solide ; ils cherchent dans les vieux troncs d'arbres, sous les pierres et sous la mousse, dans les maisons, leur nourriture qui consiste en matières animales desséchées et en débris de toutes sortes. Quand on touche ces petits animaux, ils contrefont le mort en baissant la tête, inclinant les antennes et contractant les pieds. Leurs larves à corps mou, blanchâtre, courbé en arc, ont la tête et les pieds bruns et écailleux et les mandibules fortes. Elles rongent les bois, les livres, les herbiers, etc. et se construisent, avec les fragments des matières qu'elles ont rongées, une coque où elles se changent en nymphes.

Les *ptines* (ptinus) se rencontrent dans les granges, les greniers, les poulaillers, etc. Ils sont le fléau des matières animales sèches ; vous les reconnaîtrez, ainsi que vous pouvez le voir sur cet échantillon, à leur corps oblong et à leurs antennes insérées entre les yeux. A côté se placent les *gibbies* (gibbium), dont vous pouvez remarquer l'abdomen renflé, presque globuleux et demi-transparent ; on les trouve fréquemment dans les vieux papiers ou les vieux livres.

Les *anobies*, ou *vrillettes*, percent des trous dans les boiseries, et sont aussi très nuisibles dans les maisons. Leurs larves, appelées *vers de bois*, se développent dans ces galeries. Ce sont les adultes qui, pendant la nuit, s'appellent en frappant plusieurs fois de suite et rapidement, avec leurs mandibules, de petits coups secs contre les boiseries. Ce bruit, semblable à celui du battement d'une montre, est regardé, par les ignorants, comme un signe de mauvais augure et a valu aux insectes qui le produisent le nom d'*horloge de la mort*. Ce sont les excréments des vrillettes qui forment les petits tas de bois vermoulus qui se voient souvent sur les planches.

Ce tout petit coléoptère, qui n'a pas plus de trois millimètres de longueur est la *vrillette opiniâtre* (anobium pertinax), le vrai type du genre.

Voici encore un serricorne, de la section des *limebois*, dont l'espèce, heureusement, est assez rare en France, et que j'ai trouvé dans un chantier en construction, c'est le *limexilon navale* (limexilon navale), long d'environ quinze millimètres, de couleur fauve pâle, avec la tête, le bord extérieur et le bout des étuis noirs. Sa larve longue et grêle est très nuisible aux arbres.

A peine les petits chasseurs d'insectes avaient-ils repris leur instructive promenade, que Roger captura, sur un bouleau, un petit coléoptère long d'environ six millimètres, de couleur bleue verdâtre, à reflets de bronze, avec les élytres pointillées.

C'est, dit M. Darien, le *bupreste bleu* (agrilus cyanescens), qui a sa place marquée à côté des espèces que nous venons d'examiner. Les buprestes, vulgairement appelés *richards*, à cause de l'éclat de leurs couleurs, proviennent de larves molles et blanchâtres qui, souvent, vivent plusieurs années dans le bois. Les femelles sont pourvues de tarières cornées, au moyen desquelles elles déposent leurs œufs dans le bois où les larves doivent se développer. L'espèce dont vous venez de capturer un individu s'attaque aux chênes, aux hêtres et aux bouleaux. Une espèce de forte taille, le *bupreste des pins* (chalcophora marina), ravage les pins dans les Landes.

Les larves du *bupreste rutilant* (lampra rutilans), vivent sous les écorces de l'ormeau et creusent des galeries nombreuses qui amènent quelquefois la mort de l'arbre.

Il en existe beaucoup d'autres espèces, toutes nuisibles aux différents arbres fruitiers.

Cet insecte de couleur sombre, au corps étroit et allongé, que René vient de saisir sur ces tiges de blé vert, est le *taupin des moissons* (agriotes lineatus) dont la larve, en rongeant le collet et les racines des plantes, cause leur mort.

Les taupins, qui appartiennent à la tribu des *élatérides* et qui se placent après les buprestes, sont caractérisés par la singulière disposition du sternum, qui, lorsqu'ils sont sur le dos, leur donne la faculté de sauter et de reprendre leur position naturelle.

Raoul et Roger, jaloux de voir René faire sauter son petit acrobate, eurent bientôt trouvé chacun un taupin.

— On désigne vulgairement les taupins, continua le professeur, sous le nom de *maréchaux, scarabées à ressort, toque-maillet*.

Celui que vient de capturer Roger est le *taupin gris-de-souris* (lacon murinus), qui doit son nom à la couleur de son corps ; sa larve s'attaque aux racines des arbustes et des arbres fruitiers.

Il m'était réservé de trouver le plus brillant. Long d'environ treize millimètres, il a le corps d'un vert bronzé luisant. C'est le *taupin germain* (elater germanus) espèce assez commune.

Une nouvelle capture fut bientôt faite par Roger, et celle-ci n'exigeait ni promptitude ni adresse : C'était un pauvre insecte au corps ovale, au corselet arqué latéralement, qui marchait avec lenteur et paraissait tout honteux de s'être fourvoyé à la lumière. Long à peu près de dix millimètres, il avait sur chaque élytre trois lignes longitudinales et élevée dont chacune était accompagnée, de chaque côté, d'une rangée de petits tubercules.

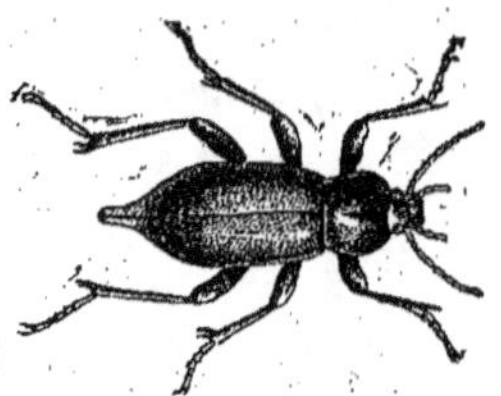

Blaps présage de mort.

— Cet insecte, dit **M.** Darien, appartient à la triste famille des *mélasomes*, ainsi nommée parce que les insectes qui la composent ont généralement le corps noir. Raoul possède, dans un de ses flacons, deux insectes de la même famille qu'il a recueillis à Bellevue et que nous allons examiner.

Celui-ci, long de vingt millimètres, tout noir, un peu luisant, à élytres très finement ponctuées, presque lisses et terminées en pointes, fréquente les endroits sombres et humides ; Raoul l'a trouvé dans la cave. C'est le *blaps porte malheur*, on *blaps présage de mort* (blaps mortisaga), ainsi appelé parce que le vulgaire le regarde comme animal de mauvais augure. Fabricius rapporte que les femmes turques qui habitent l'Egypte, où le blaps est très commun, mangent cet insecte cuit au beurre dans le but de s'engraisser.

Cet autre insecte d'un brun presque noir, long d'environ quinze millimètres, portant des élytres fortement striées, a été recueilli chez le boulanger : C'est le *ténébrion meunier* (tenebrio molitor) qui se rencontre le soir dans les lieux peu fréquentés, dans les boulangeries, les moulins à farine. C'est sa larve longue, cylindrique, d'un jaune d'or, écailleuse et très lisse que les amateurs d'oiseaux recherchent pour nourrir les rossignols captifs ; trop souvent nous en rencontrons les débris ainsi que ceux de l'insecte parfait, dans notre pain.

Enfin, l'insecte que Roger vient de surprendre est *l'opatre des sables* (opatrum sabulosum) très commun dans toute la France.

Voici un singulier animal qui traîne dans l'herbe son ventre énorme : Long d'environ vingt-cinq millimètres, il est d'un noir luisant, très ponctué, avec les côtés de la tête, du corselet, les antennes et les pieds tirant sur le violet. Ses élytres sont fort courtes et il est dépourvu d'ailes : C'est le *méloé proscarabée* (meloe proscarabeus), dont les larves vivent en parasites dans les ruches d'abeilles et font périr ces intéressants hyménoptères. Saisissez-le avec des pinces : Il replie ses pattes et de toutes ses articulations suinte une liqueur jaune, onctueuse et fétide. Les anciens appelaient cet insecte *enflebœuf*, et on a vu, dit-on, des bestiaux gonfler et mourir après l'avoir avalé. Vous trouverez aussi le *méloé varié* (meloe variegatus) d'un bronzé cuivreux, espèce non moins nuisibles. Ces insecte sont de la famille des *cantharidiens* dont le type est la *cantharide officinale* (cantharidis vesicatoria) qui vit en essaim sur les frênes et qui est bien connue par ses propriétés vésicantes. Le *mylabre de la chicorée*

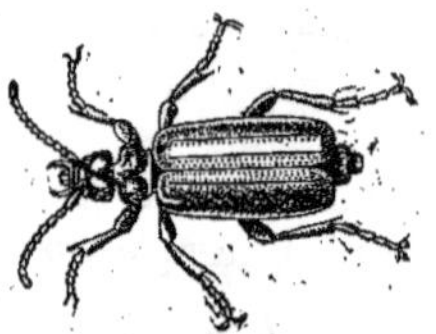

Cantharide.

(mylabris cichorii) long d'environ douze millimètres, noir, velu, avec une tache jaunâtre, presque ronde à la base de chaque élytre, deux bandes dentées, de la même couleur, l'une près du milieu et l'autre avant le bout des élytres, est une autre espèce vésicante plus méridionale que la cantharide, mais qui se rencontre souvent dans notre contrée.

Vous étudierez plus tard, avec détails, les curieuses métamorphoses des cantharidiens.

En passant auprès d'un chêne dont l'écorce était crevassée en plusieurs endroits, M. Darien en enleva un large fragment sous lequel les enfants aperçurent toute une population grouillante de petits insectes. Vous avez déjà vu, leur dit-il, plusieurs coléoptères qui s'attaquent aux bois, mais les ravageurs des forêts sont innombrables, et l'on voit sans cesse des chênes énormes, des sapins montrueux, tomber sous la dent vorace de ces petits êtres longs à peine de quelques millimètres.

Les insectes que nous allons étudier sont connus sous la dénomination de *xylophages*, c'est-à-dire mangeurs de bois; ils se
rapprochent des charançons par leur bouche qui a la même
structure; mais, il s'en distinguent par la forme de la tête qui est
à peine prolongée, ainsi que par celle des antennes qui sont toujours courtes. Leurs larves, qui ont la forme de petits vers blanchâtres, sans pieds, percent les arbres et y creusent des sillons en
sens divers. Chaque espèce a un mode de galerie si bien arrêté
qu'il est facile de la reconnaître à la seule inspection de sa construction.

Ceux de ces coléoptères que nous venons de découvrir sont des
scolytes dont les femelles disséminent leurs œufs dans ces galeries
que vous voyez creusées entre l'écorce et le bois. Chacune des
petites larves creuse sa galerie particulière embranchée sur celle
de la mère et le passage s'élargit à mesure que la larve grossit.
Le *scolyte destructeur* (scolytus destructor), d'un noir brillant
avec les élytres et les pattes d'un roux vif, est long de cinq à six
millimètres; il s'attaque aux ormes qu'il fait périr.

Celui que vous avez devant les yeux est plus petit et a les élytres striées : C'est le *scolyte pygmée* (scolytus pygmœus) qui cause
la mort des chênes et des ormeaux.

On rapporte qu'en 1837, au bois de Vincennes, on se vit
dans l'obligation d'abattre vingt milles chênes gâtés par les
scolytes !

— Est-ce que ce sont aussi des scolytes, dit Raoul, en mon-
trant des insectes d'un noir cendré, qu'il venait d'apercevoir sous
l'écorce d'un frêne au sommet duquel s'ébattaient en bourdonnant de nombreuses mouches cantharides.

— Ces insectes sont des *hylésines* ; et, suivant les espèces d'arbres, vous trouverez des *hylurges*, des *tomiques* etc.. Quelques-uns de ces ravageurs ont reçu la dénomination caractéristique de *typographes* et de *chalcographes*.

Cet insecte, long d'environ quatorze millimètres, noir, avec les élytres et l'abdomen rouges, est le type du genre *bostriche* ; c'est le *bostriche capucin*, très commun dans notre contrée et dont la

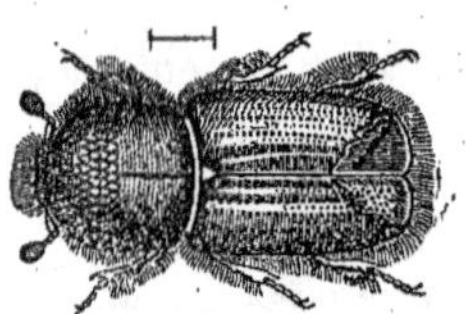

Bostriche, grossi.

larve pourvue de petites pattes écailleuses vit aussi dans le bois. Citons encore le *lycte canaliculé* (lyctus canaliculatus) long de cinq millimètres, d'un gris brunâtre, avec un sillon profond sur le corselet ; le *trogosite mauritanique*, long de sept millimètres, noirâtre en dessus, d'un brun clair en dessous, avec les étuis striés. On trouve cet insecte dans les noix, dans le pain et sous les écorces des arbres ; les *bitomes*, les *colydies*, etc., qui tous appartiennent à la famille des xylophages. L'homme est désarmé en présence de cette légion de ravageurs ; il ne peut compter pour les détruire que sur les agents atmosphériques, les gelées tardives du printemps, les insectes parasites et les oiseaux des bois.

Après les xylophages, nous placerons les *charançons* dont l'immense tribu a des représentants dans tous les pays. La famille des *curculionites*, une des plus nombreuses du règne animal, compte plus de vingt mille espèces. Tous ces insectes, dont vous connaissez la singulière physionomie, se distinguent par le prolongement antérieur de la tête qui forme une sorte de museau, de bec ou de trompe, ce qui leur a fait attribuer, par Latreille, les noms de *rinchophores* et de *porte-bec*. Ce bec, ou museau, qui varie de forme et de longueur, qui est tantôt courbe et tantôt droit, se termine par une bouche d'autant plus petite qu'il est lui-même plus effilé. Ces coléoptères affectent les formes les plus diverses : Il en est dont corps est très allongé, presque linéaire ; d'autres qui sont ovoïdes ou globuleux ; en général ils sont trapus et mieux organisés pour grimper et se cramponner que pour marcher et courir. Leur démarche est lente, et comme étant pour la plupart dépourvus d'ailes, il leur est difficile d'échapper au danger, la nature leur a donné des téguments extrêmements durs, que vos épingles entomologiques peuvent à peine percer.

Balanin des noisettes.

Les larves de ces insectes ont le corps oblong, semblable à un petit ver très mous, blanc, avec une tête écailleuse ; elles sont dépourvues de pieds ou n'ont, à leur place, que de petits mamelons d'où suinte une humeur visqueuse qui les fait adhérer aux végé-taux dont elles se nourrissent. Elles rongent différentes parties des plantes ; plusieurs vivent uniquement danc l'intérieur des fruits ou des graines et causent de grands dommages. Après avoir plusieurs fois changé de peau, ces larves se transforment en nymphes, et filent, à cet effet, des coques, tantôt de pure soie, tantôt de matière résineuse. Beaucoup de charançons nuisent encore à l'état parfait en piquant les bourgeons et les feuilles de plusieurs végétaux et se nourrissant de leur parenchyme.

Vous connaissez la *bruche des pois* (bruchus pisi) qui, à l'état parfait, vit sur les fleurs. Longue de cinq millimètres, noire avec la base des antennes et une partie des pieds fauves, elle a des points gris sur les épaules, et une tache blanchâtre en forme de croix à l'extrémité de l'abdomen. Les femelles des bruches déposent leurs œufs dans le germe de plusieurs plantes légumineuses, de certaines céréales ; la larve s'y nourrit ; et, après sa métamorphose, l'insecte détache, pour sortir, une portion de l'épiderme sous la forme d'une petite calotte. Il vous sera facile de vous procurer pour vos collections les bruches de la vesce, des fèves, des lentilles, de l'ajonc, etc..

Nous avez remarqué dans les vignes de nombreuses feuilles roulées comme des cigares. Ces feuilles contiennent les larves du *rhynchite Bacchus* (rhynchites Bacchus) joli insecte d'un rouge cuivreux, pubescent, qui cause souvent des dégats considérables. Les larves ne pouvant vivre qu'aux dépens des feuilles flétries, mais non totalement desséchées, la femelle fait une entaille au pétiole des feuilles sans les couper tout à fait, et y dépose un œuf. Cette feuille se flétrit, se contourne sur elle-même, et sous la forme de cornet enveloppe la larve, qui trouve, avec un abri, la nourriture qui lui convient.

L'*apodère du coudrier* (apoderus coryli), d'un rouge vermillon luisant en dessus, avec la tête, l'écusson et l'extrémité des pattes noirs, opère de la même façon.

Vous trouverez sans difficulté le *rhynchite du bouleau* (rhynchites betulœ) qui s'attaque à l'aulne, au charme, au bouleau et au hêtre ; le *rhynchite du peuplier* (rhynchites populi) qui vit

sur le peuplier et le tremble ; le *rhynchite vert* (rhinchites viridis)
nuisible à la vigne et au poirier, et connu, comme le rhynchite
Bacchus, sous les noms vulgaires de *urbec, vire-bec, velours vert,
lisette, bèche,* etc.. Tous ces rhynchites sont de couleurs unifor-
mes avec des reflets métalliques éclatants.

Vous trouverez sur les arbres à fruit de votre jardin le petit
rhynchite conique (rhynchites conicus), mieux connu du jardinier sous le nom de *coupe bourgeons.*

Voici sur ce chêne l'*attelabe curculionide* (attelabus cur-
culionides) qui a les mêmes mœurs que les rhynchites.

Citons en passant les *apions,* petits charançons qui se fixent
comme des pucerons aux feuilles des trèfles, des vesces, des
luzernes, des pois, de l'oseille, etc., et qui, en raison de leur faible
taille, sont difficiles à voir, ce qui ne les empêche pas de causer
des dégâts importants.

Le *cnéorhine,* petit charançon à antennes coudées, vit aux
dépens des bourgeons de la vigne, des pins et des hêtres ; le
strophosome, s'attaque aux noisetiers ; les *brachydères* rongent
les bourgeons des pins et des chênes.

Voici le *polydrose brillant* qui vit dans les bourgeons du noi-
setier et du hêtre, et le *polydrose cervin,* qui se comporte de
même à l'égard du chêne ; ils possèdent l'un et l'autre, une belle
teinte d'un vert doré ou argenté.

Vous trouverez dans les lieux secs et arides le *cléone glauque*
(cleonus glaucus) gros charançons à élytres si dures qu'il est bien
difficile de les percer avec une épingle.

Les femelles de certains charançons pondent dans les crevasses
des écorces des arbres verts ; les larves s'enfoncent dans le bois,
le rongent et amènent la mort de l'arbre : De ce nombre sont

l'*hylobie du sapin* (hylobius abietis), l'*hylobie du mélèze* (hylobis pineti), *le pissode remarquable* (pissodes notatus), *le pissode du pin* (pissodes pini), véritables fléaux forestiers.

Il en est dont les larves vivent à découvert sur les feuilles et ressemblent à de petites chenilles ; tels sont les *phytonomes* et les *phylobies*.

Les *lyxes* se distinguent par leur forme allongée et rétrécie ; le type du genre est le *lyxe paraplectique* qui est entièrement d'un gris jaunâtre, et dont la larve, selon un préjugé populaire, cause aux chevaux qui l'avalent une maladie fort dangereuse.

Les *anthonomes* ou *charançons des fleurs* déposent leurs œufs dans les boutons à fleurs des pommiers, des poiriers, des cerisiers ; les larves font avorter ces boutons qui deviennent roux.

Le *charançon* ou *balanin des noisettes* (balaninus nucum) remarquable par la longueur excessive de sa trompe, gâte beaucoup de noisettes.

Enfin les désastres causés par le *charançon du blé* ou *calandre du blé* (stophilus granarius) sont trop connus pour qu'il soit nécessaire d'y insister.

En ce moment, le petit Réné poussa une exclamation joyeuse : Il venait de découvrir un grand insecte, long de cinq centimètres au moins, et muni d'une paire d'antennes énormes.

— Celui-là pourra être examiné sans le secours de la loupe ! s'écria-t-il.

— Cet insecte, dit M. Darien, appartient à la famille des *longicornes*, ainsi nommée à cause de la longueur extraordinaire des antennes des coléoptères qui la composent.

Celui-ci est le *grand capricorne noir* (cerambyx heros) dont la larve vit dans le chêne. Cet insecte est brun foncé, avec les élytres fortement chagrinées et prolongées en une petite dents. Vous trouverez certainement le *petit capricorne noir* (cerambix cerdo), uniformement noir, et qui représente en diminutif le grand capricorne ; celui-ci vit sur les pommiers, les cerisiers, les groseillers et les chênes.

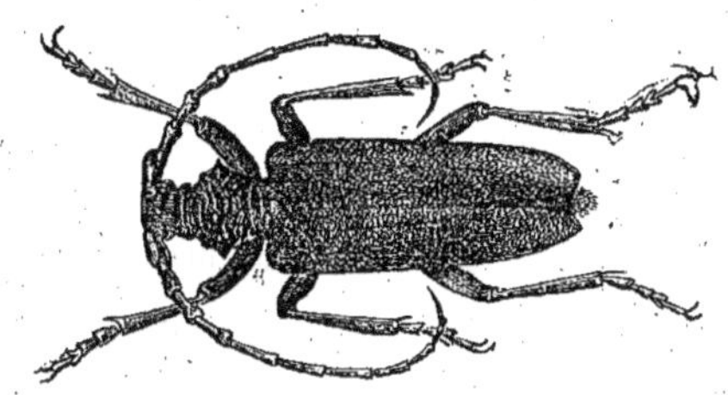

Grand Capricorne femelle.

Arrivé auprès de la rivière, M. Darien recueillit sur un saule le *capricorne à odeur de rose* (aromia moschata) élégant insecte d'un vert métallique, dont tous le corps exhale un délicieux parfum.

Bientôt, Roger trouva dans un chêne creux, le *prione corroyeur* (prionus coriarius) à antennes plus grosses et moins longues. La taille de cet insecte entièrement brun, est de quatre centimètres.

Peut-être rencontrerez-vous dans quelque bois de pins, dit le professeur, un longicorne plus extraordineire que tous les autres par la longueur de ses antennes : L'*acanthocine édile* (acanthocinus œdilus) vulgairement *lamie charpentier*, est un élégant insecte brun, couvert d'un duvet grisâtre, avec quatre points jaunes sur le corselet, et deux bandes noirâtres sur les élytres. Les antennes du mâle atteignent une longueur quatre fois plus grande que celle du corps.

Vous pourrez ajouter à vos collections : *la callidie couleur de sang* (callidium sanguineum), charmant insecte noir, avec le corselet et les élytres veloutées, d'un beau rouge sanguin, que l'on rencontre assez souvent dans les appartements.

Le *sténoptère roux* (stenopterus rufus) remarquable par ses étuis en forme d'alène.

Le *clyte du bélier* (clytus arietis) joli insecte noir velouté, avec trois lignes et un point jaunes sur chaque élytres.

La *grande nycédate* qui se trouve sur les vieux saules pendant le mois de juin et de juillet et qui se reconnaît à la briéveté de ses élytres en forme d'écailles.

La *saperde chagrinée* (saperda carcharias) longue de vingt-sept millimètres, couverte d'un duvet cendré jaunâtre et ponctuée de noir, avec les antennes entrecoupées de noir et de gris.

La *Rhagia mordante* (Rhagium mordax) d'un gris foncé, tachetée de jaune velouté avec quelques bandes transversales sur les élytres.

Toutes ces espèces, et beaucoup d'autres, seront classées à mesure que nous les rencontrerons.

Les chasseurs d'insectes étaient arrivés à la grotte où la mère Catherine les reçut avec empressement. Elle comprit sans peine que la curiosité des enfants était aiguillonnée par l'histoire qu'elle leur avait promise et dès qu'ils se furent un instant reposés, elle continua la légende de Rochenoire que M. Darien avait racontée jusqu'à la mort d'Adhémar et à l'incendie du château.

— Vous savez, mes enfants, dit-elle, qu'après le mariage de Gisèle avec le comte de Rochenoire, le chevalier errait souvent à travers les bois, méditant la vengeance terrible qu'il avait résolu d'accomplir. Souvent aussi Adhémar pénétrait dans cette grotte dont lui seul connaissait l'entrée, alors dissimulée au milieu d'un épais fourré de plantes de toutes sortes. La meute aboyante des limiers qui l'accompagnaient dans ses chasses s'introduisait avec lui dans le souterrain ; et plus d'une fois, les passants épouvantés entendirent sortir des profondeurs de la colline, des hurlements mystérieux semblables au bruit du tonnerre.

Ils s'éloignaient avec effroi sans pouvoir s'expliquer la cause de ces aboiements étranges, et bientôt le bruit se répandit que le chevalier avait fait un pacte avec le démon, et que, dans ses chasses de presque tous les jours, une meute infernale se mêlait à ses propres chiens quand il poursuivait le chevreuil ou le cerf, le daim ou le sanglier.

Après la mort d'Adhémar, l'entrée de la caverne fut découverte, les abords en furent dégagés, on n'entendit plus les bruits extraordinaires sortir du sein de la terre ; mais, pendant les nuits sombres, la chasse infernale passa plus d'une fois dans les airs au-dessus des grandes futaies, et plus d'un paysan vit apparaître comme une vision, l'ombre du chevalier Adhémar monté sur un grand coursier, et celle d'un autre chasseur, couvert d'une sombre armure et dont la taille gigantesque dépassait celle des plus grands chênes . . . . , ...

Voici, mes enfants, pourquoi cette caverne s'appelle la *grotte du chasseur.* Moi-même j'ai entendu passer la chasse infernale, et tout le monde sait que la mère Catherine est incapable de mensonge.

Les enfants se regardaient un peu effrayés lorsque M. Darien reprit.

— L'explication que je vais vous donner de la chasse infernale plaira peut-être moins à votre imagination que celle que vous avez entendue; mais ce tapage nocturne dont j'ai, comme la mère Catherine, été témoin, ces prétendus aboiements partis du haut des airs, ont une cause bien simple et très naturelle.

Vous savez que de nombreuses troupes d'oiseaux exécutent chaque année de longues migrations. Certaines espèces, redoutant avec raison les piéges qu'on leur tend pendant le jour, échappent aux dangers de toutes sortes qui les menacent en ne voyageant que la nuit. Des oies et des dindons sauvages, des bandes de grues passant au-dessus des nuages restent complètement invisibles. Cependant leur présence est signalée sur la terre par les cris de ralliements qu'ils font sans cesse entendre, et qui à certains moments retentissent comme les hurlements d'une meute. Les chiens des fermes, mis en émoi par ce bruit insolite, joignent leurs aboiements à ce concert nocturne qui jette l'épouvante dans les esprits superstitieux.

Plus d'une fois, pendant les longues veillées d'hiver, les conversations bruyantes ont tout à coup été interrompues, les fuseaux se sont arrêtés entre les doigts glacés des fileuses, les femmes se sont mises à genoux pour prier et éloigner les mauvais esprits, pendant que les hommes sortaient en tremblant pour rassurer les chiens non moins effrayés.

Le bruit ne tardait pas à s'éloigner et chacun respirait plus à l'aise après le passage de la *chasse infernale*. . . . .

Désormais vous saurez, mes enfants, ce qu'il faut penser de ce préjugé, et vous rassurerez ceux qui seraient tentés de s'effrayer.

VII

C'est encore dans le jardin de Bellevue que nous rencontrons, dès le matin, nos petits chasseurs d'insectes. Ils sont très empressés autour de François qui leur remet ses captures de la semaine, lorsque M. Darien arrive, avec sa ponctualité ordinaire. Toujours affectueux pour leur vieil ami, ils lui souhaitent la bienvenue et étalent devant lui la précieuse récolte du jardinier.

Nous avons encore, dit le professeur, quelques coléoptéres à examiner, et nous allons en rencontrer la plupart sur les plantes du jardin ; en voici d'autres que j'ai recueillis en prévision de cette dernière leçon sur les coléoptères.

Ce joli insecte dans le corps semble sculpté et ciselé dans un morceau de bronze florentin appartient à la famille des *eupodes* et a été recueilli sur les plantes aquatiques des bords de la rivière où il vous sera assez facile, à l'aide de vos filets, d'en récolter de semblables : C'est le *donacie de la Sagittaire* (donacia sagittariœ) dont la forme se rapproche de celle des longicornes.

Ces petits insectes rouges qui grimpent le long des tiges de ces lis, et qui, vous le savez, font entendre, quand on les saisit, une légère stridulation, appartiennent à la même famille. Ce sont des *criocères* dont les larves très molles seraient promptement desséchées si elles n'avaient l'instinct de s'envelopper dans une espèce de fourreau formé de leurs propres excréments. La *criocère du lis* (crioceris merdigera) est très nuisible à la plante qui lui a donné son nom et à quelques autres.

Cherchons sur les tiges d'asperges et nous ne pouvons manquer de trouver une autre espèce de criocère. En voici plusieurs individus, remarquables par leur teinte bleuâtre, leur corselet rouge, tantôt sans tache, tantôt en offrant une dans son milieu. Leurs élytres jaunâtres portent le long de la suture une bande bleue réunie avec trois taches latérales de la même couleur : C'est la *criocère de l'asperge* (crioceris asparagi) fort nuisible à la plante sur laquelle nous la recueillons. Mais, elle n'est pas seule à exercer ses dégâts ; la même plante est dévastée par cette autre criocère, de couleur fauve avec six points noirs sur chaque élytre : C'est la *criocère à douze points* (crioceris duodecimpunctata).

Chaque plante nourrit une ou plusieurs espèces d'insectes, et si nous explorons maintenant les artichauts, nous y trouverons de singuliers coléoptères ressemblant a de petites tortues, dont les larves s'abritent sous leurs excréments qu'elles réunissent et qu'elles tiennent suspendus comme une espèce de parasol, au moyen d'une petite fourche située à l'extrémité postérieure du corps. Voici plusieurs de ces insectes adultes, que vous reconnaîtrez facilement à leur forme ovale et aplatie et à leurs élytres vertes : *La casside verte* (cassida viridis) cause quelquefois de grands dommages dans les potagers.

Voici un autre insecte qui appartient comme les cassides à la famille des *cycliques* : C'est la *chrysomèle du-peuplier* (lina populi) longue d'un peu plus de dix millimètres, de couleur bleue, avec les étuis tantôt fauves, tantôt rouges, et marqués d'un point à l'angle interne de leur extrémité. Les chrysomèles sont fort répandues chez nous, et quelques espèces de ces brillants phytophages sont employées pour les parures et les fleurs artificielles en raison de leur éclat métallique. Vous trouverez dans vos excursions : la *chrysomèle sanguinolente*, longue d'environ neuf millimètres, noire ou bleuâtre, très ponctuée, avec une bordure rouge, commune sur les crucifères ; la *chrysomèle céréale*, de même taille que la précédente, d'un rouge cuivreux en dessus, avec des raies longitudinales bleues, trois sur le corselet et sept sur les étuis ; elle est commune sur les genêts ; la *chrysomèle du gramen*, entièrement d'un vert métallique brillant, qui se trouve abondamment dans toutes les clairières des bois ; et, beaucoup d'autres de ces brillants insectes.

La *doryphore des pommes de terre* (leptinotarsa decemlineata) ou *Scárabée du Colorado* qui ressemble à une grosse coccinelle et qui ne peut manquer d'envahir un peu plus tôt ou un peu plus tard nos champs de pommes de terre, appartient à ce groupe d'insectes.

Les galéruques, dont l'espèce type est la *galéruque de l'orme* (galleruca cratœgi) forment un petit groupe d'insectes extrêmement nuisibles à l'orme, au saule, à l'aulne et au peuplier. Les adultes et les larves respectent les nervures des feuilles, mais rongent tout le parenchyme. C'est aux galéruques que vous devez ces feuilles si bien disséquées que vous rencontrez sous les peupliers et les

ormeaux. La galéruque de l'orme à environ sept millimètres de longueur; elle est jaunâtre ou verdâtre en dessus, avec trois taches noires sur le corselet, une autre tache et une raie noires sur chaque étui.

Enfin nous rapporterons encore aux cycliques tous ces petits coléoptères sauteurs appelés *puces de jardin, puces de vigne, puces de terre,* etc., très nuisibles aux crucifères et à divers arbustes : Ce sont des *altises.*

Il reste à nous occuper d'intéressants petits coléoptères, de jolis *scarabées hémisphériques,* que vous connaissez sous le nom de *bêtes à bon Dieu.* Ce sont des *aphidiphages.* — c'est-à-dire des mangeurs de pucerons, — très utiles à l'agriculture.

On reconnaît tout de suite les coccinelles à leurs élytres rouges ou jaunes, avec points noirs, ou parfois, avec la disposition inverse. Ce sont les premiers insectes qui paraissent au printemps sur les arbres et sur les plantes des jardins. Lorsqu'on saisit les coccinelles, elles replient leurs pattes contre leur corps et font sortir par les jointures de la cuisse une humeur jaunâtre d'une odeur désagréable. Leurs larves noires, avec de brillantes taches jaunes, rouges et blanches, se tiennent sur les rameaux infestés de pucerons dont elles dévorent une quantité innombrable.

Voici l'espèce la plus commune, la *coccinelle à sept points* (coccinella septempunctata) d'un rouge orangé, avec trois points noirs sur chaque élytre, et un autre commun sur la suture. Vous reconnaîtrez sans peine et vous classerez facilement toutes les autres espèces de coccinelles.

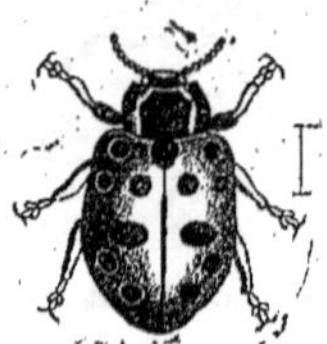

Coccinelle.

Au moment où, après le déjeuner, M. Darien et les enfants se préparaient à partir, le jardinier leur apporta plusieurs insectes parmi lesquelles se trouvaient une courtilière et des grillons.

— Ces insectes arrivent à propos, dit le vieux professeur ; ils appartiennent à un ordre dont nous allons immédiatement commencer l'étude, tout en cheminant vers la mare où mon intention est de vous conduire de nouveau, aujourd'hui.

L'ordre des *orthoptères* (insectes à ailes droites) comprend tous les insectes dont les ailes inférieures sont plissées longitudinalement pendant le repos. Indépendamment de ce caractère essentiel d'où l'ordre tire son nom, les espèces qui en font partie en présentent d'autres qui ne sont pas moins importants. Leur corps est, en général, moins consistant que celui des coléoptères ; leurs élytres demi-membraneuses sont molles, chargées de nervures, et ne se joignent pas toujours à la suture par une ligne droite. Les nervures, membraneuses qui divisent les ailes postérieures pliées en éventail, dans leur longueur, courent dans la même direction. La conformation générale de la bouche est la même que dans les coléoptères ; les mandibules sont fortes, cornées, armées de dents ; les mâchoires sont également terminées par une pièce cornée, dentelée, recouverte d'une lame voûtée qui correspond à la division extérieure des mâchoires des coléoptères. La forme des antennes est moins variable, et ces organes sont généralement composés d'un plus grand nombre d'articles. Outre leurs yeux à réseaux, plusieurs portent deux ou trois ocelles ou yeux lisses. La plupart des femelles sont pourvues d'une sorte de tarière qui leur permet d'enfoncer leurs œufs dans la terre ; et, chez un grand nombre, la partie postérieure du corps offre des appendices.

Les orthoptères, ainsi que je vous l'ai déjà expliqué, sont des insectes à métamorphoses incomplètes, c'est-à-dire que toutes leurs mutations se réduisent à la croissance et au développement des élytres et des ailes qui se trouvent déjà dans la nymphe à l'état rudimentaire. Tous les orthoptères sont terrestres ; quelques-uns sont carnivores ou ont un régime mixte, mais le plus grand nombre se nourrissent de plantes vivaces et sont quelquefois le fléau de toutes les récoltes. Ces insectes ont été divisés en *coureurs* et en *sauteurs*.

Les orthoptères coureurs ont tous les pieds semblables et uniquement propres à la course. Voici justement un de ces insectes qui fuit dans le chemin, car il n'aime guère la lumière ; c'est une *forficule*, vulgairement appelée *perce-oreille*, en raison de cette sorte de tenaille qui termine son abdomen et qui ressemble à la pince dont se servaient autrefois les bijoutiers pour percer les oreilles. On croit encore, dans certaines campagnes, que cet insecte cherche à s'insinuer dans les oreilles, mais c'est là une erreur populaire dont il ne faut s'occuper que pour la détruire. Ces animaux, très communs dans les lieux frais et humides, se rassemblent souvent en troupes sous les pierres, sous l'écorce des arbres et nuisent aux fruits de nos jardins. Sous de très courtes élytres, les forficules sont pourvues d'ailes très larges, se repliant

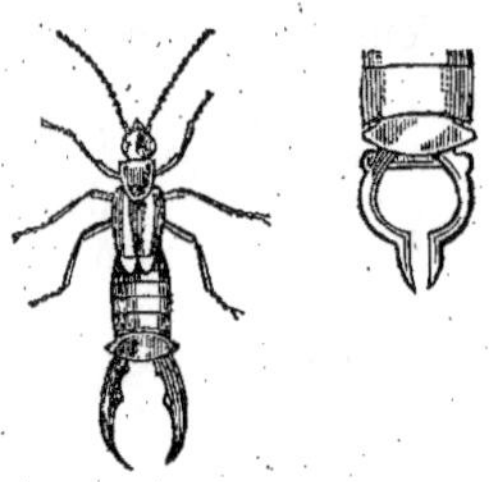

Forficule ou perce-oreille.

d'abord en éventail dans le sens de la longueur, puis deux fois en travers pour pouvoir se loger sur les étuis ; elles volent avec beaucoup d'agilité. Les femelles veillent avec grand soin sur leurs œufs qu'elles couvent, pour ainsi dire, et sur leurs petits qu'elles protègent jusqu'à ce qu'ils soient devenus fort. Les soins de ce genre sont très rares chez les insecte. L'espèce type du genre, celle que nous venons de rencontrer, est la *forficule perce-oreille* (forficula auricularia) longue de quinze à vingt millimètres, brune, avec la tête rousse, les bords du corselet grisâtre et les pieds d'un jaune d'ocre ; elle est très commune dans toute l'Europe.

Les *blattes* ou *kakerlacs*, fléau des cuisines, des magasins, des vaisseaux, où elles dévorent toutes les subtances alimentaires, s'introduisant dans les caisses et les barils de salaison les mieux fermés, se rangent à la suite des forficules. Voici la *blatte des cuisines* (Periplaneta orientalis), nommée *cafard, ravet, bête noire*, trop commune dans nos maisons, et qu'il n'est pas difficile de se procurer. C'est une espèce plus grande, la *grande blatte* (periplaneta americana), qui infeste les vaisseaux et les docks, mais n'est pas répandue dans les maisons.

— Voilà une drôle de sauterelle ! s'écria tout à coup René qui, depuis un moment, fouillait du regard les broussailles qui bordaient le sentier.

— Cet insecte fort curieux, se rencontre là à propos : Ce n'est pas une sauterelle, c'est une *mante*, et cette espèce est la *mante religieuse* (mantis religiosa) de couleur vert clair, et longue d'au moins six centimètres. C'est un insecte très utile qu'il faut partout respecter, et que je vous défendrais d'emporter s'il n'était nécessaire à votre collection. Les mantes sont essentiellement caractérisées par la forme de leurs pattes antérieures qui sont beaucoup plus longues que les autres et constituent de très puissants organes de préhension. La cuisse et la jambe sont armées de fortes épines et se replient de façon à former une pince très propre à saisir une proie. Elles ont le corps étroit et allongé et le prothorax très long. Elles restent des heures entières, dans une immobilité complète, sur les arbustes et sur les plantes, guettant les insectes qui passent à leur portée ; leur attitude singulière a donné lieu à une superstition fort répandue : le peuple se figure qu'elles prient et leur a donné le nom de *prie-Dieu*. C'est pour le même motif que les entomologistes ont imposé à l'espèce type le nom de mante religieuse. Mais ce n'est pas le seul préjugé auquel la mante ait donné lieu : Sa charité est réputée très grande, au moins pour les enfants : « Cette petite bête, écrivait un ancien naturaliste, est réputée si divine, qu'à l'enfant qui l'interroge sur son chemin elle l'enseigne en étendant une de ses pattes et le trompe rarement. »

Il existe plusieurs autres espèces de mantes, communes surtout dans le midi de la France.

Nous allons passer, maintenant, à l'examen des orthoptères sauteurs : Les *grillons*, dont le jardinier nous a remis plusieurs individus, sont caractérisés par leurs ailes et leurs étuis horizontaux ; leurs ailes forment, à l'état de repos, des espèces de filets qui se prolongent au-delà des élytres. Cet insecte, long de près de trois centimètres, noir, avec la base des étuis jaunâtre, et les cuisses postérieures rouges en dessous, est le *grillon des champs* (gryllus campestris) qui se creuse sur le bord des chemins, dans les terrains secs et exposés au soleil, des trous assez profonds d'où il guette les insectes dont il fait sa proie.

Vous vous êtes plus d'une fois, n'est-ce pas, amusés à faire sortir le grillon de son trou et lui présentant une paille qu'il ne manquait pas de saisir avec ses mandibules ? Cet insecte sort la la nuit pour chasser aux insectes, mais il mange aussi les végétaux. Vous connaissez son *cri-cri*, produit par le frottement de ses élytres à nervures épaisses. Le *grillon domestique* (gryllus domesticus) qui mange nos provisions, est un peu plus petit ; sa couleur est d'un jaunâtre mêlé de brun. Enfin, celui que poursuit en ce moment Raoul, beaucoup plus petit que les deux précédents, est le *grillon sylvestre*, très commun dans les bois.

A la suite des grillons, nous placerons ce hideux insecte, remarquable par les jambes et les tarses des pieds antérieurs qui sont fort larges, plats, dentés, en forme de main, et propres à fouir énergiquement comme les pattes de la taupe, ce qui lui a fait attribuer le nom de *taupe-grillon*. C'est la *courtilière commune* (gryllotalpa vulgaris) ainsi appelée du vieux mot *courtille* qui signifie jardin.

Longue d'environ quatre centimètres, la courtilière est brune en dessus et jaunâtre en dessous; elle vit dans la terre où, à l'aide de ses deux pattes de devant qui lui servent de scie et de pelle, elle creuse un trou vertical auquel aboutissent de nombreuses galeries qui lui permettent de s'échapper dans toutes les directions. C'est là qu'elle met en sûreté ses œufs dont le nombre s'élève quelquefois jusqu'à quatre cents.

La courtilière est le fléau des jardins et des pépinières ; elle bouleverse les couches, arrache les fleurs, détruit toutes les plantes, s'attache particulièrement aux melons et aux laitues dont elle coupe et ronge les racines.

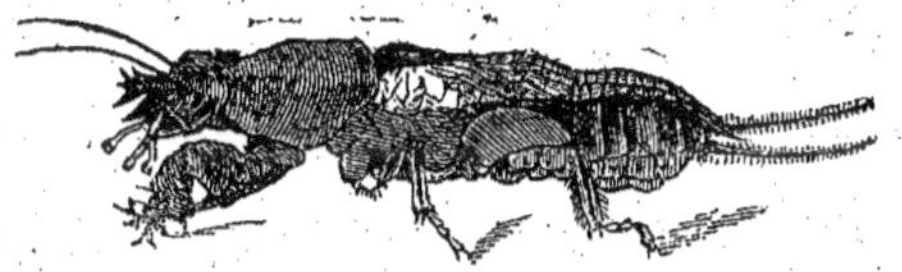

Courtilière.

Enfin, il nous reste à parler des sauteurs par excellence, et tout d'abord des *locustes* ou vraies sauterelles qui se distinguent des *acridiens* ou criquets, par la tarrière avancée, comprimée, en forme de sabre ou de coutelas, que portent les femelles et qui leur sert à pondre, et par leurs antennes qui sont toujours fort longues et en forme de soie. L'espèce type est la *grande sauterelle verte* (locusta viridissima) qui saute, vole et stridule dans les blés, les prairies, les champs de légumes, etc... Les dommages causés par la sauterelle verte sont insignifiants.

On trouve aussi fréquemment l'*éphippigère des vignes* (ephippigra vitium) qui ne vole pas, en raison de ses élytres et de ses ailes rudimentaires. Cette espèce semble porter une selle sur le dos et dans certains pays on l'appelle *porte-selle*.

Les acridiens sont mieux organisés que les locustes, pour le saut et pour le vol, et ils sont de beaucoup les plus dangereux de tous les orthoptères; ils vivent exclusivement de végétaux dont ils sont très voraces. Ces insectes produisent une stridulation perçante paraissant être le résultat du frottement des cuisses postérieures contre les nervures des élytres, à la manière d'un archer qui frotte les cordes d'un violon. Le son est vraisemblablement renforcé par une grande cavité fermée intérieurement par un diaphragme membraneux et d'un blanc nacré, dont beaucoup d'espèces sont pourvues. C'est surtout vers la fin de l'été et pendant les belles journées du commencement de l'automne que les criquets font entendre leur chant; il va, s'accélérant, à mesure que le soleil monte au-dessus de l'horizon, et il se ralentit graduellement à l'approche de la nuit.

Les différentes espèces d'acridiens se multiplient avec une rapidité extraordinaire : chaque femelle pond environ quatre-vingt-dix œufs qu'elle entoure d'une matière glutineuse et qu'elle dépose dans des trous creusés en terre. Ces espèces sont disséminées dans toutes les régions du monde, et il en est qui atteignent une taille considérable. Leurs ailes sont agréablement colorées de rouge et et de bleu ; vous les avez souvent remarquées s'envolant devant vous lors de vos promenades dans les prairies dépouillées et dans les champs de chaume. Certaines espèces nommées par les voyageurs *sauterelles de passage* se réunissent quelquefois en colonnes innombrables, prennent leur vol et forme un nuage épais, plus terrible que ceux qui portent la grêle et recèlent la foudre. En un instant, elles changent en désert les contrées les plus fertiles ; elles causent des famines redoutables et leur mort est un nouveau fléau qui porte au loin l'infection à mesure que se décomposent leurs cadavres amoncelés. C'est surtout en Afrique qu'apparaissent ces essaims destructeurs, mais on les a vus plus d'une fois en Europe, et le sud de la France souffre souvent de leurs ravages.

« Si les hannetons, dit M. Maurice Girard, ont forcé une diligence à rebrousser chemin, les criquets ont arrêté l'armée de Charles XII, en retraite dans la Bessarabie, après la défaite de Pultawa. L'armée se trouvait dans un défilé, hommes et chevaux étaient aveuglés par une grêle vivante partie d'un nuage épais interceptant le soleil. L'approche des criquets fut annoncée par un sifflement pareil à celui qui précède la tempête, et le bruissement de leur vol surpassait le sombre mugissement de la mer courroucée. »

Citons parmi les principales espèces : Le *criquet pélerin* (acridium peregrinum), grande sauterelle d'Afrique et d'Orient qui, heureusement, n'est jamais venue en France. Il en existe deux races, l'une jaunâtre, et l'autre rougeâtre, qui ravagent à peu près tous les vingt-cinq ans, pendant plusieurs années, nos colonies d'Algérie et du Sénégal. La taille de ces grands criquets atteint soixante-cinq millimètres.

Le *criquet migrateur* (pachytylus migratorius) aux ailes inférieures incolores, qui se répand vers l'automne dans toutes la France, mais qui n'est réellement nuisible que dans le midi.

Le *criquet italique* (caloptenus italicus) aux ailes inférieures roses, paraissant fréquemment en troupes nombreuses et très nuisibles en Provence.

Le *criquet à ailes bleues bordées de noir* (œdipoda fasicata), et le *criquet à ailes rouges bordées de noir* (œdipoda germanica), ces deux espèces très communes par toute la France.

La chaleur était accablante ; depuis quelques instants les chasseurs étaient assis sous un chêne, au bord d'un chemin creux tracé dans un terrain sec et sablonneux. Raoul s'était détaché du groupe et s'était mis à la poursuite d'un insecte aux ailes de gaze, ayant quelque ressemblance avec les libellules ; cependant son vol était plus lent et plus incertain. Le filet s'abattit bientôt sur la bestiole qui fut aussitôt capturée.

Pendant ce temps, Roger avait remarqué dans plusieurs endroits de petits entonnoirs de sable creusés avec beaucoup de régularité ; il lui avait semblé, à plusieurs reprises, qu'un mouvement s'était produit à l'ouverture de quelques-uns de ses entonnoirs. S'étant approché avec précaution, il avait aperçu une sorte de pince formée de deux crochets, et il avait supposé la présence d'un insecte caché dans le sable. L'enfant ne s'était pas trompé car il ne tardait pas à s'emparer d'une sorte de larve d'un gris rosé, courte, ramassée, portant six pattes, dont les deux premières paires étaient dirigées avant et la troisième en arrière.

Chacun des enfants apporta à M. Darien le produit de sa chasse.

— Nous allons, mes enfants, dit le professeur, pouvoir nous occuper de l'ordre des *névropteres* auquel il faut rapporter les deux captures que vous avez faites.

— Il me semble, dit Raoul, qu'il ne doit pas y avoir beaucoup de rapport entre la vilaine bête rousse dont Roger s'est emparé et la jolie demoiselle que je viens de prendre.

— C'est ce qui vous trompe, mon ami, et le rapport est tellement immédiat que la vilaine bête d'un gris rosé n'est pas autre chose que la larve d'une jolie demoiselle exactement semblable à celle que vous possédez.

L'ordre des névroptères, vous le savez, se compose d'insectes qui ont pour caractère quatre ailes membraneuses, transparentes, réticulées, et en général de la même grandeur. Il sont, le plus souvent, remarquables par l'élégance de leur port ; ils volent avec facilité, et nous en trouverons qui sont ornés de couleurs très variées et très agréable. Parmi ces insectes, les uns sont à métamorphoses complètes, et les autres à métamorphoses incomplètes ; l'animal que Raoul vient de capturer appartient à la première de ces catégories : C'est le *myrméleon*, ou *fourmilion ordinaire* (myrmeleon formicarius), long d'environ vingt-cinq millimètres, noirâtre et tacheté de jaunâtre.

Il a les ailes transparentes, avec les nervures noires, entrecoupées de blanc. Très commun dans notre pays, il doit son nom à la grand destruction de fourmi que fait sa larve. Celle-ci, vous pouvez le constater, a l'abdomen très volumineux, sa tête, petite et aplatie est armée de deux longues mandibules, dentelées au côtés interne, pointue au bout, avec un orifice communicant avec la bouche et permettant la succion. Cette larve qui se tient dans les lieux sablonneux les plus exposés au soleil ne peut marcher qu'à reculons. Elle peut, en moins d'une demi-heure, se construire un entonnoir au fond duquel elle se tient, la tête seule au dehors, attendant patiemmemt qu'un insecte tombe dans le précipice. S'il cherche à s'échapper, elle lui jette une pluie de sable à l'aide de sa robuste tête qui fait l'office de pelle ; puis elle l'entraîne, le tue, le suce, et bientôt rejette au loin le cadavre. Lors-

LIBELLULES

que cette larve doit passer à l'état de nymphe, elle se file une coque ronde, d'une matière blanche et soyeuse, qu'elle recouvre extérieurement de grains de sable, et au bout d'une vingtaine de de jours, l'insecte sort, bien différent de la larve hideuse qui l'a produit : C'est une svelte demoiselle comme celle que vous avez sous les yeux.

Le *fourmilion sans taches* (myrmeleon innotatus) a, comme son nom l'indique, des ailes immaculées ; son corps répand une suave odeur de rose.

L'*ascalaphe longicorne* (ascalaphus longicornis) porte des taches jaunes sur les ailes, et ne vole que pendant les chaudes journée où le soleil brûle la terre de ses rayons.

Pendant que les chasseurs d'insectes, après s'être remis en route, cheminaient vers la mare, M. Darien leur montrait un élégant petit névroptère aux antennes filiformes, aux ailes finement réticulées, aux yeux très saillants semblable à de petites boules d'or poli. — Vous en avez souvent rencontré de semblable, disait-il, dans les bois, dans le jardin, ou même dans les appartements de Bellevue, collés contre les vitres. Ce délicat insecte au corps grêle, d'une couleur jaune verdâtre, dont les ailes diaphanes sont munies de nervures tirant également sur le vert, est l'*hémerobe perle*, ou *chrysope vulgaire* (chrysopa vulgaris), dont les larves dévorent une grande quantité de pucerons, ce qui leur a fait donner par Réaumur le nom de *lions des pucerons*. Ces insectes déposent, sur les feuilles, leurs œufs pédiculés, présentant une apparence végétale, ce qui les a fait prendre pour des champignons. Ces œufs singuliers sont entourés d'une matière gluante ; lorsque la femelle a déposé chaque œuf, elle relève fortement son abdomen, de sorte que la substance qui l'entoure s'étire, se solidifie, et forme un petit pédicule qui le tient éloigné de la feuille. Il en résulte des petits faisceaux pris souvent à tort pour des cryptoganes.

Voici sur ce buisson des insectes dont les quatre ailes sont tachetées de noire et que les anciens appelaient *mouches-scorpions*, à cause de la pince qui termine l'abdomen des mâles et qui offre une grossière ressemblance avec le dard des scorpions ; ce sont des *panorpes*, névroptères carnassiers qui percent les insectes avec les pinces de leur bouche, allongées en forme de bec. Le type de ce genre d'insecte est la *panorpe commune* (panorpa communis) dont les taches varient beaucoup de forme et de teinte.

Les coassements de plus en plus sonores des grenouilles indiquaient aux enfants qu'ils approchaient de la mare ; bientôt ils en eurent atteint les bords où des milliers d'insectes bourdonnants se pressaient sur les plantes enchevêtrées qui croissaient en abondance. Le filet de toile fut plongé dans l'eau et traîné dans la vase d'où il fut retiré rempli de toute une population grouillante : C'était une vraie pêche miraculeuse. Les tritons, les têtards furent rejetés dans l'eau, quelques dytiques et deux hydrophiles furent conservés pour les collections ; un grand nombre de punaises d'eau furent placées dans des boîtes pour êtres classées avec les hémiptères, et plusieurs larves, dont quelques-unes de formes singulières, furent mises de côté pour servir à la leçon du jour.

On s'assit commodément sur l'herbe, et on commença l'examen des insectes qui venaient d'être capturés.

— Un certain nombre d'insectes de l'ordre des névroptères, dit M. Darien, ont des larves aquatiques. Les larves des dytiques, des hydrophiles et des autres insectes aquatiques qui ont fait l'objet de nos recherches lors de notre première visite à la mare, vivent dans l'eau, mais respirent l'air en nature ; il n'en est pas de même des larves des névroptères qui présentent un mode de respiration bien différent. C'est au moyen de branchies, organes absorbant l'air dissous dans l'eau, que respirent les larves des névroptères, comme cela se passe chez les poissons.

Voici plusieurs larves au corps allongé, à la tête écailleuse, qui ont des yeux, des mandibules arquées et qui portent de courtes antennes. Chacun des anneaux de leur abdomen est pourvu d'une paire de filets libres articulés en quatre pièces ; un autre filet plus long et d'une seule pièce termine l'abdomen. Ce sont des larves du *semblide de la boue* que les pêcheurs appellent *voilettes*, et dont ils se servent pour amorcer leur ligne. Si la larve du semblide est aquatique, sa nymphe est terrestre, et cette larve est obligée de quitter l'eau et de gagner la terre sèche où elle vit encore une quinzaine de jours avant de se transformer ; elle se creuse une petite cavité et devient une nymphe immobile offrant la représentation très visible des antennes, des pattes et des ailes. L'adulte sort en abandonnant dans la terre sa peau de nymphe ; sa nouvelle existence est de courte durée : Ces insectes d'un noir mat, avec les ailes d'un brun clair, chargées de nervures noires, sont des semblides ; le mâle est d'environ un tiers plus petit que la femelle.

Ces insectes fauves, avec les yeux noirs et les nervures des ailes un peu plus foncées que le reste, sont encore des névroptères dont nous allons examiner les larves curieuses, que les pêcheurs nomment *casets*, d'après leur habitude de s'enfermer dans une sorte de case. Ces larves sont plus généralement connues sous la dénomination de *porte-bois*, *porte-feuilles*, *porte-sables*, suivant la nature des matériaux dont elles s'enveloppent. Larves et insectes appartiennent au genre *phrygane*, et celle-ci est la *phrygane striée*.

Les phryganes sont caractérisées par leurs ailes inférieures plus larges que les supérieures et plissées dans leur longueur. Leurs larves, dont vous avez sous les yeux plusieurs échantillons, sont très molles ; et c'est pour protéger leur corps désarmé qu'elles se construisent ces étuis cylindriques qui vous étonnent. Elles se servent, pour cet usage, des substances qui sont à leur portée : fragments de bois, petites pierres, grains de sable, mousse, petites coquilles, etc., leur conviennent également. Tous ces matériaux sont liés entre eux au moyen de fils de soie sécrétés par un organe spécial. Les larves se logent dans ces fourreaux ; et, quand elles se déplacent, elles traînent toujours leur maison avec elles. Leur tête écailleuse est, vous le voyez, armée de fortes mandibules.

Lorsqu'elles veulent se transformer en nymphes, elles fixent leur étui contre un corps solide, mais toujours dans l'eau ; puis, elles en ferment les deux ouvertures avec une sorte de cloison grillée ; la nymphe porte deux crochets qui lui serviront à percer l'une de ces grilles quand elle devra en sortir pour devenir insecte parfait. Précédemment immobile, elle marche maintenant avec agilité ; et, au moment de la dernière transformation, elle sort de l'eau ; sa peau se fend longitudinalement sur le dos ; l'insecte ailé, désormais libre, prend son essor.

Les névroptères dont il me reste à vous entretenir sont à métamorphoses incomplètes. Nombreux autour de nous, vous pourrez les suivre dans leurs ébats pendant que nous les décrirons.

« Une larve obscure des marais, inerte, ne vivant que par ruse, dit Michelet, devient la brillante amazone, la svelte guerrière ailée qu'on appelle demoiselle. C'est le seul être de ce genre qui exprime la complète liberté du vol, étant parmi les insectes ce qu'est l'hirondelle parmi les oiseaux. Qui ne l'a suivie des yeux, dans ses mille mouvements variés, dans ses tours, détours, retours, dans les cercles infinis qu'elle fait, de ses ailes bleues, vertes, sur la prairie ou sur les eaux ? Vol capricieux en apparence ; mais point du tout, c'est une chasse, un élégante et rapide extermination de milliers d'insectes. »

Les *libelluliens* constituent la principale tribu de l'ordre des névroptères. Ils se distinguent entre tous les insectes par leurs formes sveltes et élancées, par leurs couleurs agréables et variées, par leurs grandes ailes réticulées, toujours écartées, semblables à une gaze éclatante, et par a rapidité de leur vol, quand ils poursuivent leur proie au milieu des airs. Ils doivent à l'élégance de leur taille le nom de *demoiselles*, et sont connus des Anglais sous le nom de *mouches-dragons*, mieux en rapport avec leurs habitudes carnassières.

Leur corselet est gros et arrondi, tandis que l'abdomen, très allongé, est tantôt en forme d'épée, tantôt en forme de baguette ; leurs pieds sont courts et courbés en avant.

Les femelles déposent leurs œufs sur les plantes aquatiques, mais souvent aussi elles les laissent tomber dans les eaux stagnantes. Regardez ces libellules qui planent au-dessus de la mare et qui de temps en temps, touchent l'eau avec l'extrémité de leur abdomen qu'elles replient. Ce sont autant d'œufs qui tombent au fond de l'eau et qui donnent naissance à des larves comme celles dont nous venons de faire, à l'aide du filet, une ample provision.

Ces larves rappellent assez la forme de l'adulte ; cependant, elles ont le corps plus ramassé. Lourdes et peu agiles, elles sont très carnassières et extrêmement remarquables par la forme de leur lèvre inférieure articulée sous le menton, qui acquiert un développement considérable, se rabat sous le thorax et se termine par une paire de palpes triangulaires dentés en scie.

Vous pouvez examimer ce singulier et redoutable appareil que je soulève avec l'extrémité de ma pince.

— C'est comme une griffe à l'extrémité d'un bras, dit Roger.

— Cette larve, toujours inassouvie, se place en embuscade, et guette sournoisement les insectes, les mollusques, les petits poissons dont elle est avide. Dès qu'elle est à bonne portée, elle débande comme un ressort sa formidable lèvre, saisit sa proie avec la pince qui la termine ; puis, retirant l'appareil, la ramène à portée de sa bouche.

Les nymphes, un peu plus allongées que les larves, et dont voici plusieurs échantillons, portent des moignons d'ailes.

La respiration des larves et des nymphes est fort étrange. L'eau s'introduit dans le tube digestif par deux ouvertures placées à l'extrémité de l'abdomen ; les parois du tube portent un réseau de délicates branchies qui communiquent avec les trachées et y font pénétrer l'air. En même temps, l'eau refoulée brusquement imprime au corps de l'animal un mouvement de translation dans le sens opposé, et sert ainsi à la locomotion.

A l'époque où les nymphes doivent se transformer, elles sortent de l'eau, grimpent péniblement sur quelques plantes voisines et s'y cramponnent à l'aide des crochets de leurs pattes. C'est un moment pénible et douloureux pour la pauvre bestiole, que celui où elle va se dépouiller du vêtement qui adhère à son corps.

« Passive, suspendue à quelque branche, elle attend que la nature fasse son œuvre, que son épiderme se détache de la seconde peau qui est au-dessus, appelant à elle seule les énergies de la vie. » Sous l'influence du soleil la peau se durcit, se dessèche, puis se fend longitudinalement sur le dos, la libellule fait encore quelques efforts et parvient à se débarrasser du fourreau qui l'étreignait.

Les enfants montrèrent à M. Darien plusieurs de ces dépouilles qu'ils avaient récoltées sur les plantes, autour de la mare.

— La libellule, ajouta le professeur, est encore tout humide, molle et incapable de voler. Bientôt les téguments se rafermissent ; elle agite les ailes, d'abord lentement, puis plus vite, puis prenant son essort, elle s'élance avec grâce, planant comme un oiseau, se livrant avec ardeur à la chasse aux insectes.

Maintenant, prenons nos filets et tâchons de capturer quelques-uns de ces jolis insectes.

Les enfants ne se firent pas répéter deux fois cet ordre qui répondait si bien à leur désir ; et, au bout de dix minutes, le professeur avait à sa disposition de beaux échantillons des différentes espèces de libellules qui voltigeaient sur la mare.

— Voici, dit-il aux enfants, la *libellule commune* (libellula vulgata) partout très abondante. Les libellules proprement dites se distiguent par les ailes étendues horizontalement pendant le repos, leur tête globuleuse surmontée d'une élévation vésiculeuse, ayant de chaque côté un œil lisse.

Celle-ci est la *libellule déprimée* (libellula depressa) dont l'abdomen aplati ressemble à une lame d'épée. Elle est d'un brun un peu roussâtre, avec la base des ailes noirâtre ; elle porte deux lignes jaunes au corselet.

Cette autre, d'un brun fauve, avec deux lignes jaunes de chaque côté du corselet, dont l'abdomen est taché de vert et dont les ailes sont irisées, est l'*œschne grande* (eschna grandis), espèce très vagabonde qui s'écarte beaucoup des eaux. Les œschnes se distinguent des libellules proprement dites par la position des yeux lisses postérieurs placés sur une simple élévation transversale en forme de carène.

Celle que tient Roger, et dont les ailes roussâtres portent de grandes taches bleues est le *caloptéryx vierge* (calopteryx virgo) et voici le *caloptéryx resplendissant* (caloptéryx splendius) qui lui ressemble beaucoup. Les caloptéryx ont le vol peu étendu ; ils quittent rarement le bord des eaux, et ont les ailes à demi-relevées pendant le repos.

Les *agrions* ont le corps plus grêle ; leurs yeux sont portés sur des pédicules ; leurs ailes sont ordinairement relevées pendant le repos. Voici l'*agrion jeune fille* (agrion puella), dont le mâle est bleu et la femelle bronzée ; l'*agrion élégant* (agrion elegans) une des plus petites espèces de France ; et l'*agrion vert* (agrion viridis), remarquable par ses couleurs métalliques vertes et bronzées.

Il nous reste à examiner un petit névroptère dont le corps est très mou, long, effilé et se termine par deux ou trois soies longues et articulées. Les insectes de ce genre paraissent ordinairement vers le coucher du soleil, pendant les beaux jours d'été, le long des rivières, des étangs, des ruisseaux et des mares. Ils se réunissent dans les airs en troupes considérables, se posent sur les arbres et sur les herbes, et bientôt la femelle répand dans l'eau tous ses œufs déposés en paquet. Ces insectes meurent habituellement le jour même où ils se sont métamorphosés : Ce sont les *éphémères*. La vie des larves, au contraire, est de deux ou trois

Termite

ans. En voici quelques-unes remarquables par les deux saillies en forme de cornes qu'elles ont à la bouche ; l'abdomen porte de chaque côté une rangée de lames qui servent à la fois à la respiration et à la natation. La nymphe ne diffère de la larve que par la présence des fourreaux renfermant les ailes.

Signalons encore, parmi les névroptères, les *termites* ou *fourmis blanches*, à métamorphoses incomplètes, dont le type, le *termite lucifuge* (termes lucifugus), est très nuisible dans différents ports de mer français et en Algérie.

Nous avons donné une certaine étendue à notre travail sur les coléoptères et vos petites collections comptent déjà un grand nombre d'insectes de cet ordre. Le cadre que nous nous sommes tracé ne nous permettra pas de nous arrêter aussi longtemps sur les autres ordres qui, du reste, possèdent beaucoup moins d'espèces. Nous avons examiné rapidement quelques individus les plus intéressants, parmi les orthoptères et les névroptères ; c'est également d'une manière bien succinte que nous nous entretiendrons des autres ordres. Il faudra bientôt interrompre nos promenades ; mais nous aurons occasion de les reprendre plus tard, et d'ajouter de nombreux détails aux sujets que nous ne faisons qu'effleurer.

Tout autour de nous, sur les sainfoins et les trèfles, sur les fleurs de toutes sortes butinent un grand nombre d'*hyménoptères* qui n'ont pas encore attiré notre attention, et dont il est temps d'étudier les mœurs. Ils constituent un ordre nombreux qui serait, sans contredit, le plus intéressant, si nous pouvions nous arrêter sur les merveilleux détails de l'intelligence, de l'instinct, de l'industrie des insectes qui le composent.

Les hyménoptères sont caractérisés par leurs quatre ailes,

entièrement membraneuses, pourvues de nervures sans réticulations, et croisées horizontalement sur le corps pendant le repos. Ils se distinguent également par la conformation de la bouche, dont les mâchoires constituent une sorte de trompe servant de conduit aux aliments toujours mous et liquides dont ces insectes font leur nourriture. Leurs mandibules servent uniquement à découper les substances dont ces animaux font leur nid, ou bien à saisir et à tuer les proies dont ils sucent les humeurs. Ainsi, ils établissent le passage entre les insectes broyeurs et les insectes suceurs.

Leur tête globuleuse est munie de deux yeux composés et de trois yeux lisses placés en triangle sur le front ; les trois segments du thorax sont réunis en une seule masse ; l'abdomen, suspendu au corselet par un étranglement se termine, chez les femelles, par une tarière ou par un aiguillon composé ordinairement de trois appendices longs et grêles. Les antennes varient suivant les genres et aussi dans les sexes de la même espèce ; néanmoins, elles sont la plupart du temps filiformes ou sétacées.

Ces insectes sont à métamorphoses complètes. Tantôt leurs larves, semblables à un ver, sont dépourvues de pattes ; tantôt elles ont six pattes à crochets, et parfois de douze à seize autres simplement membraneuses, ce qui leur fait donner le nom de *fausses chenilles*. Dans l'un et l'autre cas, elles ont la tête écailleuse ; elles sont pourvues de mandibules, de mâchoires et d'une filière destinée au passage de la matière soyeuse qui sert à construire la coque de la nymphe.

Il est de ces larves qui vivent de substances végétales, les autres se nourrissent de cadavres d'insectes, de larves ou d'œufs. Lorsqu'elles sont sans pattes et incapables d'agir, la mère les approvisionne soit en portant des aliments dans les nids préparés à cet effet, soit en plaçant les larves elles-mêmes dans les corps des nymphes d'insectes dont elles doivent se nourrir. Dans certaines espèces, les larves sont élevées en commun par des individus réunis en société. Arrivés à leur état parfait, les hyménoptères vivent presque tous sur les fleurs, et la durée de leur vie ne dépasse pas une année.

Tous ces insectes mellifiques qui butinent sur les fleurs, qui s'introduisent dans leur calice, lèchant le nectar, récoltant le pollen qu'ils transportent dans leur nid, favorisent la fécondation des plantes, et ont, au point de vue agricole, une utilité générale incontestable.

Il faut nous mettre en chasse si nous voulons voir de plus près nos insectes bourdonnants. Attention aux aiguillons! Jamais les brucelles ne nous auront été plus utiles.

Roger fit la première capture qu'il présenta à M. Darien :

— C'est une abeille de quelque ruche du village voisin, dit le vieux professeur. On a écrit sur ces utiles insectes un grand nombre d'ouvrages que vous lirez plus tard, et qui vous initieront à leurs mœurs curieuses et à leurs travaux plus curieux encore.

L'abeille ordinaire (apis mellifica) est élevée dans toutes les contrées de la France, et vous visitez souvent les ruches qui sont dans le jardin de Bellevue; on l'appelle encore *abeille noire,* par opposition à une autre espèce, *l'abeille jaune, alpine* ou *italienne* (Apis ligustica) importée en France depuis quelques années.

Il y a, dans chaque ruche, une *reine* ou *abeille mère*, des *cirières*, des *nourrices*, des *sentinelles* et des *faux-bourdons*.

Raoul saisit d'un même coup de filet deux insectes dont il eut quelque peine à s'emparer :

— Celui, dit M. Darien, qui ressemble à un gros bourdon appartient au genre *Xylocope*. Les abeilles de ce genre ne vivent pas en société ; elles sont solitaires, et on les connaît sous le nom d'*abeilles perce-bois* ou *menuisières*. A son corps noir, avec les ailes colorées de violet, cuivreux et de vert, je reconnais la *xylocope violette*, espèce commune dans notre pays. La femelle creuse, dans le vieux bois sec et exposé au soleil, un long canal qu'elle divise en cellules par des cloisons horizontales formées avec de la râpure de bois agglutinée ; elle pond un œuf dans chaque logette, après y avoir déposé de la pâtée pour la nourriture de la larve.

Cette abeille plus petite est la *cératine à labre blanc* dont la femelle creuse un trou à la place de la moelle dans les branches d'églantier accidentellement brisées. Il en résulte une espèce de tube atteignant quelquefois cinquante centimètres de longueur. La cératine dépose au fond une certaine quantité de pollen et un peu de miel, puis y laisse un œuf et construit une cloison avec la moelle de l'arbuste ; elle recommence l'opération jusqu'à ce que le tube soit rempli.

L'insecte que René tient enfermé dans son filet est la *mégachile maçonne* dont vous connaissez le nid qu'elle fixe entre les murs bien exposés au soleil. Ce nid, construit avec de la terre détrempée, renferme une quinzaine de cellules dans chacune desquelles la femelle dépose un œuf et de la pâtée. Lorsque la dernière métamorphose est accomplie, l'insecte perce avec sa mâchoire les murs de sa prison et s'élance dans les airs.

Une autre espèce, la *mégachile du rosier*, creuse son nid dans une terre compacte, à l'abri de l'humidité, pour que la pâtée destinée aux larves ne soit pas altérée par l'infiltration des eaux. Afin de rendre plus confortable et plus doux l'intérieur des cellules qu'elle a percées, elle taille avec ses mandibules des feuilles de rosier dont elle les tapisse. Elle remplit de pâtée la petite logette, y dépose un œuf, la ferme et abandonne le reste aux soins de la nature.

Voyez-vous ces pétales de coquelicot qui sortent de ce terrier étroit ? C'est le nid de *l'osmie du pavot* que Réaumur avait appelée *abeille tapissière*. Voici l'insecte qui bourdonne avec inquiétude autour de nous, et dont il va nous être facile de nous emparer. Le trou horizontal creusé par l'osmie a jusqu'à quatre-vingts centimètres de profondeur ; le fond est évasé en forme de bouteille. Ce nid est consolidé avec des pièces demi-ovales découpées sur les pétales de coquelicot, que l'insecte fait entrer en les pliant en deux ; il les développe, les étend, les applique sur toutes les parois de la cavité ; et c'est l'extrémité de cette singulière tapisserie qui forme le ruban rouge qui a attiré notre attention. Lorsque le travail est achevé, l'osmie dépose avec son œuf une pâtée composée de pollen de coquelicot et d'un peu de miel ; elle replie et refoule en dedans l'extrémité de la tapisserie, ferme son nid et le recouvre d'un petit monticule de terre.

Ne vous avais-je pas dit, mes enfants, que l'étude des hyménoptères vous réservait plus d'une surprise !

Cet insecte, noirâtre, avec des taches et le bord postérieur des anneaux de l'abdomen jaunes, est l'*eumène étranglé* (eumenes coarctatus) remarquable par son abdomen dilaté en forme de cloche. Vous avez plus d'une fois vu le nid de cette guêpe solitaire que la femelle construit sur les tiges des végétaux et notamment sur la bruyère. Le nid de l'eumène étranglé est sphérique, maçonné avec de la terre très fine et muni d'une espèce de cheminée d'entrée. La femelle y dépose ses œufs après l'avoir pourvue des cadavres d'insectes qui doivent servir de nourriture aux jeunes larves.

Voici l'*odynère à pattes épineuses* (odynerus spinipes), *odynère des murailles, guêpe solitaire* de Réaumur, qui ressemble à une petite guêpe noire, ceinturée de jaune. La femelle de cette espèce pratique dans le sable, dans les vieux murs, dans les talus qui bordent les champs, des trous profonds de quelques centimètres munis au dehors d'une cheminée recourbée, composée d'une pâte terreuse agglutinée. Elle dépose dans la cellule une douzaine de larves vertes de charançons qu'elle pose les unes sur les autres ; et, après avoir pondu un œuf auprès de cette provision, elle bouche le trou et détruit le tuyau.

L'*odynère de la ronce* (odynerus rubicola) construit son nid dans une tige sèche de ronce dont elle enlève la moelle.

René vient de s'emparer d'une *guêpe commune* (vespa vulgaris) facilement reconnaissable à sa tête jaune sur le devant, avec un point noir au milieu, aux taches jaunes qu'elle porte sur le corselet, à la bande de même couleur et aux trois points noirs qui décorent le bord postérieur de ses anneaux. Cet insecte, long d'environ dix-huit millimètres, se construit, dans la terre, un nid enfermé dans une enveloppe et composé d'une matière semblable à du papier, dans lequel il place de nombreux rayons. Les nids de ces guêpes sociales contiennent un nombre considérable d'individus de trois sortes : *mâles* sans aiguillons, *femelles* et *ouvrières* pourvues d'aiguillons. Ces insectes, très nuisibles aux fruits, sont également incommodes dans les maisons où ils recherchent avec avidité les matières sucrées, et dans les boucheries où ils dépècent les viandes crues.

Ce nid curieux, porté sur un pédicule, et qui s'épanouit sur ce buisson comme un dahlia sur sa tige, appartient à la *guêpe* ou *poliste française* (pollistes gallica) plus petite que la guêpe commune, noire, avec les anneaux bordés de jaune et ornés de deux taches de la même couleur. Chacun des nids de cette guêpe se compose de vingt à trente cellules.

Cette autre guêpe que Raoul couvre de son filet est la guêpe *frelon* (vespa crabo) longue de deux centimètres, à la tête fauve avec le devant jaune, le thorax noir tacheté de fauve, les anneaux de l'abdomen d'un brun noirâtre, avec une bande jaune marquée de deux ou trois points noirs au bord postérieur des anneaux. Cet insecte fait, dans les trous des murailles, les vieux arbres, les greniers, un nid arrondi, composé d'un grossier papier couleur feuille morte, et qui renferme un petit nombre de rayons attachés les uns aux autres par des colonnes. Cette espèce dévore d'autres insectes et particulièrement les abeilles dont elle pille aussi le miel.

Il serait dangereux d'irriter les frelons qui défendent énergiquement leur couvain, fondent en troupe sur l'agresseur, et par le nombre de leur piqûres pourraient occasionner la mort. Tous les insectes à aiguillons qui vivent en société, et dont l'homme n'a rien à redouter quand ils sont isolés, deviennent redoutables quand on s'attaque sans précaution à leurs nids.

La chasse aux hyménoptères avait tellement excité la curiosité des enfants, leur attention avait été tellement soutenue qu'ils se trouvèrent de retour à Bellevue sans presque s'être aperçus de la longueur inusitée de leur promenade.

VIII

A en juger par l'attitude des petits chasseurs d'insectes, le spectacle qui les préoccupe est des plus intéressants, car ils ne s'aperçoivent pas de l'arrivée de M. Darien qui les surprend groupés dans l'allée principale du jardin de Bellevue.

— Avons-nous donc oublié qu'il est bientôt temps de partir? s'écria de loin le vieux professeur.

D'un geste, Raoul montra sur le sable de l'allée un insecte ressemblant à une guêpe, qui faisait tous ses efforts pour emporter une énorme chenille.

— Il y a plus d'un quart d'heure que cette guêpe a entrepris cette tâche évidemment au-dessus de ses forces, dit tout bas Roger, pour ne pas déranger l'insecte.

— Elle en viendra bien à bout, reprit M. Darien, car l'entreprise qu'elle a conçue répond à un impérieux besoin. Cette chenille est destinée à nourrir de jeunes larves qui ne s'accommodent que de chair fraîche ; et voilà de quoi les satisfaire amplement, quand elles sortiront des œufs.

— Mais, observa René, si la chenille est destinée à être enfermée dans quelque trou, elle y mourra et sera promptement corrompue.

Cette remarque est judicieuse, mon ami ; néanmoins, depuis que nous étudions les insectes, vous avez pu vous apercevoir que la Providence emploie les moyens les plus variés et les plus extraordinaires pour assurer la conservation des espèces. Vous saurez bientôt comment certains hyménoptères savent emprisonner avec leurs larves des proies vivantes qu'elles mettent dans l'impossibilité de fuir.

On désigne sous la dénomination de *fouisseurs* une famille de l'ordre des hyménoptères comprenant des insectes à aiguillons dont les pieds, très propres à la marche, servent encore, dans plusieurs espèces, à fouir le sable, la terre ou le bois. La plupart des femelles de ces insectes solitaires placent à côté de leurs œufs, dans les nids qu'elles ont préparés, des insectes, des larves, quelquefois de araignées. Avant de déposer ainsi, auprès de leurs petits, la proie qui est destinée à leur servir de nourriture, elles la piquent de leur aiguillon, non pas de façon à la tuer, mais simplement à l'engourdir, à lui procurer, par l'inoculation d'un venin, une sorte de sommeil anesthésique, comme celui qui provient de l'inhalation du chloroforme.

L'insecte que nous avons sous les yeux est l'*ammophile des sables* (ammophila sabulosa), facilement reconnaissable à son corps noir, avec l'extrémité du troisième anneau de l'abdomen, la totalité du quatrième et le bord du cinquième d'un roux vif. L'abdomen, renflé, est porté sur un long et grêle pédicule. Les ammophiles se creusent des terriers dans les terrains légers ; elles

y traînent des chenilles qu'elles engourdissent au moyen de leur aiguillon, puis après avoir déposé leurs œufs dans le corps de l'animal endormi, elles nivèlent le sol et font disparaître l'ouverture du nid où les petites larves trouveront en naissant la nourriture et le couvert.

Laissons à sa tâche cet insecte utile, et préparons-nous au départ.

A peine nos chasseurs d'insectes avaient-ils quitté Bellevue que de nouveaux hyménoptères vinrent s'offrir à leurs observations. René, toujours à l'affût, captura le *tripoxylon potier* (tripoxilon figulus), qui creuse son nid dans les branches desséchées des ronces, des osiers et des sureaux.

M. Darien fit remarquer aux enfants le *pompile des chemins* (pompilius viaticus) qu'ils virent fondre comme un vautour sur une araignée qu'il emporta entre ses pattes. Cet insecte vient jusque dans les maisons saisir les araignées domestiques dans leur toile.

Pompile.

Plus loin, ils rencontrèrent le *cerceris des sables* (cerceris arenaria) qui nourrit ses larves avec des charançons, l'un des coléoptères les plus nuisibles à l'agriculture.

—Parmi les différentes espèces des fouisseurs que vous ne pouvez manquer de collectionner, dit M. Darien, vous trouverez le *crabron des pierres* (crabro lapidarius) qui approvisionne ses larves de diptères ; le *crabron des pucerons* (crabro aphidium) qui leur porte de nombreux pucerons ; les *sphex* qui alimentent leur progéniture avec des grillons et des criquets ; beaucoup de petites espèces de *penphrédonides*, généralement noires, qui détruisent une grande quantité de pucerons.

Voici la *melline des champs* (mellinus arvensis) qui creuse son nid dans la terre sablonneuse, et porte à ses petits des diptères de plusieurs espèces.

Cet insecte qui bourdonne au-dessus du buisson est le *goryte a moustaches* (gorytes mystaceus), qui enlève au milieu de leur écume les larves des aphrophores. Celui-ci est l'*astate œil-de-bœuf* (astata bos) qui porte dans son terrier les larves de diverses punaises des bois. Cet autre, qui a l'aspect d'une guêpe épaisse, est le *bembex rostré* (bembex rostratus) qui approvisionne ses larves de diptères de grande taille.

Guêpe frelon.

Après s'être éloigné un instant, Raoul accourut tout joyeux tenant dans son filet un long insecte au corps grêle, portant trois longues soies à l'extrémité de l'abdomen. M. Darien saisit avec précaution cet insecte dont il voulait conserver intactes la tarière et les antennes, et après qu'il l'eut mis dans l'impossibilité de fuir, les enfants l'examinèrent curieusement.

— Les insectes que nous venons d'étudier, dit le professeur, apportent à leurs larves des proies vivantes; il existe parmi les hyménoptères une tribu considérable dont les membres placent leurs œufs, à l'aide d'une tarière, dans l'intérieur même de l'insecte qui devra servir de nourriture aux larves qui naîtront : C'est la tribu des *ichneumonides*.

Les ichneumonides sont remarquables par leurs longues antennes, par leur abdomen également très long, qui prend naissance entre les deux dernières pattes. D'une taille moyenne et d'une forme élancée, ces insectes, partout répandus, présentent une grande variété dans leurs couleurs et dans leur aspect général. De même qu'on attribuait au quadrupède appelé ichneumon la destruction de la postérité du crocodile, de même ces hyménoptères, en détruisant les chenilles, rendent d'immenses services à l'agriculture, et c'est à cette analogie qu'ils doivent leur nom. On les appelle encore *mouches vibrantes*, à cause de leurs antennes, toujours en mouvement, et *mouches tripiles*, parce qu'elles portent trois soies qui forment la tarière des femelles.

Ichneumon.

Lorsque les femelles veulent pondre, on les voit marcher, voler de tous côtés, cherchant à découvrir les larves, les nymphes et même les œufs d'insectes destinés à recevoir leurs propres œufs et à nourrir les petits quand ils seront éclos. Elles déploient alors l'instinct du chien qui quête, et il est à remarquer que, généralement, chaque espèce attaque toujours la même proie. Celles des femelles dont la tarière est longue, atteignent les larves jusque sous les écorces, par les moindres fissures. A l'aide de cette ta-

rière, ces hyménoptères percent la peau d'une larve, d'une chenille, la coque d'un œuf et y déposent un ou plusieurs œufs. Les
larves qui en naissent sont molles, blanchâtres, privées de pattes
et munies de mandibules assez robustes.

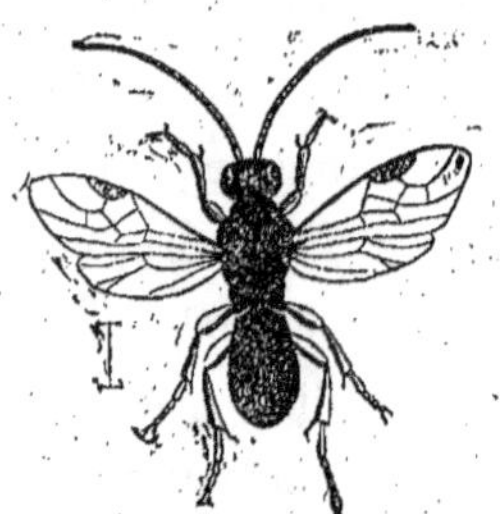

Guêpe ichneumon

Les petites larves qui vivent à l'intérieur d'une chenille, gui-
dées par un merveilleux instinct, ne rongent d'abord que les parties graisseuse, de façon à ne pas faire périr l'animal qui leur sert
de nourriture; ce n'est que lorsqu'elles sont prêtes à se transformer en nymphes qu'elles dévorent indifféremment tous les organes intérieurs et ne laissent que la peau. Parfois, elles se métamorphosent où elles ont vécu; et, dans ce cas, on voit sortir un
hyménoptère de la chysalide d'un papillon. Il en est qui se filent
une petite coque soyeuse près de leur dépouille; ces coques, souvent agglomérées, sont tantôt nues, tantôt enveloppées toutes
ensemble dans une bourse. Il est de ces coques qui sont suspendues à une feuille ou à une petite branche, au moyen d'un
long fil.

L'insecte dont Raoul s'est emparé est un de ces curieux ichneumonides, de grande taille, puisqu'il compte près de dix centimètres du bout des antennes à l'extrémité des soies de l'abdomen,

c'est le *pimple manifestateur* (ephialtes manifestator) ou *ichneu-mon manifestateur*, noir, avec les pattes fauves, qui détruit les larves des buprestes, des lucanes et des capricornes.

Vous rencontrerez sur les cimes des chênes le *chasmode* ou *ichnoumon pleurant* (chasmodes lugens) dont les antennes sont ornées d'un long anneau blanc; l'*ichneumon extenseur* (ichneumon extensorius); l'*ichneumon jaune* (ichneumon flavatorius) et beaucoup d'autres espèces.

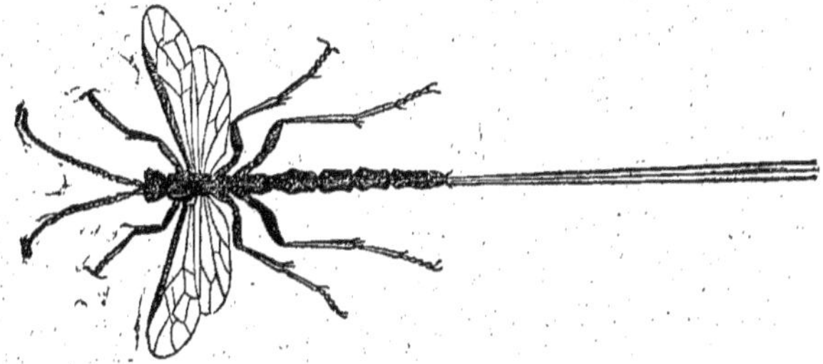

Pimple manifestetaur.

Voici l'*ophion jaune* (ophion luteus) long de trois centimètres, au corps jaunâtre et à la tête rousse, qui est un grand destructeur de chenilles. Les ophions se distinguent par leur abdomen recourbé et comprimé en forme de faucille. Ils pondent d'ordinaire, sur le corps des chenilles, des œufs portés sur de grêles pédicules, comme ceux des hémerobes. Dès que la larve est née, elle s'enfonce dans le corps de la victime, s'introduit de plus en plus dans l'épaisseur des tissus, et ronge sans relâche jusqu'à ce qu'elle ait atteint un développement normal.

Le genre *brachon* renferme une quantité d'espèces d'ichneumons de taille moyenne, au corps agréablement nuancé de couleurs vives. Pendant la belle saison, ils voltigent sur toutes les

fleurs, et déposent leurs œufs dans le corps de divers coléoptères.

Les *microgastres*, fort répandus, rendent de grands services
dans nos potagers en déposant leurs œufs dans les chenilles du
chou. Ce sont ces larves qui, en sortant de la chenille mourante,

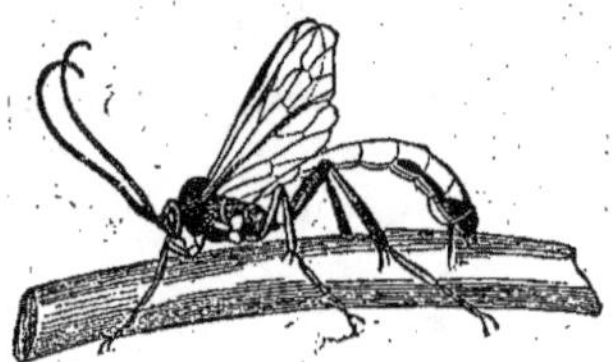

Ophion obscur.

filent ces amas de petits cocons jaunes que l'on rencontre partout
dans les jardins et qu'il faut bien se garder de détruire. Un observateur affirme que sur deux cents chenilles recueillies sur des
choux, cent quatre-vingt-dix-sept étaient attaquées par les microgastres, et que trois, seulement, ont donné des papillons. Le type
de ce genre, le *microgastre aggloméré* (microgaster glomeratus)
est noir, avec des pattes fauves, et ne dépasse pas deux millimètres de longueur.

La tribu des *chalcidites* ou des *chalcidiens* renferme des insectes d'une taille exiguë, aux couleurs métalliques fort brillantes,
qui vivent dans l'intérieur des œufs d'insectes et sont les ennemis
acharnés de la *calandre* ou *charançon* des blés.

Les *chrysides*, remarquables par l'éclat de leurs couleurs, sont
vulgairement appelés *guêpes dorées*. Il est facile de les observer
sur les murs, sur les vieux bois, sur les fleurs, se promenant dans
une agitation continuelle et avec une extrême vivacité.

— Est-il vrai, Monsieur, demanda Roger, que les espèces de boules qui viennent sur les chênes sont produites par des insectes?

— Oui, mon ami, et ces insectes sont encore des hyménoptères ; on les appelle des *cynips*. L'espèce la plus remarquable est le *cynips de la noix de galle* (cynips tinctoria) qui vit dans l'extrême midi de la France, et dont la piqûre produit sur les chênes la *noix de galle*, si utile pour la fabrication de l'encre et des teintures noires.

C'est encore un *cynips* noir, avec l'abdomen et les pieds rouges, qui produit sur les rosiers ces excroissances chevelues connues sous le nom de *bédagar*.

Arrêtons-nous devant cette fourmilière d'où sort un essaim de *fourmis ailées ;* car ce sont aussi des hyménoptères. Il est inutile de vous dire que ces insectes vivent en société. Les fourmilières renferment des mâles et des femelles qui deviennent ailés après avoir subis leurs métamorphoses, et des ouvrières qui restent toujours privées d'ailes.

Il existe des hyménoptères dont l'abdomen est largement attaché au thorax au lieu d'y être joint, comme dans les insectes que nous avons étudiés, par une sorte de pédicule. Les larves de ces hyménoptères sont munies do pattos et ressemblent beaucoup aux chenilles des papillons; aussi les a-t-on appelées *fausses chenilles*. Les adultes sont appelées *mouches à scie,* parce que les femelles sont munies d'une tarière dentelée dont elles se servent pour entailler les pétioles des feuilles et les jeunes tiges, et y pratiquer de petits trous dans chacun desquels elles déposent un œuf.

Je vous signalerai seulement quelques espèces de mouches à

scie afin de guider les recherches que vous pourrez faire pour vos collections.

Ce sont d'abord les *cimbex*, grosses espèces bourdonnantes ayant quelque rapport de couleur et de formes avec les guêpes.

Le *cimbex jaune* (cimbex lutea), long de vingt-sept millimètres, est brun ; il a les antennes et l'abdomen jaunes, avec des bandes d'un noir violet sur cette dernière partie ; on le trouve sur le saule, le bouleau, le hêtre, le chêne, etc.

Le *cimbex huméral* (cimbex huméralis) est nuisible au prunier.

L'*hylotome de la rose* (hylotoma rosæ) trop commune dans le jardin de Bellevue, est longue d'environ neuf millimètres. Sa tête, le dessus du corselet et le bord extérieur des ailes supérieures sont noirs, tandis que le reste du corps est d'un jaune safran. Sa larve, d'un jaune verdâtre pointillé de noir, se rencontre, parfois en grande quantité, sur les feuilles de rosier.

Tenthrède.

La *tenthrède de la scrofulaire* (tentreda scrophulariæ), est longue de onze millimètres et ressemble assez bien à une guêpe. Elle est noire, avec les antennes, les jambes et les tarses fauves ; les anneaux de l'abdomen, à l'exception du second et du troisième, sont bordés postérieurement de jaune.

La *tenthrède du frêne* (selandria fraximi) nuit beaucoup à cet arbre.

Le *némate du saule* (nematus salicis,) très répandu dans notre pays, long de onze millimètres, est jaunâtre, avec le sommet de la tête de couleur noire. Sa larve verte, avec des séries longitudinales de points, dévaste fréquemment les saules de nos prairies.

Le *némate à ailes blanches* (nematus albipennis) ronge les feuilles des rosiers.

Les *cèphes* sont de petits insectes noirs à l'abdomen comprimé et aux antennes grêles, dont les larves vermiformes n'ont que des rudiments de pattes.

Le *cèphe pygmée* (cephus pygmœus) ou *cèphe des céréales*, est parfois très funeste aux champs de froment et de seigle. Au moment de l'épiage, les femelles pondent au-dessus de l'épi ; les petites larves blanches descendent peu à peu, en rongeant l'intérieur de la tige et les nœuds. On voit alors les épis avortés qui restent blancs, contrastant avec les épis pleins, encore verts et penchés.

Enfin, pour en terminer avec les hyménoptères, je vous signalerai les *sirex* ou *urocères*, grands insectes dont les femelles sont pourvues d'une tarière dure et droite qu'elles enfoncent dans les fentes du bois, dans les écorces des pins et des sapins. Les larves de ces hyménoptères vivent à l'intérieur des arbres résineux qu'elles détériorent.

Le *sirex géant* (sirex gigas), dont la femelle atteint cinq centimètres de longueur, est noir, avec une tache jaune derrière chaque œil ; les jambes et les tarses sont jaunes.

Les sirex adultes ont des mandibules si fortes qu'ils peuvent percer les bois les plus durs et même des plaques de plomb. Ils produisent, en volant, un bourdonnement semblable à celui des bourdons et des frelons, ce qui leur a valu le nom d'*ichneumons-bourdons*.

Sirex géant.

On était au moment le plus chaud de la journée, et à une époque de l'année où toutes les espèces de papillons semblent se donner rendez-vous dans les prairies et les champs cultivés placés à la lisière des bois.

— Il nous serait impossible, dit M. Darien, d'entreprendre dans des conditions plus favorables, l'étude des *lépidoptères*.

— Nous avons déjà recueilli, reprit Roger, un assez grand nombre de papillons, mais nous n'avons pu les classer.

— Ces insectes, nous l'avons déjà vu, sont remarquables par leurs quatre ailes recouvertes, sur leurs deux surfaces, de petites écailles colorées, semblables à une poussière farineuse.

— Il est bien regrettable, interrompit René, que ces jolis écailles disparaissent dès qu'on les touche.

— Les papillons veulent être, en effet, maniés avec la plus grande précaution, et c'est le moment de vous le rappeler.

La partie la plus importante de leur bouche est une *trompe*,

sorte de grande *langue* roulée en spirale entre deux palpes héris-
sés d'écailles et de poils : C'est l'instrument avec lequel ces insectes absorbent le miel des fleurs, qui est leur seule nourriture.

— Pourquoi faut-il, dit Raoul, que ces insectes si beaux et
absolument inoffensifs, proviennent de chenilles qui sont, nous
avez-vous fait observer, les ennemis les plus dangereux de l'a-
griculture ?

Chenille.

— Cela est regrettable en effet, mon ami ; et il en coûte d'être
obligé de conseiller la destruction de ces fleurs animées qui vont
pourtant déposer sur les plantes des germes de ruine et de dévastation. Les larves des lépidoptères, connues sous le nom de *chenilles*, portent six pieds écailleux ou à crochets qui sont les vrais
pattes répondant exactement à celles de l'adulte ; et, en outre, de
quatre à dix pieds membraneux ou fausses pattes dont les deux
dernières sont situées à l'extrémité postérieure du corps. Certaines
chenilles, d'après leur mode de progression, sont appelés *géomètres* ou *arpenteuses ;* quelques-unes, dites *en bâton*, restent dans
l'état de repos fixées aux branches des végétaux par les seuls pied
de derrière ; elles ressemblent alors, par leur attitude, leur forme
et leur couleur, à un véritable rameau ; et elles se tiennent fort
longtemps dans la même situation sans donner signe de vie.
Cette faculté suppose une prodigieuse force musculaire ; et, en
effet, un minutieux observateur a compté plus de quatre mille
muscles dans la chenille du saule.

Voici plusieurs larves de lépidoptères : Vous pouvez observer que leur corps mou est allongé, presque cylindrique, diversement coloré, tantôt nu, tantôt hérissé de poils, de tubercules et d'épines. Il se compose, indépendamment de la tête, de douze anneaux, et est pourvu de neuf stigmates de chaque côté. La tête, revêtue d'une peau cornée ou écailleuse, porte deux antennes coniques très courtes, une bouche munie de fortes mandibules et six petits grains luisants qui paraissent être des ocelles.

Les chenilles changent ordinairement quatre fois de peau, avant de passer à l'état de *nymphe* ou de *chrysalide*; la plupart filent alors une coque où elles se renferment.

On a partagé les lépidoptères en *diurnes, crépusculaires* et *nocturnes.*

— Cela veut dire, observa René, papillons de jour, papillons qui ne sortent que vers le soir, et papillons qui ne volent que pendant la nuit.

— Ces distinctions ne sont pas très exactes, car, s'il est vrai que les insectes de la première de ces trois divisions ne volent pas la nuit, certaines espèces des deux autres groupes ne se gênent guère pour butiner pendant le jour, alors même que le soleil brille d'un vif éclat.

Les papillons *diurnes* sont les seuls chez qui le bord extérieur des ailes n'offre pas de frein pour retenir les deux supérieures ; celles-ci, et même le plus souvent les deux autres, sont élevées perpendiculairement dans le repos. Leurs antennes sont ordinairement terminées par un petit bouton en forme de massue ; leur corps, généralement peu velu, est petit relativement aux ailes, et présente un rétrécissement notable entre le corselet et l'abdomen.

14

« Organisés essentiellement pour vivre du nectar des fleurs, dit un naturaliste, c'est un charmant spectacle que de les voir voltiger de l'une à l'autre, dérouler leur longue trompe et la plonger dans les corolles dont l'éclat est presque toujours effacé par celui de leurs ailes. Cependant, la plupart des nymphalides préfèrent au suc miellé des fleurs la partie fluide des excréments des animaux, et même de leurs cadavres en putréfaction ; quelques espèces du genre vanesse sucent avec avidité les fruits pourris et les liquides sécrétés par les plaies des arbres. »

On a divisé en trois sections les lépidoptères diurnes. La première section comprend des insectes dont les chrysalides sont attachées par la queue et suspendues par un lien transversal en forme de ceinture. Armons-nous de nos filets et réunissons quelques lépidoptères de cette catégorie.

Ce magnifique papillon, dont les ailes jaunes sont maculées de taches et de raies noires, est le *papillon machaon* appelé aussi *grand porte-queue* et *papillon à queue du fenouil*. Il est remarquable par ses ailes postérieures prolongées en forme de queue, et qui portent près du bord postérieur des taches bleues, dont une en forme d'œil, avec du rouge à l'angle interne. Dans cette espèce, très commune, la chenille vit sur les ombellifères et particulièrement sur la carotte et le fenouil ; elle est verte avec des anneaux noirs ponctués de rouge ; la chrysalide est d'un gris verdâtre avec une bande latérale jaune.

Raoul vient de s'emparer d'un autre porte-queue qui ne le cède guère en magnificence au machaon ; c'est le *podalire* ou *flambé* (papilio podalirius) qui se reconnaît à sa couleur d'un jaune pâle, avec les ailes traversées par des bandes noires ; les postérieures sont prolongées en queues très longues.

On trouve dans les montagnes alpines de la France un grand papillon de douze centimètres d'envergure, aux ailes blanches tachetées de noir, dont les inférieures sont ornées de quatre taches blanches bordées d'un cercle rouge et d'un cercle noir : C'est le *papillon Apollon*, le type du genre *parnassien* (parnassius apollo) qui est assez répandu.

Podalire.

Le papillon que René vient de saisir n'est malheureusement pas rare dans le jardin de Bellevue. Sa chenille dont je vous ai parlé, est souvent dévorée par les microgastres agglomérés. C'est le type du genre piéride, le *piéride du chou* (pieris brassicæ) aux ailes blanches bordées de noir. La femelle porte sur les ailes supérieures trois taches noires dont deux rondes et une en forme de raie. Voici encore le *piéride du navet* (pieris napi, petit) papillon blanc du navet ; il est peu nuisible, car sa chenille ne vit guère que de plantes sauvages.

Celui-ci est le *papillon gazé* (leuconea cratægi), *papillon de l'alizier*, dont la chenille est très nuisible aux haies, aux arbustes des jardins et à tous les arbres fruitiers.

René nous apporte un magnifique prisonnier : Le *papillon aurore, anthocharis de la cardamine* (anthocharis cardamines) ou *du cresson*, remarquable par la grande tache aurore qui orne les ailes supérieures du mâle ; les ailes postérieures, dans les deux sexes, sont parsemées de taches vertes.

Roger vient de faire, d'un même coup, deux conquêtes du genre *coliade : le coliade soufré* (colias hyale), et le *coliade souci* (colias edusa) dont les chenilles peu nuisibles, se tiennent sur les prairies artificielles.

Voici l'espèce type du genre *lycène*, le *papillon Adonis*, appelé vulgairement *argus bleu céleste.* Ce papillon, commun dans les prairies et les clairières des bois, a les ailes entières ; le dessus est d'un bleu azuré dans le mâle, d'un brun noirâtre dans la femelle avec une frange entrecoupée de blanc et de noir ; le dessous est brun, avec la base verdâtre, une multitude de points ocellés, et une bande marginale de lunules fauves.

Le genre *thécla* comprend les *petits porte-queues*, dont vous avez plusieurs échantillons ; on les nomme ainsi à cause des pointes de leurs ailes inférieures. On distingue les espèces du *bouleau*, du *chêne*, de la *ronce* ; ce dernier que voici, a le dessus des ailes d'un brun noirâtre luisant, le dessous vert avec une tige transversale de taches blanches et le bord postérieur ferrugineux.

Les *argus bronzés*, à ailes d'un fauve vif, avec des dessins noirs, appartiennent aux prairies ; les *argus azurins*, dont le mâle porte des ailes bleues et la femelle des ailes brunes, se rencontrent dans les prés et dans les jardins.

La deuxième section des lépidoptères diurnes comprend des insectes dont les chrysalides sont simplement suspendues par la queue.

Ce joli papillon, que nous présente Raoul, est l'*argynne grand nacré* (argynnis adippe) qui porte en dessous des ailes de larges taches argentées avec des yeux ferrugineux. Les argynnes qui ont les ailes légèrement dentées, de couleur fauve, avec des taches

Argynne

noires, sont communément appelés *nacrés* à cause des taches imitant l'argent qui décorent la surface inférieure de leurs ailes. Ce sont de beaux papillons au vol rapide, qui habitent les bois, et dont les chenilles épineuses vivent pour la plupart sur les violettes.

Dans le genre *mélitée*, les ailes sont fauves et ornées de dessins noirs en dessus, mais le dessous est privé de taches nacrées ; l'espèce type est le *damier athalie*.

Roger tient sous son filet un de nos plus beaux papillons : Le *paon de jour* (vanessa io), espèce la plus remarquable du genre vanesse. Cet insecte se reconnaît au-dessus de ses ailes d'un rouge ferrugineux, avec un grand œil bleu à chacune ; les supérieures portent, en outre, deux bandes noires, courtes, obliques et séparées par une teinte jaune, et leur œil est coupé transversalement par une ligne de points blancs.

Le *vanesse Vulcain* (vanessa atalanta) se reconnaît à ses ailes noires que traverse une bande d'un rouge éclatant.

Nommons encore la *belle-dame* (vanessa cardui) dont les chenilles sont nuisibles aux artichauts et à quelques autres plantes des jardins.

Nous rencontrerons un peu plus tard les deux seules espèces du genre *nymphale*. Le *grand mars* (nymphalis iris) dont les ailes d'un brun noirâtre ont des reflets violets changeants chez le mâle. Des taches blanches ornent les ailes supérieures, et une bande dentée relève les ailes inférieures.

Paon de jour.

Le *petit mars* (nymphalis ilia) présente deux variétés : l'une est analogue, pour la coloration, à l'espèce précédente, l'autre porte sur ses ailes des taches orangées.

Voici le *grand sylvain* (limenitis populi) dont la chenille vit sur le peuplier ; et le *petit sylvain* (limenitis sybylla) dont on trouve la chenille sur le chèvre-feuille.

Ces papillons qui voltigent autour de cette haie, appartiennent au genre *satyre* fort nombreux en espèces indigènes. Celui-ci est le *satyre Herminie*, vulgairement appelé *sylvandre*, remarquable par ses ailes dentées d'un brun noirâtre, à reflets verdâtres, ayant de part et d'autre une bande blanchâtre commune ; celle des ailes supérieures porte deux yeux écartés ; celle des ailes inférieures n'a qu'un œil.

Enfin, les lépidoptères diurnes de la troisième section ont leurs chysalides renfermées dans une coque.

Ce papillon aux ailes d'un fauve obscur, avec plusieurs taches jaunes, l'une isolée et les autres en séries transversales, appartient au genre *hespérie* ; c'est le *sylvain* (hesperia sylvanus).

Cet autre, que tient Roger, est l'*hespérie de la mauve* (syrich-

Vanesse.

tus malvœ) reconnaissable à ses ailes dentées, d'un brun noirâtre en dessus, avec des taches et des mouchetures blanches ; le bord postérieur est entrecoupé de taches blanches.

Raoul venait de saisir un insecte au vol bourdonnant et rapide, qui, tout en planant comme un oiseau, plongeait sa longue trompe dans le calice des fleurs.

— C'est encore un lépidoptère, dit M. Darien, mais celui-là appartient à la section des *crépusculaires*. Cela ne doit pas vous étonner, car, malgré leur nom, il est, je vous l'ai dit, beaucoup de ces insectes qui ne volent qu'aux heures de la journée où le soleil darde ses rayons avec plus de force.

« Les crépusculaires, dit Latreille, ont, près de l'origine du bord externe de leurs ailes inférieures, une soie roide, écailleuse, en forme d'épine ou de crin, qui passe dans un crochet en dessus des ailes supérieures, et les maintient, quand elles sont en repos, dans une situation horizontale ou inclinée. Ce caractère se retrouve encore dans la section des *nocturnes*; mais les crépusculaires se distinguent de ceux-ci par leurs antennes en massue allongée, soit prismatique, soit en fuseau. Leurs chenilles ont toujours seize pattes. Leurs chrysalides ne présentent pas ces points ou ces angles qu'on voit dans la plupart des chrysalides des lépidoptères diurnes, et sont ordinairement renfermées dans une coque, ou cachées soit dans la terre, soit dans l'intérieur des tiges, soit sous quelque abri. »

L'insecte dont Raoul vient de s'emparer est le *sphynx du troëne* (sphynx ligustre) de la famille des *sphyngides*. Les sphinx sont très remarquables par la puissance de leur vol; on les voit planer longtemps en bourdonnant autour des fleurs, puis pomper, à l'aide de leur longue trompe, le suc des nectaires, sans même être obligés de se poser. La plupart de leurs chenilles ont le corps massif, ras, allongé, avec une corne dorsale à l'extrémité postérieure, et les côtés rayés obliquement ou longitudinalement. Ces chenilles vivent de feuilles et se métamorphosent ordinairement dans la terre, sans filer de coque. L'espèce que nous avons sous les yeux a les ailes antérieures d'un gris rougeâtre, veiné de noir, avec deux lignes blanches sinueuses, et les ailes postérieures d'un rose vif, orné de bandes noires.

En ce moment René, qui rôdait dans un champ de pommes de

terre, accourut tout effrayé, serrant dans la gaze de son filet un
gros insecte, ressemblant à celui de Raoul, mais qui se débat-

Sphinx tête de mort

tait de toutes ses forces en poussant des cris aigus et plaintifs.

— Vous n'êtes pas le premier que cet insecte ait effrayé, dit

M. Darien, en retirant du filet l'insecte qui continuait ses cris. C'est l'espèce de sphinx la plus grande de notre pays. Elle a les ailes supérieures variées de brun foncé, de brun jaunâtre et de jaune clair ; les ailes inférieures sont jaunes avec deux bandes brunes ; l'abdomen jaunâtre porte deux anneaux noirs ; mais regardez bien le thorax de ce lépidoptère, et vous y trouverez le caractère le plus remarquable parmi ceux qui le distinguent.

— On dirait une tête de mort, s'écria Roger.

— C'est, en effet, à ce crâne humain, dessiné assez grossièrement en jaune clair, sur le fond noir de son corselet, que cet insecte doit son nom. Il s'appelle le *sphinx tête de mort* (acherontia atropos), et il est, dans certaines campagnes, particulièrement en Bretagne, un objet de terreur superstitieuse. On croit, en Angleterre, que l'atropos est en rapport avec les sorcières, et qu'il leur murmure à l'oreille le nom des personnes qui vont mourir.

« Quant à moi, dit le docteur J. Franklin, j'éprouve pour ces animaux, longtemps méconnus, voués à l'anathème universel, associés par la superstition au principe du mal, le même sentiment de miséricorde et de respect qui saisit le cœur de l'historien à la pensée des races humaines maudites. L'atropos, si sombre que soit sa livrée, ne vient pas des rives de l'Achéron ; il vient des sources divines de la vie. Le doigt de la nuit, et non celui de la mort, a marqué sur lui son empreinte. Il n'apporte pas aux hommes de mauvaises nouvelles de l'autre monde ; il leur apprend que la nature a voulu peupler toutes les heures et consoler celles du crépuscule, en leur fournissant des compagnes ailées. »

Le sphinx tête de mort, originaire des Indes, a été importé en Europe avec la pomme de terre. Son énorme chenille, longue de douze centimètres, habituellement jaune et verte, avec sept ban-

des transversales bleues et la corne grenat, vit sur cette plante ;
on la rencontre aussi sur le troëne, le chèvre-feuille, le jas-
min, etc...

Le *sphynx de la vigne* (deilephila elpenor) au corps rose, aux
ailes d'un vert tendre avec des bandes roses, ne nuit guère à la
vigne, mais dévore quelquefois les fuschias cultivés dans les jardins.

Vous pourrez collectionner un assez grand nombre de belles
espèces de ces lépidoptères.

Les papillons de la tribu des *sésiens* ont une singulière ressemblance avec certains hyménoptères. Leurs chenilles décolorées
vivent dans l'intérieur des tiges des arbres et des arbustes, et
amènent parfois le dépérissement et la mort des plantes attaquées. Cet insecte que je viens de capturer pendant qu'il volait
autour de ce saule, n'est pas un frelon comme vous l'avez cru ;
regardez-le de près, c'est un lépidoptère crépusculaire, et il doit,
à l'aspect qu'il présente, le nom de *sésie apiforme* (trochilium
apiformis) ; il est noir, avec quatre taches jaunes sur la tête et de
anneaux jaunes à l'abdomen. Les ailes sont transparentes avec
les nervures et les bords noirs.

Vous découvrirez sans peine la *sésie en forme d'asile* (sesia
asiliformis) ; la *sésie en forme de tipule* (sesia tipuliformis) et
plusieurs autres espèces curieuses.

Ce papillon au corps d'un vert noir, dont les ailes supérieures
ornées de six taches rouge-carmin sont d'un bleu d'acier, tandis
que les inférieures sont rouges avec le bord postérieur bleu noirâtre, et la *zygène de la filipendule* (zygœna filipendulœ). La chenille, d'un jaune citron, est un peu velue et marquée de cinq rangées de taches noires.

Les *zygénides* ou *sphinx-béliers* sont caractérisés par leurs antennes enflées vers l'extrémité ; ces insectes ont les ailes étroites, mais en général ornées de brillantes couleurs, avec des taches vitrées.

La *zygène du prunier* (procris pruni) attaque les pruniers et les amandiers dans le midi de la France.

La *zygène malheureuse* (aglaope infausta) est un vrai fléau pour les mêmes arbres.

Ce joli petit papillon, d'un beau vert brillant avec les ailes postérieures gris cendré, est le *procris de la statice* (procris statice) appelé vulgairement *sphinx turquoise*.

Le *procris de la vigne* (procris vitis) entièrement noir, cause quelquefois d'assez grands ravages dans les vignobles.

La nouvelle capture de René nous conduit à la section des lépidoptères nocturnes. C'est, en effet, dans cette catégorie qu'il faut ranger le *cossus ronge-bois* (cosus ligniperda). Cet insecte, long de trois centimètres, est gris et porte sur les ailes supérieures des petites lignes noires très nombreuses formant de petites veines entremêlées de blanc. La chenille est rougeâtre avec des bandes transversales rouge de sang ; elle vit dans l'intérieur des saules, des chênes, surtout des ormes, où elle creuse de longues galeries qui entraînent souvent la perte de ces arbres.

Chez les lépidoptères nocturnes comme chez les crépusculaires, les mâles ont généralement les ailes bridées dans le repos ; en même temps elles sont horizontales ou penchées, quelquefois roulées autour du corps. Mais ce qui distingue essentiellement les nocturnes, c'est la forme des antennes qui sont sétacées, c'est-à-dire qui vont toujours en diminuant de grosseur, de la base à la pointe.

A côté du cossus ronge-bois, nous plaçons un insecte dont la chenille est plus nuisible encor : La *zeuzère du marronnier d'Inde* (zeuzera œsculi), vulgairement appelée *la coquette*, a le corps d'un beau blanc, avec des anneaux bleus sur l'abdomen, et de nombreux points également bleus sur les ailes supérieures. Sa chenille ne vit pas seulement dans l'intérieur du marronnier d'Inde, mais elle ravage encore les pruniers, les poiriers, les lilas, les frênes, etc., s'introduisant jusque dans la moelle des branches.

Dans le genre *hépiale*, nous citerons l'*hépiale du houblon* (hepialus humuli) dont la chenille dévore la racine de cette plante et cause quelquefois des dégâts considérables dans les houblonnières du nord de la France.

L'heure à laquelle le plus grand nombre des lépidoptères nocturnes prennent leur essor n'est pas encore venue ; aussi c'est en les cherchant attentivement sur les plantes que nous les découvrirons ; ils n'en seront que plus faciles à capturer.

Voici la *dicranoure hermine* (dicranura erminea) d'un blanc grisâtre, avec les antennes noires et les pattes annelées de noir. On la trouve sur le saule en compagnie d'une autre espèce, dont la chenille, d'un beau vert, porte à l'extrémité du corps deux tuyaux qui, lorsqu'on les touche, laissent sortir deux appendices d'une belle couleur rouge. A l'aide de ces organes, la chenille écarte les ichneumons qui cherchent à déposer leurs œufs dans son corps.

Ce petit papillon dont la teinte grise s'harmonise si bien avec les lichens, qu'il est presque impossible de l'en distinguer, est la *lichénée bleue* (lichenea fraxini) dont la chenille vit sur le frêne. Il est remarquable par ses ailes supérieures grises ondulées de brun, et ses ailes inférieures noires portant une large bande bleue.

La nuée des *noctuelles* compte chez nous de trop nombreux

représentants dont nous signalerons seulement quelques-uns des plus remarquables :

Les *orgyies* dont les chenilles portant des bouquets de poils, sont nuisibles à différents arbres fruitiers.

Les chenilles guêtrées des *agrotis*, vulgairement *vers gris*, dévorent les racines de beaucoup de plantes. La *noctuelle des moissons* (agrotis segetum) cause de grands dégâts à diverses cultures ; la *noctuelle point d'exclamation* (agrotis exclamationis) ainsi appelée de la tache de ses ailes, dévaste les choux, les raves, les colzas, les laitues, etc.

La chenille de la *noctuelle du pin* (trachea, piniperda) est très nuisible aux forêts de conifères.

La *noctuelle fiancée* (triphœna pronuba), dont le papillon paraît en juillet, est reconnaissable à ses ailes inférieures jaunes bordées de noir et à ses fortes et longues pattes. Sa chenille attaque l'oseille, les épinards, les choux, les laitues, etc.

C'est la chenille de la *noctuelle du chou* (hadena brassicæ) que l'on rencontre quelquefois dans les choux-fleurs cuits, mal nettoyés.

Nous rangerons après les noctuelles, les lépidoptères de la tribu des *tordeuses*, qui comprend des petits papillons agréablement colorés, dont les chenilles de la plupart des espèces roulent en cornet les feuilles des végétaux. Ces feuilles, fixées par des fils de soie, forment des sortes de tuyaux où les insectes trouvent, avec un abri commode, la nourriture qui leur convient. Il en est qui se font un abri avec plusieurs feuilles ou plusieurs fleurs liées ensemble. Quelques-unes enfin, à qui il faut une nourriture plus succulente, s'établissent dans l'intérieur même du fruit. C'est à cette dernière catégorie qu'appartient le *carpocapse des pommes* (carpocapsa pomonella) dont vous avez souvent rencontré la larve dans les pommes et dans les poires. La femelle du papillon pond sur le fruit dans lequel s'introduit la chenille en se dirigeant vers le cœur. Cette chenille peut passer d'un fruit à l'autre dans les paquets où les pommes et les poires sont contiguës ; elle peut encore, en se suspendant par un fil de soie, descendre d'un fruit à un autre placé plus bas. Ce sont ces *vers des fruits* ou *carpocapses* qui creusent dans l'intérieur des pommes et des poires ces galeries qu'ils souillent de leurs déjections.

Mais, de toutes les tordeuses, l'espèce la plus redoutable est la *pyrale de la vigne* (pyralis vitis ou œnophthira pilleriana), véritable fléau qui reparaît de temps en temps, apportant la dévastation dans les vignobles. Cette pyrale a les ailes extérieures d'un jaune pâle à reflets métalliques, avec une tache près de leur base, et trois bandes transversales brunes. La chenille, au moyen de fils, réunit les feuilles et les grappes et anéantit quelquefois des récoltes entières.

Il existe un grand nombre d'espèces de pyrales, toutes très nuisibles aux végétaux.

— Voilà, dit tout à coup René en indiquant une tige d'arbuste, une chenille que je prenais pour une petite branche.

— C'est encore la chenille d'une espèce de papillon nocturne ; elle appartient à la tribu des *arpenteuses* ou géomètres : c'est la famille des *phalénites*. Cette tribu doit son nom à la façon bizarre dont s'effectue la progression chez les chenilles. Pour avancer, elles se fixent d'abord par leurs pattes antérieures ; puis, elles élèvent leur corps en forme de boucle et rapprochent les pattes postérieures ; alors elles détachent les antérieures, pour les porter en avant, les fixent de nouveau, et recommencent le même manège.

L'attitude de ces chenilles, dans le repos, n'est pas moins curieuse, ainsi que vous en avez un exemple. Elles se fixent aux branches par leurs seules pattes de derrière ; et, tenant leur corps suspendu en l'air et dirigé en ligne droite, elles restent parfaitement immobiles pendant des heures entières. Comme leur corps, par sa couleur et sa forme, ressemble souvent à un morceau de bois, on les confond avec le rameau lui-même.

Ce papillon jaune de soufre avec les ailes supérieures marquées de deux raies brunes, et les inférieures se prolongeant en forme de queue, est la *phalène du sureau* (urapteryx sambuci); c'est le type du genre phalène.

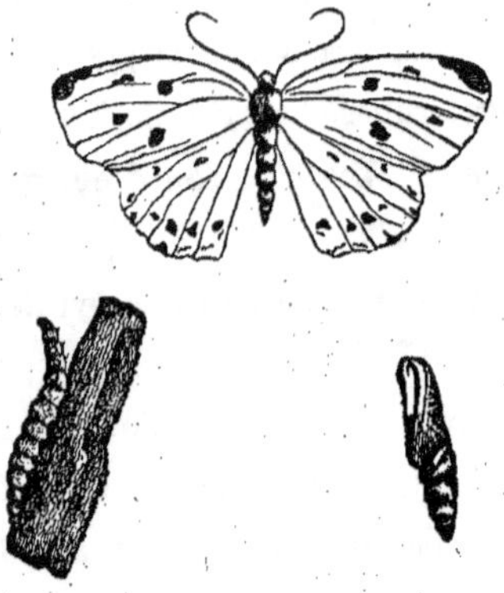

Tordeuse.

Le *géomètre papillon* (geometra papilionaria) se reconnaît à ses ailes vertes striées de gris, ondulées, avec trois bandes blanchâtres. La chenille verte porte sur le dos dix aiguillons recourbés, de couleur rougeâtre.

La *phalène du groseiller* (abraxus grossulariata) est blanche avec des séries de taches noires et jaunes.

Vous trouverez partout de nombreuses espèces de phalènes.

Les chasseurs d'insectes se préparaient à rentrer à Bellevue lorsqu'un spectacle, bien fait pour captiver leur attention, vint retarder leur départ. Le soleil s'était caché sous de gros nuages, et partout, les nombreuses chenilles qui se répandent sur les plantes pendant la nuit, commençaient à sortir de leurs nids.

Raoul avait observé une de ces grandes bourses fabriquées avec une matière soyeuse grossière, et dont la teinte se confond si bien avec l'écorce rugueuse des chênes. Il en vit sortir une chenille au corps velu, d'un gris cendré obscur, avec le dos noirâtre et quelques tubercules jaunes. Après avoir rampé un instant, elle fut suivie de deux nouvelles chenilles qui se placèrent côte à côte derrière elle, formant une deuxième file ; trois autres chenilles se placèrent au troisième rang, quatre au quatrième ; en un mot, chaque file augmentait d'une unité, formant une espèce de triangle, qui s'avançait lentement sous la direction du chef placé en tête.

— Vous avez sous les yeux, dit M. Darien, les chenilles du *bombyce processionnaire* (bombyx processionea) qui, vous le voyez, sortent en véritable *procession*, pour aller dévorer les feuilles des arbres. Lorqu'elles auront satisfait leur appétit, le retour au nid aura lieu dans le même ordre. Ces chenilles vivent constamment en société. Il ne faut pas remuer sans précaution les nids de ces insectes velus, car les poils, en se détachant, volent de toutes parts, sur les mains, sur le visage, s'introduisent sous les vêtements et produisent des rougeurs, des cuissons douloureuses qui ne disparaissent qu'au bout de plusieurs jours. Le papillon du bombyce processionnaire est cendré, avec deux raies obscures vers la base des ailes supérieures, et une troisième noirâtre, un peu au-dessus de leur milieu ; ces trois raies sont transversales.

Pendant que ce curieux, mais désagréable troupeau, va brouter les feuilles des chênes, nous allons reprendre le chemin de Bellevue où nous attend Mme Clairbois.

IX

Ce matin-là, le jardinier avait remis aux enfants un papillon énorme qui n'avait pas moins de treize centimètres de largeur, les ailes étendues. Il avait le corps brun, avec une bande blanchâtre à l'extrémité antérieure du thorax. Ses ailes rondes étaient brunes et comme saupoudrées de gris ; elles offraient en leur milieu une grande tache en forme d'œil, coupée par un trait transparent, entourée d'un cercle fauve obscur, d'un demi-cercle blanc, d'un autre rougeâtre et enfin d'un cercle noir.

— Vous avez là, dit M. Darien, le plus grand papillon d'Europe, le *grand paon de nuit* (attacus piri), *bombyce du poirier*. C'est celui-là même dont nous avons examiné la chrysalide enveloppée dans un cocon en forme de nasse. Sa chenille verte, avec des tubercules, portant des poils terminés par des boutons d'un superbe bleu turquoise, est nuisible à différents arbres fruitiers.

Le plus intéressant de tous les bombyces, qui constitue une source de richesse pour certains de nos départements, est le *ver à soie du mûrier* (sericaria morio).

Le bombyces, rangés dans la section des lépidoptères nocturnes, sont caractérisés par leur trompe courte, leurs ailes horizontales ou en toit dont les inférieures débordent latéralement les supérieures. Les antennes des mâles sont pertinées. A l'état parfait, les bombyces ont une existence très courte ; ils meurent dès qu'ils ont assuré l'avenir de leur postérité. Les larves, sauf quelques exceptions, sont des chenilles velues très voraces qui commettent de grands dégâts dans les champs, les bois et les vergers, où elles rongent les parties tendres des végétaux ; la plupart se fabriquent une coque de soie.

Citons dans la tribu des bombyciens : Le *bombyce du chêne* (bombyx quereus) dont le papillon vole, en juillet, avec de continuels crochets, pendant toute l'après-midi.

Le *bombyce neustrien* (bombyx neustria) appelé *livrée des jardins*, en raison de sa chenille à raies longitudinales rouges et bleues. Les œufs de ce papillon sont disposés de telle sorte qu'ils

forment autour des branches des végétaux des *bagues* ou bracelets.

La *livrée des champs* (bombyx castrensis) dont les œufs
forment des bracelets autour des tiges des graminées.

Le *bombyce cul-brun* (liparis chrysonea) ainsi appelé du faisceau de poils roux qui termine l'abdomen de la femelle et dont
elle recouvre ses œufs pondus en tas sur les branches.

Le *bombyce zig-zag* (liparis dispar) qui doit son nom aux
dessins ondulés des ailes du papillon ; on l'appelle encore *dispa-*
rate, parce que la taille de la femelle est double de celle du
mâle.

L'*orgye antique* (orgya antiqua) dont la chenille porte deux
longs bouquets de poils sur la tête. Les femelles des orgyes n'ont
que des moignons d'ailes et restent forcément sur les feuilles,
pendant que les mâles voltigent partout avec une grande facilité.

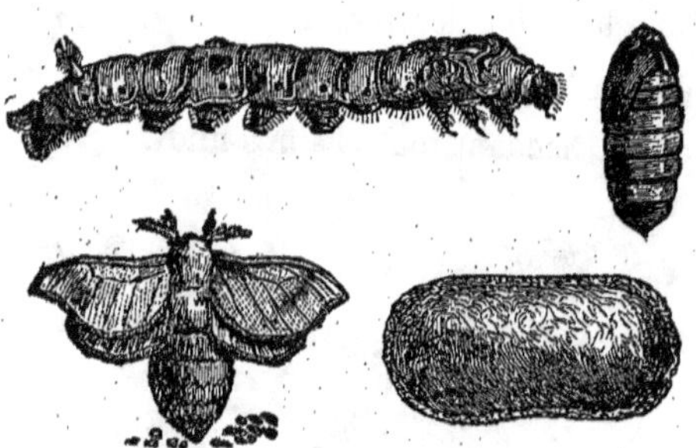

Il nous reste à parler des petits lépidoptères nocturnes connus
sous le nom de *teignes* et formant la famille des *tinéites*. Les chenilles vermiformes ont seize pattes et marchent à reculons comme
les *tordeuses*. Réaumur a désigné sous le nom de *teignes* les

espèces dont les chenilles se contruisent des fourreaux mobiles qu'elles transportent avec elles, et sous celui de *fausses-teignes*, celles dont les fourreaux d'habitation sont fixes et immobiles. Ces fourreaux sont de formes très variables : Les uns sont recouverts extérieurement de portions de feuilles appliquées les unes sur les autres comme des *falbalas;* d'autres sont en forme de crosse. Il y a de ces fourreaux dont la matière est transparente, et comme celluleuse ou divisée par écailles. Ces chenilles nous sont très nuisibles : les étoffes de laine, les fourrures, le crin, la plume, se pulvérisent sous leur dent vorace. Les fausses teignes minent l'intérieur des substances végétales et s'y pratiquent des galeries. Les papillons ne prennent aucune nourriture; ils se reconnaissent à leurs ailes qui sont, au repos, comme roulées autour du corps.

Voici l'*aglosse de la graisse* (aglossa pinguinalis) avec ses ailes en triangle aplati. Sa chenille vit de matières animales graisseuses, et ronge aussi les couvertures des livres et les cuirs ; on l'appelle quelquefois *fausse teigne des cuirs*. Le papillon a les ailes supérieures d'un gris d'agate, avec des raies et des taches noires.

La larve de celle-ci vit et se métamorphose dans l'intérieur des ruches d'abeilles et des nids de bourdons : C'est la *fausse teigne de la cire, gallérie de la cire* (galleria cereana) dont le papillon est remarquable par ses ailes cendrées ornées de petites taches brunes et relevées postérieurement en queue de coq.

La *teigne des tapisseries* (tinea tapezana), longue d'environ cinq millimètres, se distingue par ses ailes supérieures noires dont l'extrémité est blanche. A l'état de chenille, elle ronge les draps et les étoffes de laine et forme avec leurs parcelles une voûte ou demi-tuyau qu'elle allonge à mesure qu'elle avance.

Ce petit papillon d'un gris argenté, avec un point blanc de chaque côté du thorax, est la *teigne du drap* (tinea sarcitella) dont la chenille se fabrique un tuyau dans les étoffes de laine.

La *teigne des grains* (tinea granella) lie plusieurs grains de blé avec de la soie pour s'en former un tuyau d'où elle sort pour ronger le blé.

L'*alucite des céréales* (alucita cerealella) est nuisible aux céréales. La chenille, très petite, vit et se transforme dans un seul grain de blé.

Il existe, malheureusement, une très grande quantité d'espèces de ces teignes dont vous étudierez les mœurs avec intérêt et que vous ne manquerez pas de faire figurer dans votre collection.

Bien que la journée ne soit pas avancée, le soleil est déjà brûlant lorsque nous retrouvons les chasseurs d'insectes assis à l'ombre d'un grand pommier, dans un verger voisin de Bellevue.

Roger, agacé par le chant monotone d'une cigale, grimpe sur un arbre et revient bientôt triomphant, apportant à M. Darien l'animal tout surpris de se voir brusquement troublé dans ses innocents ébats. Mais, comme pour protester contre l'agression du petit chasseur, des voix nombreuses de cigales continuèrent à remplir l'air de leur fatigante musique, sur tous les points du verger.

— Nous allons, dit M. Darien, mettre de côté cette capture qui appartient à l'ordre des *hémiptères* et qui semble s'être trouvée là tout exprès pour nous indiquer le sujet de notre leçon.

Les *hémiptères* sont caractérisés par l'absence de mandibules et de mâchoires ; leur bec se compose de différentes pièces ayant la forme d'un tube articulé presque cylindrique, renfermant trois soies roides, recouvertes à leur base par une languette. « Ces soies, dit Cuvier, forment par leur réunion un suçoir semblable à un aiguillon ayant pour gaîne la pièce tubulaire, et dans lequel il est maintenu au moyen de la languette supérieure située à son origine. La soie inférieure est composée de deux filets qui se réunissent un peu au delà de leur point de départ. Ainsi le nombre des pièces du suçoir est réellement de quatre. Savigny en a conclu que les deux soies supérieures, ou celles qui sont séparées, représentent les mandibules des insectes broyeurs, et que les deux filets de la soie inférieure répondent à leurs mâchoires ; dès lors la lèvre est remplacée par la gaîne du suçoir, et la pièce triangulaire de leur base devient un lâbre. »

Le rôle de ce suçoir consiste à percer les vaisseaux des plantes ou des animaux, et d'attirer à l'œsophage, par le canal intérieur, la liqueur nutritive. Le bec des hémiptères qui sucent les parties fluides du corps des animaux est robuste et replié en demi-cercle sous la tête ; au contraire il est grêle chez ceux qui vivent de végétaux.

Dans la plupart des hémiptères, les étuis sont coriaces ou crustacés et ont l'extrémité postérieure membraneuse ; dans les autres, les étuis sont simplement plus épais et plus grands que les ailes qui ont quelque plis longitudinaux. Les métamorphoses des insectes de ce groupe sont incomplètes : L'animal, au sortir de l'œuf, ne diffère de l'insecte adulte que par l'absence d'ailes. Après quatre ou cinq changements de peau, il a acquis tout son développement et pris des ailes.

On a partagé en deux sections l'ordre des hémiptères : Les

hétéroptères qui ont des élytres coriaces dans la moitié supérieure, et transparente dans l'autre, et chez lesquels le bec part du front ; les *homoptères* dont les étuis sont partout demi-membraneux, et quelquefois semblables aux ailes, et dont le bec naît de la partie inférieure de la tête et ne commence quelquefois qu'entre les deux pieds antérieurs : C'est à la section des homoptères qu'appartient la cigale de Roger.

Les cigales sont remarquables par leur tête élargie, leur bouche en forme de suçoir, leur abdomen épais. Les mâles portent sous le ventre et de chaque côté un organe particulier à l'aide duquel ils produisent ce bruit monotone qu'on appelle leur chant ; les femelles, dépourvues de cet organe sonore, sont munies d'un appareil qui leur permet de perforer les branches d'arbre jusqu'à la moelle afin d'y déposer leurs œufs, au nombre, quelquefois, de plus de cinq cents. Les jeunes larves, qui ressemblent, par leur forme générale, à des puces, quittent bientôt les loges où elles sont nées, s'enfoncent dans la terre, y croissent et s'y métamorphosent en nymphes. Au printemps, ces nymphes remontent à la surface du sol ; leur peau se fend sur le dos et l'insecte parfait prend son essor en abandonnant sa dépouille desséchée. Cet insecte vit pendant les mois les plus chauds de l'année, se tenant sur les arbres dont il suce la sève, s'envolant au moindre bruit, et ne cessant de faire entendre son chant monotone et désagréable.

Le *cigale commune* (cicada plebeia), la plus grande des espèces de notre pays, est noire avec plusieurs taches sur le premier segment du tronc.

La *cigale de l'orme* (cicada ormi), longue de vingt-cinq millimètres, jaune pâle en dessous, mélangée de jaune et de noir en dessus, présente deux rangées de points noirâtres sur les élytres.

La *cigale sanglante* (cicada hœmatades) porte sur le corps des marques rougeâtres.

Voici de petits hémiptères sauteurs connus sous le nom de *cicadelles* ou petites cigales : Celui-ci, de couleur noire avec six taches rouges sur les étuis, est le *cercope ensanglanté* (cercopes sanguinolenta) assez commun partout. Cet autre est le *cercope écumeux* (cercopes spumaria). Brun, avec deux taches blanches sur les élytres, il est également très commun. Sa larve vit sur les feuilles, dans une liqueur blanche semblable à de l'écume,

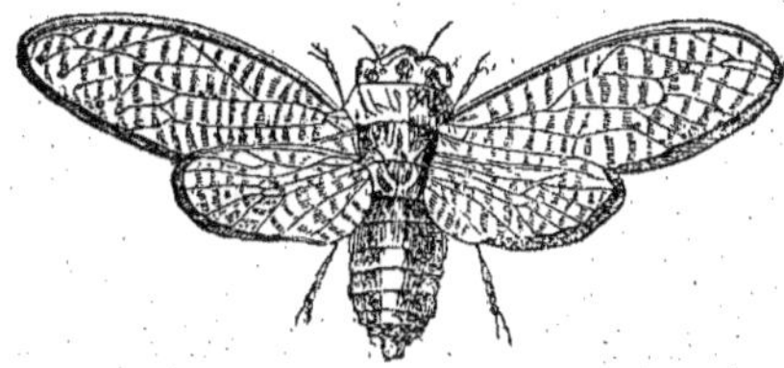

Cigale commune.

que l'on nomme *crachat de grenouilles, crachat de coucou, écume printanière.*

Les *pucerons*, les terribles *phylloxéras*, les *cochenilles*, sont aussi des hémiptères homoptères.

Les *hétéroptères* se divisent en deux familles : les *géocorises* ou punaises de terre, et les *hydrocorises* ou punaises d'eau.

Les géocorises forment quatre groupes : Les *scutellériens*, les *lygéens* les *réduviens* et les *hydrométrides.*

Les *scutellériens* se rencontrent sur les végétaux, parfois en réunion nombreuse; ils ont le corps large, les pattes courtes, un écusson énorme ouvrant toujours une partie du corps et souvent le corps tout entier. Plusieurs espèces sont ornées de magnifiques couleurs. Mettons-nous en chasse, et nous ne pouvons manquer de rencontrer quelques-uns de ces insectes.

Sur cette ombellifère, j'aperçois l'écusson rouge rayé de noir de la *scutellère rayée* (scutellera lineata).

Voici un insecte du genre *pentatome*, vulgairement *punaise de bois*, dont l'écusson ne recouvre qu'une partie du corps : C'est le *pentatome orné* (pentatoma ornatum) varié de rouge et de noir. Cet insecte se trouve parfois en abondance sur les choux et divers crucifères.

Les *ligéens*, essentiellement phytophages, ont les pattes simples, propres à la course, et la tête plus étroite que le corselet. Le *corée bordé* (coreus marginatus) au corps ovalaire, d'un brun plus ou moins roussâtre dépose sur les plantes des œufs de couleur dorée.

L'*astemme aptère* (astemma aptera), espèce très commune, a le corps varié de rouge et de noir.

Vous voyez, au pied de cet arbre, un véritable monceau de lygées qui forment une masse toute rouge. Le *lygée croix de chevalier* (lygœus equestus), long de onze millimètres, est rouge, avec des taches noires. La portion membraneuse des étuis est brune et tachetée de blanc.

Quelques insectes de la tribu des *réduviens* sont phytophages, mais la plupart sont carnassiers.

Le *réduve masqué* (reduvius personatus) est un insecte brun noirâtre, long de dix-huit à vingt millimètres. Les réduves ont le corps oblong et le bec court, mais très aigu et piquant.

Cet hémiptère, dont la piqûre est très douloureuse, se tient dans les maisons où il fait la guerre aux mouches, à tous les insectes, particulièrement aux punaises des lits.

Le type du genre punaise est la *punaise des lits* (cimex lectularia) d'un brun noirâtre, et répandant une odeur infecte.

Le groupe des *hydrométrides* comprend ces curieux insectes qui marchent et courent à la surface de l'eau avec une vivacité extrême. Des petits poils très serrés, qui garnissent leur corps et leurs tarses, leur permettent de glisser sur l'eau sans se mouiller. Ces insectes se distinguent des précédents par leurs grandes pattes, leur corps étroit et allongé ; ils sont très carnassiers.

L'*hydromètre des étangs* (hydrometra stagnorum), long d'environ douze millimètres, a le corps étroit, très mince et d'une ténuité extrême.

Les *hydrocorises* ou *punaises d'eau* sont des insectes carnassiers qui piquent fortement ; on en a formé deux tribus : les *népides* et les *notonoctides*.

Dans la tribu des *népides* nous connaissons plusieurs insectes que vous possédez déjà et que nous avons capturés lors de notre pêche dans la mare.

La *naucore punaise* (naucoris cimicoïdes) longue de douze millimètres, d'un brun verdâtre, avec les bords de l'abdomen dentés en scie, et les ailes blanches transparentes.

La *nèpe cendrée* (nepa cinerea) de couleur cendrée avec le dessus de l'abdomen rouge, et deux longues soies creuses à l'extrémité du corps.

La *ranâtre linéaire* (ranatra linearis) remarquable par son corps étroit que René avait pris pour une petite branche desséchée.

Les *notonectides* ont le corps presque cylindrique et assez épais ; ils nagent sur le dos, et l'un de vous comparait à un petit canotier couché dans sa barque et agitant ses avirons, le *noto-*

necte glauque (notonecta glauca) dont nous nous sommes emparé. Ses longues pattes postérieures, en forme de rames, ont fait surnommer cet insecte *punaise à avirons*.

En ce moment, Raoul saisit une mouche qui, à dix reprises différentes, était venue avec obstination se poser sur sa main. Ce fut le signal de l'attaque contre les insectes de l'ordre des *diptères*.

— Tâchez, dit M. Darien, de vous emparer de plusieurs de ces insectes dont nous aurons besoin pour quelques observations.

Le caractère essentiel des diptères, c'est qu'ils ne portent que deux ailes membraneuses, étendues, plus ou moins transparentes. Cependant, l'autre paire d'ailes est représentée par deux appendices écailleux et mobiles nommés *balanciers*, par analogie avec le balancier dont se servent les danseurs de corde pour faciliter leur équilibre. Examinez, sur les captures que vous venez de faire, ces organes qui sont insérés à l'endroit même où seraient placées les secondes ailes, si elles existaient. Ils consistent en deux filets terminés par un bouton et recouverts à leur base par deux minces lamelles membraneuses appelées *ailerons* ou *cuillerons*.

Ces balanciers ne servent pas simplement à maintenir les diptères en équilibre; ils concourent effectivement au vol, et nous allons en avoir la preuve.

Piquons au milieu du thorax cette mouche des bois si vive et si agile, et fixons l'épingle sur cette plaque de liège. L'insecte essaye de fuir et exécute avec ses ailes de rapides vibrations. Regardez attentivement avec une loupe, et vous voyez que les balanciers, comme les ailes, sont agités de mouvements précipités.

Mais ce n'est pas tout : A l'aide de ces fins ciseaux, je coupe avec précaution les appendices qui représentent les secondes ailes de cette grosse mouche, puis je la lâche. Le pauvre animal ne peut presque plus voler; il descend en tournoyant et est condamné à périr.

Les dimensions des ailerons et des balanciers varient suivant les familles et les genres, et il est à remarquer que plus les balanciers sont développés, plus les cuillerons sont exigus, ce qui fait supposer qu'ils se remplacent mutuellement dans l'action du vol.

Essentiellement organisée pour la succion, la bouche des diptères présente habituellement une sorte de trompe, chez les uns molle et rétractive, chez les autres cornée et allongée, qui se termine par deux lèvres et présente un sillon longitudinal, dans lequel se loge un suçoir composé de soies aiguës. La gaîne, qui ordinairement se replie sur elle-même pendant la succion, semble représenter la lèvre inférieure, et les soies semblent formées par les appendices qui, chez les broyeurs, constituent la languette, les mandibules et la mâchoire. Ainsi, pour concourir à des opérations si différentes, on retrouve constamment le même plan, la même organisation avec des modifications bien faites pour nous émerveiller !

Les soies sont des lancettes qui percent les enveloppes emprisonnant les matières fluides dont les diptères font leur nourriture. Lorsque le passage est ouvert, les liquides suivent la gaîne du suçoir et arrivent au pharynx. Chez quelques espèces, l'appareil de succion consiste en deux valves coriaces et velues qui renferment un petit tube grêle et rigide. Les yeux des diptères sont gros, souvent très développés, et ils sont, en outre, munis de deux ou trois ocelles ou yeux lisses. Tous subissent des métamorphoses complètes, et ont une courte existence à l'état parfait.

Après les coléoptères, les diptères représentent l'ordre le plus nombreux de la classe des insectes : Ils sont répandus dans tous les pays du monde; on les trouve dans tous les climats. Les bois, les prairies, les plaines, les montagnes, les glaces et les neiges ont leurs diptères, et nos demeures en sont infestées. Leur alimentation est aussi variée que la conformation de leur trompe, et rien n'est à l'abri de leur voracité : Les cousins, les asiles et les taons s'abreuvent de sang; une multitude de mouches se jettent sur les animaux et se délectent de leur sueur ou de la sanie qui découle des plaies. Il en est qui font la chasse aux petits insectes et qui en sucent toute la substance fluide. Leur nourriture principale est le suc des fleurs; ils abondent sur leurs corolles, butinant, le plus souvent, sur toutes indifféremment. C'est par essaims que la pulpe sucrée des fruits les attire en été et en automne; et toutes nos substances alimentaires plaisent à ces légions de parasites.

La profusion avec laquelle ils sont répandus leur fait remplir deux destinations importantes dans l'économie générale de la nature. Ils sont, pour les oiseaux insectivores dont ils constituent la nourriture, une manne toujours à leur portée, et ils contribuent à faire disparaître toutes les substances en décomposition qui corrompraient la pureté de l'air.

L'ordre des diptères a été divisé en six grandes sections de chacune desquelles nous allons examiner sommairement quelques espèces. Ces six grandes divisions comprennent : les *némocères*, les *tanystomes*, les *tabaniens*, les *notacanthes*, les *athéricères*, les *pupipares*.

Les *némocères* (cornes ou antennes composées d'articles filiformes) ont le corps grêle, élancé, la tête petite et arrondie avec une trompe saillante tantôt courte et terminée par deux grandes lèvres, tantôt prolongée en forme de siphon ou de bec. Ces insectes habitent les lieux humides, et nous en trouverons des représentants dans les jardins potagers qui sont au bord de la rivière. Descendons le sentier du coteau et nous irons nous asseoir à l'ombre des peupliers. Souvent ces animaux se rassemblent en nombreux essaims, et vous les avez vus plus d'une fois formant dans les airs des sortes de danses. La famille des némocères comprend la tribu des *culicides* et celle des *tipuliens*.

Les *culicides*, remarquables par leurs palpes filiformes, se distinguent surtout par leur trompe grêle qui renferme un dangereux suçoir dont vous avez souvent senti les atteintes.

Vous avez observé dans les mares, dans les flaques d'eau, un grand nombre de petites larves ressemblant à d'imperceptibles poissons au corps transparent, allongé, avec une grosse tête et des yeux noirs. Approchons-nous de ce bassin qui contient depuis longtemps de l'eau destinée à l'arrosage du jardin. Vous y voyez, comme dans toutes les eaux stagnantes, une multitude de larves dont je viens de vous parler ; elles sont très vives et se précipitent au fond dès qu'on agite l'eau, mais ne tardent pas à revenir à la surface. Ce sont les larves du *cousin piquant* (culex pipiens.), insecte bien connu de tout le monde par son bruit incommode qui trouble le silence de la nuit, mais surtout par ses piqûres douloureuses et son opiniâtreté.

Asseyons-nous commodément et nous allons examiner avec quelques détails ces malfaisantes et curieuses petites bêtes dont nous avons sous les yeux des œufs, des larves, des nymphes et des insectes parfaits. Certes, d'autres insectes nous font des piqûres plus cuisantes et plus dangereuses, mais il n'en existe pas qui soient plus acharnés à notre poursuite. Nulle part on n'est à l'abri de leurs atteintes. Dans les contrées méridionales de l'Europe, on cherche à défendre l'accès des lits par des enveloppes de gaze appelées *cousinières* ou *moustiquaires* et sous lesquelles on se glisse avec précaution. Mais là, ils sont encore bien peu redoutables si on les compare aux espèces connues sous les noms de *moustiques* ou *maringouins* qui habitent les régions tropicales du globe.

Dans le voisinage des eaux stagnantes et des lieux marécageux, on ne peut se soustraire, le soir, aux attaques de leurs innombrables essaims qui annoncent leur présence par un bourdonnement aigu : leurs piqûres mettent le corps en feu ; leurs suçoirs pénètrent à travers les étoffes les plus serrées. Les malheureux habitants tâchent de s'en garantir en remplissant leurs demeures de nuages de fumée ou en se frottant le corps avec des substances onctueuses.

Les enfants ne perdaient pas de vue la surface du bassin, et René fit remarquer à ses camarades plusieurs insectes cramponnés à des feuilles ou à des brindilles flottant sur l'eau.

— Ce sont, dit M. Darien, des femelles de cousins qui déposent leurs œufs, de manière que les larves naissantes se trouvent dans l'élément qui est nécessaire à leur développement. La façon dont elles disposent leurs œufs est tout à fait remarquable : Elles croisent les pattes de derrière et placent dans l'angle extrême le premier œuf qu'elles rangent à leur fantaisie au moyen de l'extrémité de leur abdomen dont la flexibilité est merveilleuse ; elles poussent successivement les autres œufs qui se collent les uns aux autres : en écartant convenablement les pattes, elles donnent à cet assemblage la forme d'un petit radeau ayant sa poupe et sa

16

proue et dont les deux bouts sont plus relevés que le reste. Quand la ponte est finie, le minuscule batelet est abandonné au gré des flots ; il vogue en raison de sa légèreté, mais il est souvent englouti par la tempête.

Chaque femelle pond de trois cents à trois cent cinquante œufs de forme allongée, d'abord tout blancs, puis verdâtres et bientôt gris. Au bout de deux ou trois jours sortent les petites larves que la chaleur solaire a suffi à faire éclore. Un mois à peine sépare chaque génération, et l'on n'en compte pas moins de sept par année. Nous serions donc ensevelis sous des nuages de cousins si une grande quantité d'œufs ne naufrageaient avant d'éclore, et si une multitude de ces insectes ne devenaient la proie des oiseaux, particulièrement des hirondelles qui, malgré notre présence, rasent la surface du bassin pour saisir leur proie de prédilection.

— Pourquoi, demanda Raoul, les larves qui se précipitent au fond dès que nous agitons l'eau, s'empressent-elles bientôt de revenir à la surface où elles se tiennent suspendues la tête en bas ?

— Parce que, reprit M. Darien, elles ne peuvent, comme les poissons, prendre dans l'eau l'air qui est nécessaire à leur respiration. Observons-les attentivement, en nous aidant, au besoin, de la loupe : Elles ont une tête bien distincte, pourvue de deux espèces d'antennes et d'organes ciliés qui leur servent, par le mouvement qu'elles leur impriment, à attirer les matières alimentaires, insectes imperceptibles, menus brins de plantes, parcelles de corps terreux qui nagent dans l'eau. En absorbant les parties corrompues suspendues dans le liquide, ils le purifient, et on a remarqué que la présence de ces larves dans les eaux stagnantes est une cause de salubrité.

Continuons notre examen : Leur abdomen est divisé en dix anneaux dont l'avant-dernier donne naissance à un tube assez long, s'évasant en entonnoir, à l'aide duquel l'animal puise dans l'atmosphère l'air dont il a besoin.

Voilà l'explication de l'attitude des larves quand elles reviennent à la surface de l'eau. Pendant les quinze jours ou trois semaines qu'elles passent dans leur premier état, elles changent de peau trois ou quatre fois. Toutes ces dépouilles qui flottent à la surface du bassin proviennent des mues successives des larves de cousins.

Parvenue à son dernier degré d'accroissement, la larve quitte une nouvelle dépouille et paraît, cette fois, sous la forme d'une nymphe, mais d'une nymphe animée, nageant çà et là. Voyez comme tout alors est changé ! Le thorax arrondi, gonflé d'air, porte la bestiole à la surface ; sa queue, appliquée contre le dessous de la poitrine, lui donne une forme lenticulaire; au moindre mouvement, elle descend dans l'eau en se déroulant et à l'aide de petites rames dont elle est munie à la partie postérieure. Ce qu'elle présente de plus singulier, c'est que les organes de la respiration ont changé de forme et de lieu ; elle respire maintenant par ces deux espèces de cornets placés sur le corselet, près de la tête, qui ressemblent à deux petites oreilles d'âne, et dont les bouts se tiennent constamment à la surface de l'eau. N'ayant pas besoin de prendre de nourriture, elle se tient tranquille, à moins qu'elle ne se sente menacée par quelque danger.

Au bout de huit ou dix jours, le cousin quitte son enveloppe de nymphe : Nous allons assister à cette dernière métamorphose qui s'opère très vite, et qui n'est pas moins curieuse que celle du papillon sortant de sa chrysalide.

Voyez, parmi ces nymphes, celle qui se tient tout à fait à la surface, et qui élève une partie de son corps hors de l'eau. Sa queue se déroule, son thorax se gonfle, se boursouffle ; il se déchire, il se fend, il crève entre les deux cornets respiratoires. La dépouille, qui était un vêtement protecteur, devient une élégante petite nacelle au centre de laquelle apparaît la tête du cousin ; voici maintenant le corselet ; la tête se porte en avant ; la partie postérieure du corps, en se contractant, s'approche de l'ouverture. L'insecte se redresse, s'élève de plus en plus ; le voilà dans une position perpendiculaire à la dépouille ; il ne reste plus dans le fourreau que l'extrémité de son corps. Comment peut-il se maintenir perpendiculairement?... Ni ses jambes, ni ses ailes n'ont pu l'aider en rien ; ses ailes sont humides, étendues et couchées tout le long de son corps ; ses pattes sont molles et encore empaquetées ; ses anneaux seuls peuvent agir.

C'est, pour le cousin, un moment plein de périls !... Cet insecte qui vivait dans l'eau, qui serait mort si on l'en eût éloigné, il n'y a qu'un instant, n'a maintenant rien tant à redouter que le milieu dans lequel il se trouve. Qu'un souffle fasse chavirer la nacelle, et c'en est fait du petit nautonier.

Mais regardez : tout se passe à merveille ; l'insecte est dressé verticalement comme un mât ; l'esquif tournoie sans se remplir d'eau ; les pattes se posent sur le liquide ; voilà les ailes qui s'écartent.....

Les enfants retenaient leur souffle et suivaient avec une attention pleine d'anxiété les explications de M. Darien.

Quel gracieux navire ! continua le vieux professeur. Une douce brise agit sur les voiles ouvertes, cent fois plus fines que la plus fine dentelle : le navigateur est poussé vers le rivage ; ses ailes sont sèches ; il les replie, les agite, les ouvre encore, s'élance dans l'espace et court se mêler à ceux qui l'ont précédé. Tous les jours des milliers de cousins accomplissent le périlleux voyage : lorsque le temps est calme, la traversée a lieu sans accident ; mais, quand une rafale court à la surface de l'eau, la flotte est submergée ; navires et pilotes sont engloutis du même coup.

L'insecte parfait est monté sur de hautes jambes ; sa tête, ornée de belles antennes à panaches, est armée d'un aiguillon dont la structure est fort compliquée ; il a des yeux à réseaux ; il respire au moyen de quatre stigmates, et ne porte que deux ailes membraneuses veinées, garnies d'écailles minces sur leur nervure et tout le long du bord interne. Derrière les ailes se trouvent deux petits balanciers qui lui sont communs avec tous les autres diptères.

— On ne se douterait guère, dit Roger, que la trompe du cousin est une arme redoutable dont les blessures sont si douloureuses.

— Cette trompe, mon ami, est composée d'un grand nombre de parties d'une délicatesse infinie qui se combinent toutes ensemble pour concourir à l'usage qu'en fait l'insecte. Ce que vous apercevez à l'œil nu, n'est que le tuyau qui contient le dard. Ce tuyau est fendu, et la fente est disposée de telle sorte qu'étant d'une matière ferme et peu flexible, il puisse s'écarter et se plier plus ou moins, à mesure que le dard pénètre dans la blessure.

L'aiguillon a le jeu d'une pompe d'une structure bien simple et, par cela même, d'autant plus admirable. Il est composé de cinq à six petites lamelles semblables à des lancettes, appliquées les unes sur les autres ; quelques-unes sont dentelées à leur extrémité en forme de fer de flèche, les autres sont simplement tranchantes. Lorsque le faisceau de ces lames est introduit dans la veine, le sang s'élève dans leur longueur comme dans des tuyaux capillaires. En même temps que le cousin fait pénétrer son dard, il laisse écouler quelques gouttes d'un liquide qui occasionne les démangeaisons insupportables que vous avez plus d'une fois éprouvées.

— Voyez, dit tout à coup Raoul, sous les branches de ce grand arbre, une véritable nuée de cousins : Dans leur vol, ils montent et descendent continuellement, en suivant une ligne presque verticale.

— Il me semble, dit Roger, qu'ils sont plus gros que ceux du bassin.

— Ces insectes à deux ailes qui, au premier coup d'œil, ressemblent à des cousins, sont des *tipules*, bien incapables de nous faire du mal, ce qui est fort heureux, car leurs légions surpassent peut-être celles de tous les autres diptères. Leur bouche, trop faible pour attaquer l'homme, leur sert à sucer les sucs des végétaux. Leur trompe est courte, épaisse et terminée par deux grandes lèvres dans quelques espèces ; chez d'autres, elle est en forme de siphon ou de bec ; cet organe est perpendiculaire ou courbé sur le thorax.

Les insectes qui composent la tribu des *tipulides* se tiennent généralement sur les plantes, dans les prairies, dans les jardins situés dans les marais ou au bord des cours d'eau, quelquefois dans les bois. A l'état de larves ou de nymphes, certaines espèces vivent dans l'eau comme les cousins : Tel est le *chiron* ou *chironome plumeux* (chironomus plumosus) dont la larve d'un beau rouge de sang, ressemble à un ver délié. Fort recherchée des pêcheurs qui en amorcent leurs lignes, cette larve est connue par eux sous le nom de *ver de vase*. On en récolte en abondance dans les sables amoncelés au bord des rivières.

Si les tipules n'en veulent pas à notre sang, comme les cousins, elles ne sont pas aussi inoffensives en ce qui concerne les végétaux cultivés. Toutes ne vivent pas dans l'eau à l'état de larves : Quelques grandes espèces déposent leurs œufs dans les champs, dans les jardins potagers ; leurs larves allongées, grises, sans pattes, à la tête écailleuse, dévorent les racines des plantes et sont souvent très nuisibles aux légumes. Réaumur parle de grands marais desséchés qui, en certaines années, ont été absolument dévastés par les larves des tipules. Ces larves se trouvent encore dans les troncs creux des saules pourris, au milieu du terreau qui s'y dépose. Elles changent de peau pour devenir des nymphes immobiles dans lesquelles on reconnaît les ailes et les pattes couchées de l'insecte adulte. Après avoir rompu l'enveloppe qui les emmaillotte, les tipules s'échappent à la faveur de leurs ailes et vont prendre leurs ébats dans les herbes où nous ne tarderons pas à en rencontrer quelques-unes.

La *tipule des potagers* (tipula oleracea) a l'aspect d'un cousin de grande taille. Ses larves, que les Anglais appellent *vers à jaquette de cuir*, sont sans pattes, de couleur terreuse ; elles rampent avec agilité et font saillir leur petite tête noire et cornée, en se redressant comme des chenilles ; elles ont la peau dure et coriace. On les rencontre au pied des pommes de terre, des betteraves, des laitues, etc. Les nymphes portent deux petites cornes et ont, sur le corps, des épines qui leur servent à accomplir un mouvement de progression vers la surface du sol, quand le moment de l'éclosion de l'adulte est arrivé.

La *sciare du poirier* (sciara piri) est une espèce de tipule qui paraît en mai. La femelle pond dans les fleurs des poiriers ; les larves pénètrent dans l'ovaire et font avorter les fruits qui ne tardent pas à tomber.

Les tipules gallicoles, ou *cécidomyes* sont des espèces de petite taille que leur multitude rend parfois très nuisibles. Les femelles, dont l'abdomen est prolongé en tarière, pondent dans les feuilles, les fleurs, les bourgeons, les fruits, les tiges des végétaux : Quel-

Mouche vue au microscope.

quefois, elles déterminent des *galles* dans lesquelles vivent les larves.

La *cécidomye du froment* (cecidomya tritici) cause de grands ravages dans les champs de blé. On la voit, dans les soirées de juin et de juillet, s'abattre en épais nuages sur les plantes cultivées. Les femelles pondent dans les épis ; et bientôt il se développe dans les grains des larves minuscules qui les font avorter. Quand elles ont pris leur accroissement, ces larves tombent dans les chaumes, y restent inertes jusqu'au printemps suivant, se transforment en nymphes qui restent quelques jours dans la terre d'où sort, en juin, l'insecte parfait. Longües de deux millimètres seulement, les cécidomyes sont d'imperceptibles mouches d'un beau jaune citron, ayant un peu l'apparence svelte des cousins.

La *cécidomye destructive* (cecidomya destructor) est noire, et ne cause pas moins de dégâts que l'espèce précédente. Elle exerce aussi de grands ravages aux Etats-Unis, où elle est connue sous le nom de *mouche de Hesse* parce qu'elle a été importée dans ce pays, en 1776, dans des fourrages destinés aux chevaux des soldats mercenaires de Hesse employés pendant la guerre de l'Indépendance.

La *cécidomye noire* (cecidomya nigra), dont la longueur ne dépasse pas un millimètre et demi, pond dans les bourgeons à fleurs du poirier.

Il existe encore beaucoup d'autres espèces plus ou moins nuisibles.

Les *bibions*, souvent confondus avec les cousins et les tipules, sont des insectes au vol lourd dont l'apparition cause à tort des alarmes que rien ne justifie. On les voit s'ébattre en grand nombre dans les jardins où ils se posent sur les arbres fruitiers et sur les fleurs; mais ces insectes ne sont pas malfaisants; leur bouche, munie d'une simple trompe, est incapable de percer les fruits, les feuilles ou les fleurs. Le temps de leur apparition leur a fait donner les noms de *mouches de Saint-Marc*, *mouches de Saint-Jean*, etc.

La *mouche de Saint-Marc* (bibio Marci) est noire. C'est cet insecte qui, après notre terrible guerre avec la Prusse, s'est montré en telle abondance, qu'il a jeté l'épouvante dans plusieurs contrées.

Le *bibion des jardins* (bibio hortulanus) paraît un peu plus tard que l'espèce précédente ; le mâle est noir, la femelle a le corselet rouge.

Pendant ces explications de M. Darien, la petite troupe avait gagné la prairie où de nombreuses tipules des plus grandes espèces, se montraient au-dessus des herbes.

— Quelle drôle d'allure, dit René ; il semble qu'elles ne peuvent ni marcher, ni voler.

— Quoiqu'elles s'élèvent parfois assez haut, quand le soleil est chaud et brillant, reprit M. Darien, elles vont ordinairement peu loin ; souvent même, comme vous venez de le constater, elles ne volent qu'à la surface des herbes. Elles se servent alors de leurs ailes, comme font les autruches, pour rendre leur marche plus facile ; et, réciproquement leurs longues jambes les aident à voler : elles les utilisent pour soutenir leur corps au-dessus des herbes et pour le pousser en avant.

Les jambes, surtout les postérieures, sont démesurément grandes ; elles ont plus de trois fois la longueur du corps. Elles sont, pour ces insectes, ce que sont les échasses pour les habitants des pays marécageux ; elles les mettent en état de passer assez commodément sur les herbes élevées. Les petites espèces, ainsi que vous avez pu le constater, sont beaucoup plus agiles.

— Voici, dit Raoul, une grande tipule qui marche tout debout.

— Elle ressemble, reprit Roger, à un invalide appuyé sur deux longues béquilles.

— C'est une tipule femelle, ajouta M. Darien ; et, en ce moment, elle est occupée du plus grave et du plus sérieux de ses

Le fourmilion en ses divers états.

devoirs ; elle sème ses œufs dans la prairie. Examinez son abdomen : il se termine en pointe formée de la réunion de quatre pièces écailleuses qui composent deux espèces de pinces d'inégales longueurs dont vous comprendrez facilement l'usage. L'attitude de cette femelle vous a paru singulière ; et, en effet, son corps n'est pas parallèle au plan sur lequel elle est posée : il est perpendiculaire, comme celui de l'homme.

Suivez bien ses mouvements : Son corps ne sort pas de la direction verticale ; la plus longue de ses pinces fait l'office d'une cinquième jambe ; c'est un point d'appui qui aide aux deux jambes postérieures à la soutenir ; et ces deux jambes sont, en effet, les seules qui reposent alors sur la terre ; elles sont placées par delà le dos, un peu en arrière, affectant, comme l'a remarqué Roger, la position des béquilles d'un invalide lorsqu'il lance son corps en avant. La queue en longue pince contribue d'autant mieux à soutenir la tipule que l'animal l'enfonce en terre pour y faire pénétrer ses œufs.

Quand la tipule a laissé un œuf, quelquefois deux ou trois dans le trou qu'elle vient de percer, elle fait un pas en avant, perce un nouveau trou, et continue ainsi à répandre dans la prairie cette graine précieuse, espoir de sa postérité.

La plupart des grandes tipules sont bigarrées ; elles ont les ailes panachées ; les petites sont remarquables par leur finesse extrême et leur délicatesse infinie ; il est très difficile de s'en emparer sans les froisser ; dès qu'on les touche on les écrase. Quelques espèces ont les pattes antérieures d'une longueur extraordinaire ; elles ne les posent point à terre quand elles sont au repos, mais elles les tiennent élevées au-dessus de leur tête et les agitent comme des antennes.

En ce moment, un gros insecte passa, en bourdonnant, à portée des enfants qui se mirent à sa poursuite et ne tardèrent pas à s'en emparer.

— C'est une grosse guêpe, s'écria René.

— Non, reprit Raoul, en saisissant avec précaution l'insecte au moyen de ses pinces, c'est un frelon.

— Il me semble pourtant qu'il n'a que deux ailes, dit à son tour Roger ; ce n'est donc pas un hyménoptère.

— Roger a raison, mes amis, cet insecte est un diptère de la famille des *tanystomes*. C'est l'*asile frelon* (asilus craboniformis) à couleurs de guêpe. Long d'environ trente-deux millimètres, il a les ailes veinées, étroites, à peu près de la longueur du corps et de couleur roussâtre ; il porte des balanciers très apparents, se terminant par un bouton arrondi. Il est jaune, avec les trois premiers anneaux de l'abdomen noirs. La trompe de cet insecte, à peu près de la longueur de la tête, est roide, écailleuse, dirigée en avant. Cette espèce de rostre contient un aiguillon au moyen duquel l'asile pique et tue les insectes qu'il saisit et dont il fait sa nourriture.

Ne vivant que de rapine, les asiles nous rendent de grands services : Ils font une guerre continuelle aux autres insectes et les attaquent en volant. Les mouches, les tipules et tous les autres diptères, les guêpes mêmes et quelquefois des coléoptères sont l'objet de leurs poursuites. Il les saisissent avec leurs longues pattes, les tuent avec leur trompe et les sucent ensuite avec voracité. Malheureusement ils s'en prennent à des insectes utiles : ils n'épargnent guère les ichneumons et même les abeilles.

Les larves des asiles vivent dans la terre : ce sont des espèces de vers blanchâtres, sans pattes, dont le corps est mou. Leur tête, garnie de quelques poils, est armée de deux crochets mobiles, courbés en dessous, qui leur servent à se frayer une route dans la terre et à faciliter leur marche en leur permettant de se cramponner. C'est également dans la terre que les larves se transforment en nymphes.

Une nouvelle capture venait d'être opérée par les enfants ; et, celle-ci avait encore trahi sa présence par un bourdonnement semblable à celui que produisent les abeilles-bourdons. L'insecte, que Raoul présentait à l'extrémité de ses pinces, était long d'environ treize millimètres ; son corps raccourci, élargi, noir, était couvert de poils d'un gris roussâtre, longs, fins et serrés. Sa trompe noire, un peu recourbée à son extrémité, était presque de la longueur de son corps ; ses ailes longues et étroites étaient noires à la partie extérieure, transparentes et diaphanes dans les autres parties, avec des nervures noires ; les balanciers étaient petits, noirâtres et en partie cachés dans les poils ; les pattes longues, minces et déliées, étaient de couleur cendrée, avec les pieds fauves.

— Cet insecte, dit M. Darien, est le *bombyle bichon* (bombylius major) qui vole avec une très grande rapidité et est assez commun partout.

Les bombyles, qui ont quelques traits de ressemblance avec les asiles, s'en distinguent cependant par leur corps couvert de longs poils qui les font paraître plus gros qu'ils ne le sont effectivement, et surtout par leur trompe mince, déliée, portée droit en avant, telle qu'on ne la voit dans aucun autre insecte, et qui est implantée dans une cavité placée au-devant de la tête, un peu au-dessous des antennes. Très vifs et très agiles, ils prennent presque toujours leur nourriture en volant et sans se poser. On les voit planer et introduire dans les fleurs leurs longues trompes, afin d'en retirer les sucs mielleux qui y sont contenus et dont ils font leur unique nourriture. Ils passent successivement, et avec la plus grande rapidité, d'une fleur à l'autre sans s'y arrêter.

Cet autre insecte de la même famille, que je viens de saisir et qui s'agite dans le filet a la trompe courte, le corps déprimé, et l'abdomen presque carré ; il est velu, et, comme les bombyles vit du suc des fleurs autour desquelles il bourdonne pendant les plus grandes chaleurs : C'est l'*anthrax noir* (anthrax morio) dont le corps d'un noir mat est recouvert d'un duvet fauve ; ses ailes, d'un brun rouge à la base, sont transparentes à l'extrémité.

Une deuxième section de la famille des tanystomes comprend des insectes de petite taille qui se trouvent souvent par myriades sur les végétaux. La *thérève plébéienne* (thereva plebeia) est noire avec des poils cendrés, et les anneaux de l'abdomen blancs.

Le *leptide bécasse* (leptis scolopacea) a le thorax noir, l'abdomen fauve avec un rang de taches noires sur le dos.

Le *leptide ver-lion* (leptis vermileo), espèce particulière au midi et malheureusement trop rare, est long de huit millimètres et ressemble à une tipule. Il est de couleur jaune, avec quatre traits noirs sur le thorax et cinq rangs de taches noires sur l'abdomen. Sa larve, de forme allongée, avec la tête munie de deux crochets, creuse dans le sable de petits entonnoirs semblables à ceux des fourmis-lions, mais plus petits, au moyen desquels elle capture des insectes qu'elle suce aussitôt.

Plusieurs espèces de *dolichopes* sont remarquables par leurs couleurs vertes ou cuivreuses. Les unes se tiennent sur les murs ou sur les feuilles des végétaux, les autres courent avec célérité sur la surface des eaux. Le *dolichope à crochets* (dolichopus ungulatus) a le corps d'un vert bronzé luisant, avec les yeux dorés, et les pieds d'un brun pâle ou livide.

Depuis quelques instants de gros nuages s'amoncelaient à l'horizon ; le tonnerre grondait au loin, et, malgré l'empressement de M. Darien à donner le signal du départ, une pluie diluvienne eut bientôt trempé nos zélés naturalistes, qui furent heureux de trouver à Bellevue des vêtements secs et un bon dîner auquel les estomacs affamés des trois cousins firent amplement honneur.

X

Un évènement tragique devait attrister la dernière promenade des enfants.

Ils cheminaient gaiement sous la conduite de leur excellent professeur, capturant par ci, par là, les insectes qui se trouvaient à leur portée, lorsque des cris de détresse se firent entendre au bas du coteau. Spontanément, ils se précipitèrent dans la direction des appels désespérés qui leur faisaient pressentir quelque terrible drame. Ils avaient fait à peine une centaine de mètres, quand ils aperçurent une vache furieuse traînant, à l'extrémité d'une longue corde, une masse informe qu'ils reconnurent bientôt pour le corps du jeune berger chargé de la garde de l'animal.

Les cris cessaient en ce moment, et il était à craindre que, malgré leur empressement, leur intervention ne fût trop tardive.

Cependant, avec une intrépidité et une adresse qu'on n'aurait pas supposées, M. Darien se jeta à la tête de l'animal, le saisit par les cornes et parvint à le maîtriser, pendant que les enfants coupaient la corde que le petit berger s'était imprudemment attaché autour du corps.

Cet accident, qui malheureusement se renouvelle fréquemment dans nos campagnes, serait si facilement évité !

Couvert de sang, les vêtements en lambeaux, la figure tuméfiée, le pauvre enfant poussait de faibles gémissements : il n'était pas mort. On le transporta au village, avec toutes sortes de ménagements; et le hasard voulut que le médecin de la ville passât en ce moment. On le remit aux soins du docteur qui, malgré la gravité des blessures, crut pouvoir donner un peu d'espoir aux parents désolés du petit malheureux.

La présence de M. Darien et de ses élèves était désormais inutile; ils avaient hâte de se dérober aux félicitations et aux remerciements, et ils reprirent tristement cette promenade qu'ils avaient si joyeusement commencée.

— Qui peut avoir, dit tout à coup Raoul, ainsi effrayé cette vache? Le coteau est solitaire, et on n'y entend aucun bruit.

— C'est sans doute, dit M. Darien, un des insectes que nous recherchons ; car voici un diptère dangereux que j'ai recueilli sur le corps de la vache, au moment où on la remettait dans son écurie. La pauvre bête, qui après tout n'est pas blâmable, se montra fort docile dès qu'elle fut débarrassée de ce chétif ennemi.

— Voilà, observa Roger, la fable renouvelée du Lion et du Moucheron.

— Cette fable, ou plutôt cette histoire se renouvelle, hélas! bien souvent. Vos observations entomologiques vous ont déjà enseigné que parmi les ennemis de l'homme, les plus petits sont presque toujours les plus redoutables.

Celui-là compte parmi les insectes de forte taille, puisqu'il n'a pas moins de vingt-sept millimètres de longueur. C'est le *taon des bœufs* (tabanus bovinus), facile à reconnaître à sa couleur brune en dessus, grise en dessous, avec des lignes transversales et des taches triangulaires d'un jaune blanc sur l'abdomen. Il a, en outre, les yeux verts, les jambes jaunes et les ailes transparentes avec des nervures brunes. Sa larve, allongée et cylindrique, vit dans la terre.

Les *tabaniens* sont caractérisés par leur trompe saillante terminée par deux lèvres allongées, par leurs palpes avancés et par leurs antennes dont le dernier article est annelé.

Ainsi que vous le voyez, ces insectes ont le corps large et peu velu, la tête presque ronde, l'abdomen déprimé et triangulaire. Leurs ailes s'étendent horizontalement de chaque côté du corps.

Extrêmement avides du sang des chevaux et des bœufs, ils commencent à paraître vers la fin du printemps et volent en bourdonnant dans les pâturages où se réunissent les bestiaux.

Les femelles percent facilement la peau de leurs victimes ; mais on pense que les mâles sont moins sanguinaires et qu'ils vivent surtout du suc des fleurs. Quelque dangereux que soient les taons, on peut être assuré, du moins, qu'ils ne communiquent pas le charbon, car ils ne sucent ni les cadavres, ni les plaies ; il leur faut le sang pur de la bête vivante.

Le *taon automnal* (tabanus automnalis) est également très commun à partir du mois de septembre. Vous trouverez aussi, mais plus rarement, le *taon à pattes blanches* (tabanus albipes) et une autre espèce, le *taon noir* (tabanus morio).

— Voilà, il me semble, un diptère de la même famille, dit Roger en présentant un insecte dont les yeux dorés étaient piquetés de points pourpres.

— C'est, en effet, dit M. Darien, un taon qui, en raison de l'état métallique de ses yeux, porte le nom de *chrysops aveuglant* (chrysops cœcutiens); cet insecte est encore remarquable par son thorax d'un gris jaunâtre, rayé de noir.

Je dois également vous signaler l'*hématopote pluvial* (hematopota pluvialis) qui, pendant les temps orageux, pique l'homme et tourmente beaucoup le bétail.

Voici, maintenant, quelques insectes que je tenais en réserve et qui se rapprochent des tabaniens; ils en diffèrent, cependant, par leur suçoir composé seulement de quatre pièces, et par la brièveté de leur trompe presque entièrement cachée dans la bouche.

Ces diptères appartiennent à la famille des *notacanthes*, ainsi appelée parce que quelques espèces ont leur écusson armé de dents ou d'épines.

Celui-ci est le *Xylophage noir* (xylophagas morio), ainsi nommé parce que ses larves vivent dans les parties cariées et humides des arbres.

Cet autre est la *cœnomyie ferrugineuse* qui répand une forte odeur de mélilot. Vous pouvez constater cette particularité, bien que cette cœnomyie soit morte depuis plusieurs jours.

Voici un insecte dont la larve vit dans l'eau, à la manière de celle des cousins. C'est le *stratiome caméléon*, assez commun partout, remarquable par son corps noir avec l'extrémité de l'écusson marqué de jaune; il porte trois taches citron de chaque côté du dessus de l'abdomen.

Les larves des stratiomes sont longues, aplaties, avec leur dernier segment en forme de queue terminée par des poils roides. Lorsqu'elles se métamorphosent, leur peau se durcit et sert de coque à la nymphe.

Ces mouches brillantes que vous voyez ici se promenant sur des bouses de vache, qui constituent pour elles un aliment de prédilection, appartiennent à la même famille. Ce sont des *sargues cuivreux* dont les larves vivent et se développent dans cette substance.

Toutes les espèces de sargues sont remarquables par leurs belles couleurs métalliques; la plupart vivent dans la terre, les excréments ou les bois pourris.

Le petit René, qui n'aimait pas rester longtemps assis, s'éloignait de temps en temps. Il revint en courant et présenta à M. Darien un insecte dont il venait de s'emparer.

— C'est une guêpe ou un bourdon, s'écria-t-il.

— Tu te trompes, mon enfant, ce n'est ni une guêpe ni un bourdon. Tu vois bien qu'il n'a que deux ailes et que c'est un diptère. Il appartient au genre *volucelle*, et il est de la famille des *athéricères*.

Très remarquable, puisqu'elle comprend les quatre tribus des *syrphes*, des *œstres*, des *conops*, et des *mouches* proprement dites, dont les espèces sont innombrables, cette famille se compose d'insectes rarement carnassiers à l'état parfait. La plupart se tiennent sur les fleurs et sur les feuilles; d'autres, moins difficiles, se rencontrent sur les excréments des animaux.

Cependant, il ne faudrait pas croire que les animaux n'aient rien à en redouter. Un grand nombre d'espèces les piquent jusqu'au sang pour déposer leurs œufs.

Les larves, dont le corps annelé est plus ou moins fusiforme, très mou et très contractile, sont pourvues de deux crochets quelquefois acccompagnés de mamelons, et respirent ordinairement par quatre stigmates.

Ces larves ne muent pas : leur peau se solidifie et forme une espèce de coque ovoïde dans laquelle la nymphe se transforme. Lorsque la métamorphose est opérée et que l'insecte parfait veut sortir, il fait sauter avec sa tête l'extrémité antérieure de la coque qui se détache sous la forme d'une petite calote.

La tribu des *syrphides*, à laquelle appartient la volucelle capturée par René, comprend des insectes dont le suçoir est formé de quatre soies, tandis que chez les autres insectes de la même famille, le nombre des soies est de deux seulement.

C'est la *volucelle à bandes* (volucella zonaria), ainsi nommée à cause de deux bandes noires qui ornent son abdomen. Longue d'environ dix-huit millimètres, elle est de couleur fauve, avec la tête jaune.

Ce qui a causé l'erreur pardonnable de René, c'est que plusieurs espèces de syrphes offrent une très grande ressemblance avec les bourdons et les guêpes. C'est même grâce à cette particularité que ces insectes pénètrent, sans beaucoup de danger, dans le nid des bourdons où ils déposent leurs œufs. Dès lors, ils n'ont plus à s'inquiéter de leur progéniture. Les larves parasites, épineuses et cuirassées, se développent dans le nid des hyménoptères et ne tardent pas à dévorer les larves des légitimes possesseurs.

C'est encore un des moyens employés par la nature pour modérer la trop grande multiplication de certaines espèces.

La *volucelle vide* (volucella inanis), espèce plus petite que la précédente, a également, par sa coloration, l'aspect d'une guêpe et en profite pour s'insinuer dans les nids des hyménoptères.

La *volucelle transparente* (volucella pellucem) est remarquable par son abdomen translucide et vésiculeux.

A la suite des volucelles nous plaçons les *élophiles* qui, par leur livrée, ressemblent aussi à des hyménoptères.

Vous connaissez certainement les larves de ces insectes : Réaumur les a appelées *vers à queue de rat*, parce que, vivant au fond des eaux stagnantes et corrompues, elles sont pourvues d'une queue très longue qui leur sert d'organe respiratoire.

— Il n'est pas difficile, dit Raoul, de reconnaître ces vers à queue de rat; les égoûts et les latrines malpropres en fourmillent.

— Ils y sont, en effet, très nombreux, reprit M. Darien. Ceux que vous avez vus sont des larves de l'*élophile pendant* bel insecte, un peu lourd, qui aime à se reposer sur les fleurs.

— Ce qui m'étonne, observa Roger, c'est que ces vers immondes donnent naissance à un insecte ressemblant presque à une abeille.

— Il me semble, cependant, mes amis, que nos recherches sur les insectes nous ont habitués à des surprises si grandes au sujet de leurs métamorphoses, que la transformation des élophiles ne devrait pas vous étonner.

Vous reconnaîtrez facilement les *syrphes* proprement dits, qui ont donné leur nom à la tribu dont nous nous occupons : Ce sont des insectes au corps allongé, ornés de taches et de bandes jaunes. Ils vivent sur les plantes, mais leurs larves se nourrissent exclusivement de pucerons, ce qui les rend fort utiles.

Le *shrphe du poirier* (syrphus pirastri) est très commun dans le jardin de Bellevue, où il nous sera facile d'en capturer quelques échantillons. Les larves, pour se transformer, se fixent aux feuilles des plantes, aux tiges ou à d'autres corps, au moyen d'une substance collante ressemblant à du gluten.

— Voici encore, dit Raoul, des insectes qui ressemblent à des guêpes et qui n'ont que deux ailes. Il faut donc les ranger parmi les diptères.

— Celui-ci, mon enfant, dont le corps noir est tacheté de jaune, est un *chrysotoxe*. Voici la *cérie clavicorne* qui, comme l'espèce précédente, vit sur les fleurs.

Cet autre est le *mérodon du narcisse* dont les larves se trouvent quelquefois dans les organes de cette plante, ce qui a valu le nom à l'espèce.

L'insecte que tient Roger appartient à la tribu des *conopsides*. C'est le *conops à pattes jaunes* (conops flavipes) dont les larves parasites subissent leur métamorphose dans le corps des bourdons.

Tous les conops sont remarquables par leur grosse tête, leur trompe saillante coudée à la base et en forme de syphon.

Il en est de même des *myopes* et des *stomoxes* qui appartiennent à la même tribu.

On rencontre souvent les myopes dans les endroits sablonneux où, volant çà et là, ils recherchent les nids de certains hyménoptères aux dépens desquels vivent leurs larves.

Les *stomoxes*, dont les larves se développent dans le fumier, sont souvent confondus avec les mouches domestiques. Ce sont des diptères fort incommodes pour l'homme et pour les animaux.

Vous avez certainement éprouvé plus d'une fois les atteintes du

stomoxe piquant, qui perce la peau de l'homme avec une merveilleuse facilité. C'est cet insecte qui, surtout pendant l'automne
et à l'approche des orages, ne cesse de nous harceler et nous attaque de préférence aux jambes. L'étoffe du pantalon ne nous ga-
rantit pas toujours de ses piqûres.

Les bœufs et les chevaux n'en sont pas garantis par l'épaisseur
de leur cuir.

Les piqûres des stomoxes peuvent être particulièrement dangereuses. Ces insectes sucent avec avidité les animaux morts ou
malades et peuvent inoculer le charbon. On doit donc veiller à se
préserver de leurs attaques ; et il est utile de recommander l'en-
fouissement immédiat et profond des animaux morts du charbon
et des charognes, trop souvent abandonnées, qui infectent l'atmosphère de certains villages et même de certains quartiers de
grandes villes.

Arrivés auprès d'un petit bois où paissaient des chevaux et des
bœufs, les trois cousins s'assirent sur l'herbe pour se reposer,
pendant que M. Darien s'approchait des animaux et s'emparait
de plusieurs diptères.

— Nous voici, dit-il, en revenant se placer à côté de ses élèves,
en présence d'un groupe d'insectes à la trompe rudimentaire, aux
antennes courtes et grêles, au corps épais et velu.

Vous les rencontrerez partout où paissent les ânes et les chevaux, les bœufs et les moutons.

Les uns déposent leurs œufs sous la peau de ces animaux, après
l'avoir percée à l'aide d'une sorte de tarière dont ils sont armés ;
les autres les placent dans quelques cavités naturelles du corps,
comme les fosses nassales.

Il en est qui collent leurs œufs sur le poitrail ou les jambes des ruminants, de telle sorte que ces animaux les avalent quand ils viennent à se lécher.

Transportés dans l'estomac, ces œufs y éclosent ; les larves qui en sortent sont de formes conique, composées de onze anneaux garnies de tubercules ou de petites épines. Elles n'ont pas de pattes, et s'attachent aux parois de l'estomac au moyen de leur bouche munie de deux forts crochets qui servent à les fixer. Lorsque leur croissance est achevée, elles descendent dans l'intestin d'où elles s'échappent avec les excréments. Arrivées à terre, elles se transforment en nymphes et deviennent insectes parfaits comme les autres diptères.

Ces insectes constituent le groupe des *œstrides* dont le type est l'*œstre du cheval* (œstrus equi) dont je viens de m'emparer et que vous reconnaîtrez à son corps long de dix millimètres, à sa couleur ferrugineuse avec les ailes blanchâtres. Les larves, qui se trouvent fréquemment dans l'estomac des chevaux, sont ovalaires et garnies d'épines.

Très agités lorsqu'ils sont tourmentés par les taons, les chevaux se montrent peu sensibles et presque indifférents aux attaques des œstres. Cela tient, sans doute, à ce que l'agression des premiers est accompagnée d'un grand bruit d'ailes, tandis que les seconds se posent doucement, sans bourdonnement, sur le corps de leurs victimes qui s'aperçoivent à peine de leur présence.

L'*œstre hémorroïdal* (œstrus hémorroïdalis) pond dans les naseaux des chevaux. Il est donc nécessaire de surveiller ces animaux et de tuer les insectes malfaisants qui les tourmentent.

Voici l'*hypoderme du bœuf* (hypoderma bovis) au thorax jaune, orné d'une bande noire, à l'abdomen blanc à la base et fauve à l'extrémité.

Ce diptère dépose ses œufs dans l'épaisseur de la peau des bœufs, et les larves se logent dans des tumeurs qu'elles produisent. Il importe à la santé de l'animal, lorsque ces tumeurs sont multipliées, de les inciser pour en retirer les larves ; mais il faut avoir bien soin des petites plaies qui en résultent.

Citons encore la *Cephalémyie du mouton* (cephalemyia ovis) dont les femelles pondent dans les naseaux des moutons et dont les larves, attachées à la membrane pituitaire, s'insinuent jusqu'aux sinus frontaux.

Vous avez vu parfois un pauvre mouton rejeté du troupeau, et abandonné dans la campagne par le berger.

— Oui, Monsieur, dit Raoul, nous en avons plusieurs fois rencontré. Ils sont *fous*, disent les bergers ; et en effet, les malheureux tournent constamment comme des insensés.

— C'est aux atroces douleurs que causent les larves de la céphalémyie, qu'il faut attribuer les accès de vertige qui s'emparent de ces pauvres bêtes.

Raoul et Roger s'étaient remis en chasse : ils revinrent après s'être emparés d'une gosse mouche noire toute hérissée de poils roides.

— Ce diptère, dit M. Darien, est le plus grand insecte de la famille des *muscides*. C'est l'*échinomyie géante* ou *échinomyie grosse* (echinomyia grossa) de la tribu des *tachynaires*; on la rencontre souvent dans les bois, bourdonnant au-dessus des fleurs ou bien des bouses de vaches.

Les muscides ont la tête hémisphérique ; leurs yeux à réseaux sont très développés, et ces insectes portent en outre, au-dessus du front, trois petits yeux lisses très distincts. Leur corselet cylindrique est d'un seul segment apparent ; l'abdomen, suivant

les espèces, est ovalaire, triangulaire ou oblong, plus raremen-
cylindrique ou aplati. Les jambes sont presque toujours épineuses ; les pattes sont munies de deux crochets et de deux pelotes
renfermant un organe propre à faire le vide, ce qui permet à ces
diptères de marcher, dans toutes les positions, sur le verre et les
surfaces les plus polies.

Beaucoup de ces insectes sont incommodes par la persévérance
avec laquelle ils s'attaquent aux parties découvertes de notre
corps.

— Il n'est guère moins désagréable, dit Roger, de voir certaines mouches courir sur les viandes.

— Les ménagères mieux que vous, mes enfants, savent combien il faut de précautions pour les empêcher de déposer leurs
œufs sur les viandes qu'on veut conserver ou servir sur nos tables.
Enfin, il est des espèces nuisibles par le tort considérable qu'elles
causent aux récoltes.

Les femelles des muscides déposent leurs œufs, très petits et
très nombreux, dans les matières animales ou végétales en putréfaction. Les larves sans pieds, molles et flexibles, avec le devant
du corps pointu et conique et la partie postérieure grosse et
arrondie, se nourrissent des matières sur lesquelles les œufs ont
été déposés.

Leur peau, qui se durcit, forme le cocon dans lequel la nymphe
reste quelque temps avant de se métamorphoser en insecte ailé.
Lorsque la transformation est opérée et que le moment est venu,
pour l'insecte, de sortir de sa prison, il brise la coque et il apparaît avec des ailes courtes et plissées qui ne tardent pas à devenir unies et à prendre tout leur développement.

Revenons à notre grosse mouche poilue, à notre grosse échimonyie : elle appartient à une tribu dont les espèces nombreuses nous rendent les plus grands services.

Lorsque vous les verrez voltiger au-dessus des plantes potagères, des prairies, des arbustes et des fleurs, observez leurs évolutions, et vous verrez qu'elles sont à la recherche de chenilles sur lesquelles elles pondent leurs œufs; mais, n'étant pas, comme les ichneumons, munies de tarières, elles se bornent à les déposer sur la surface du corps.

Dès qu'elles sont écloses, les larves s'introduisent à l'intérieur du corps de la chenille; elles la rongent; puis, ordinairement, sortent pour se transformer en pupes brunes. Parfois, cette transformation s'opère à l'intérieur de la chrysalide; et, au lieu du papillon attendu, il en sort une nuée de petites mouches, qui à leur tour, iront pondre sur d'autres chenilles.

— Pouvez-vous, demanda Raoul, nous faire connaître d'autres espèces d'échymonyies?

— Je puis, tout au moins, vous les désigner dès maintenant; et, à mesure que vous les trouverez, elles prendront place à côté de la mouche géante.

Parmi les espèces dont le corps est hérissé de poils épineux, vous remarquerez l'*échimonyie sauvage* (echimonyia fera) et l'*échimonyie ourse* (echimonyia ursa).

Mais il en est d'autres dont le corps est moins épineux et qui portent des poils plus courts. Bleuâtres ou gris d'acier, leur abdomen est souvent orné de reflets rougeâtres. Ces diptères forment le genre *némorée* et *tachine* dont les nombreuses espèces ont beaucoup d'analogie.

Citons la *némorée des chrysalides* (nemorea pupárum) qui s'attaque aux chenilles déjà transformées.

La *tachine des larves* (tachina larvarum) très répandue et redoutable ennemie des chenilles.

La *tachine des jardins* (tachina hortorum) qui poursuit les chenilles dans les jardins et les vergers, mais modère surtout la multiplication de la pyrale de la vigne en pondant sur les chenilles de cette funeste espèce.

La *tachine à front doré* (tachina aurifrons) doit son nom à l'éclat métallique de sa tête et n'est pas moins utile que les espèces précédentes.

Le vrai type de la grande famille des muscides est la *mouche domestique* (musca domestica) dont le thorax est gris-cendré avec quatre raies noires, et l'abdomen d'un brun noirâtre. Sa larve vit dans le fumier.

Il serait superflu de vous faire une longue description de ces insectes désagréables et importuns, qui souillent de leurs déjections les murs, les plafonds, les papiers, les tentures des appartements, qui tombent dans les aliments, sur la bouchée de pain ou le liquide que vous portez à votre bouche ; qui tourmentent les malades et les blessés et mettent dans leurs attaques une obstination que les plus patients ne peuvent supporter sans irritation.

On essaye de s'en débarrasser en faisant, dans les appartements, des insufflations de poudre *Vicat* et en les empoisonnant avec le *papier tue-mouche*, en disposant des vases où elles se noient ; mais le plus sûr moyen de s'en préserver est d'écarter du voisinage des maisons les fumiers et les détritus ménagers dans lesquels vivent les larves de ces insectes.

La *mouche corbeau* (musca corvina) a les mêmes habitudes que la précédente, mais elle est beaucoup moins fréquente dans nos maisons.

— J'ai remarqué, dit Raoul, des mouches qui se réunissent par paquets énormes dans les latrines ; on est parfois aveuglé par ces dégoûtants insectes.

— Cette espèce est la *mouche des urinoirs* (techomyza urinaria) remarquable par son écusson d'un blanc grisâtre. Très importunes pendant l'été et dans les temps d'orage, les mouches des urinoirs se rassemblent en pelotes, ainsi que vous en avez fait la remarque. Il devient donc assez facile de les détruire au moyen d'eau bouillante, d'injection de pétrole, ou en les brûlant au moyen d'une torche.

Les larves se développent dans l'urine humaine corrompue :

— Les espèces que notre cuisinière a le plus en horreur, dit le petit René, sont les mouches de la viande.

— Cependant, mon enfant, si nous nous plaçons au point de vue de la salubrité générale, nous classerons ces diptères dans les espèces utiles ; ils contribuent à accélérer la décomposition des cadavres dont nous sommes plus vite débarassés.

— N'est-ce pas, dit Roger, avec les larves des mouches à viande que les pêcheurs amorcent leurs lignes ?

— C'est cela même, mon ami. Ces larves ne sont autre chose que les vers connus sous le nom d'*asticots* qui se changent en pupes brunes ressemblant à des graines de belle-de-nuit.

De ces petits barillets sortent bientôt les mouches dont la reproduction est très rapide.

Il nous reste toujours un moyen de protéger contre les atteintes des mouches à viandes celles de nos provisions qui les attirent : c'est de les déposer dans un garde-manger garni d'un fin treillis métallique.

Certaines espèces sont cependant assez redoutables ; elles pondent dans les plaies des animaux domestiques ; les larves, qui se développent, peuvent amener la mort.

On a vu de malheureux ivrognes, incapables de faire un mouvement, avoir le visage dévoré par les larves des mouches, et succomber à ces horribles blessures.

La plupart des espèces de mouches du genre *sarcophage* sont vivipares, c'est-à-dire qu'au lieu d'œufs, elles déposent sur les viandes et sur les cadavres des larves ressemblant à de petits vers blancs.

Les sarcophages diffèrent surtout des autres mouches par leurs yeux notablement écartés. Le type de ce genre est la *mouche carnassière, sarcophage de la viande, sarcophage vivipare* (musca carnassia, ou sacrophaga vivipara) qui a les yeux rouges, le corps cendré, des raies sur le thorax et des taches carrées noires sur l'abdomen. Elle dépose ses larves sur la viande, sur les cadavres, et quelquefois même sur les plaies de l'homme.

Le *sarcophage de campagne* (sarcophaga ruralis) pond dans les plaies des chevaux ; les larves qui s'y développent peuvent causer de graves accidents si l'on n'a pas le soin de nettoyer fréquemment les blessures de ces animaux.

La *mouche à viande* (musca vomitaria) ou *calliphore vomitoire* (calliphora vomitoria) n'est pas vivipare. C'est l'espèce la plus redoutée des ménagères ; elle dépose ses œufs dans la viande dont elle accélère la putréfaction. Vous la reconnaîtrez à son thorax noir, à son abdomen d'un bleu luisant avec des raies noires, et à son front fauve.

Le genre *lucilie* ne contient généralement que des espèces ovipares. La *lucilie César* (lucilia Cœsar), vulgairement *mouche dorée* est l'espèce la plus commune et la mieux connue. Elle est remarquable par sa belle couleur d'un vert doré et ses pieds noirs. Elle dépose ses œufs sur la viande et, préférablement, sur les charognes abandonnées.

La *lucilie bleue* (lucilia cœrulea) ; la *lucilie des cadavres* (lucilia cadaverina) ; la *lucilie cuivrée* (lucilia cuprea) ; la *lucilie disparate* (lucilia dispar), se distinguent, comme toutes les espèces de ce genre par leur éclat métallique et leurs belles couleurs dorées, bleues ou cuivreuses.

Très utiles et suffisamment protégées par leurs dégoûtantes fonctions, les mouches des excréments jouent un rôle important au profit de la salubrité atmosphérique. Ces mouches, qui appartiennent au genre *scatophage*, sont poilues et d'un jaune plus ou moins grisâtre. On est étonné de voir avec quelle rapidité elles font disparaître les matières stercorales qui sont des foyers d'infection.

Il en est de même des mouches des détritus, petites espèces de diptères dont les larves vivent dans une foule de matières corrompues dont elles accélèrent rapidement la décomposition.

Il nous reste à examiner, parmi les nombreuses espèces de mouches nuisibles aux végétaux, celles dont les dégâts sont faciles à constater et que vous pourrez facilement reconnaître pour les placer dans vos collections.

La *mouche des oignons* (anthomyia ceparum) est nuisible par sa larve qui vit dans les oignons. Les bulbes attaqués pourrissent et deviennent infects.

Les larves de la *mouche du chou* (anthomyia brassica) se développent dans ce légume dont les feuilles jaunissent et se flétrissent ; elles s'attaquent aussi aux raves et aux navets.

La *mouche de l'oseille* (pegomyia acetosæ) produit des larves qui minent les feuilles de l'oseille qui ne tardent pas à blanchir et à pourrir.

Les larves de la *mouche des carottes* (psilomyia rosœ) s'attaquent aux racines de cette plante.

Les larves de la *mouche des betteraves* ou *hylemyie contractée* (hylemyia coarctata) vivent en mineuses aux dépens des feuilles de cette plante qui se couvrent de boussouflures et se flétrissent.

La *mouche des cerises* ou *ortalis du cerisier* (ortalis cerasi), à grandes ailes ornées de quatre bandes noires, vous est probablement connue.

— Nous croyons, dit Raoul, que sa larve n'est autre chose que le *ver des cerises*.

— Vous ne vous trompez pas, mon enfant. C'est cette larve qui se développe dans la bonne pulpe juteuse des cerises dont elle n'est pas moins friande que certains écoliers de ma connaissance.

La *mouche des olives* ou *dacus de l'olivier* (dacus oleœ) est un fléau désastreux pour certaines contrées du midi de la France. C'est une petite mouche aux yeux verts qui dépose ses œufs sur l'olive dont la pulpe se remplit de petits vers jaunâtres, sans pattes. L'huile faite avec les fruits piqués, remplis de larves et d'excréments, a un goût détestable.

Les larves mineuses de l'*agromyse à pattes noires* (agromyza nigripes) vivent dans les feuilles de la luzerne qui se couvrent de taches blanches.

Deux petites mouches aux yeux verts, le *chlorops à lignes* (chlorops lineata) et le *chlorops brillant* (chlorops lœta) sont très nuisibles aux froments et aux seigles.

Souvent, pendant l'hiver, on voit ces mouches réunies en grand nombre sur les plafonds et les murs des granges et des greniers. On peut alors en détruire beaucoup au moyen d'injections de pétrole.

La *mouche du seigle* (chlorops pumilionis) pond sur les tiges du seigle, et les larves en arrêtent le développement.

L'orge a aussi sa mouche dont les larves, d'un jaune éclatant, attaquent les feuilles centrales et rongent l'intérieur des tiges.

René présenta à M. Darien une mouche plate, à l'abdomen large et dur, qu'il avait recueillie sur les flancs d'un cheval.

— Cet insecte, dit le vieux professeur, est un diptère de la famille des *pupipares*. Ces diptères pondent des *pupes* et non pas des œufs, parce que les larves se développent à l'intérieur du corps des femelles. Ils vivent en parasites sur divers animaux.

Celui-ci est l'*hippobosque du cheval* (hippobosca equi) vulgairement connu sous la dénomination de *mouche araignée du cheval*. Il tourmente les chevaux, pique les hommes et les chiens et se rencontre aussi quelquefois sur les bœufs.

Les bons palefreniers doivent étriller soigneusement leurs chevaux pour les débarrasser des hippobosques.

Vous avez vu quelquefois les étourneaux suivre les troupeaux et se poser sur le dos des moutons. Ils y sont attirés par un insecte de la même famille, le *mélophage du mouton* (melophagus ovinus) sorte de mouche sans ailes qui s'accroche dans la laine d'où les étourneaux la retirent adroitement.

Plusieurs fois, pendant le jour, les petits chasseurs d'insectes avaient parlé du pauvre enfant que, le matin, ils avaient vu sanglant et défiguré.

Il allèrent prendre de ses nouvelles et apprirent avec joie que ses blessures n'étaient pas mortelles. Il devait la vie à M. Darien et à ses petits compagnons.

Cette promenade, nous l'avons dit, était la dernière. Les habitants de Bellevue quittaient la contrée pour plusieurs mois.

Peut-être retrouverons-nous ailleurs le vieux professeur et ses trois élèves à qui nous disons au revoir et non pas adieu!...

LES CHENILLES

D'après RÉAUMUR, LYONET MAUDUYT, etc..

AVANT-PROPOS

La *chenille* (eruca) est la *larve* sortie de l'œuf d'un papillon, et qui, par des mues et des transformations successives, doit parvenir au même état que l'insecte dont elle a reçu l'existence.

La chenille est un des êtres les plus destructeurs et les plus industrieux ; elle est digne, à la fois, de la haine de l'économiste, des malédictions de l'agriculteur et des observations incessantes du naturaliste.

Lorsque Mauduyt a traité l'intéressant sujet qui nous préoccupe, il a puisé aux sources les plus pures, il a fouillé dans les mines les plus riches ; il a cherché des interprètes dans les observateurs les plus profonds et les plus exacts que la nature ait formés pour la contemplation de ses ouvrages : Citer Réaumur et Lyonet, c'est attacher la reconnaissance et la vénération à des travaux dont on ne peut trop apprécier le mérite.

Réaumur, en cherchant à distribuer dans un tableau systématique les espèces si prodigieusement variées des chenilles et en nous traçant l'histoire de leurs mœurs, a travaillé, autant pour avancer les progrès de la science, que pour reculer les bornes de l'admiration.

Lyonet, plus étonnant encore, en nous donnant l'anatomie de la chenille a confondu, pour ainsi dire, l'admiration elle-même et ne lui a laissé aucunes bornes.

Avec Réaumur on se demande comment la nature a pu présenter une forme aussi simple sous tant d'apparences différentes et suffire à tant de soins pour manifester une industrie aussi combinée et des mœurs aussi diverses.

Avec Lyonet on ne peut que se taire en considérant tant de milliers de parties qui doivent sans cesse concourir à la conservation d'un être si faible.

Si, à ces deux grands noms, on ajoute ceux de Malpighi, Swammerdam, Geer, Bonnet, etc... c'est mettre à profit les plus grandes ressources qui soient offertes et user des plus précieux matériaux que l'on puisse recueillir

Nous allons tâcher de résumer succintement ce qui a été dit de plus curieux sur les chenilles après avoir exprimé le regret de ne pouvoir nous étendre davantage sur ce sujet instructif et intéressant.

CHAPITRE Ier

Forme extérieure des chenilles

Les caractères généraux et les plus apparents qui, au premier coup d'œil, font distinguer les chenilles, sont un corps allongé et cylindrique composé de douze parties qu'on appelle *anneaux*, une tête écailleuse garnie de deux dents, seize pattes au plus et jamais moins de huit. Les six premières pattes sont *écailleuses* et incapables de s'allonger ou de se raccourcir d'une manière sensible; les autres, que l'insecte peut allonger ou raccourcir, gonfler ou aplatir à son gré, sont *membraneuses*.

Les six pattes écailleuses sont placées par paires aux trois premiers anneaux du corps. Mais toutes les chenilles n'ont pas le même nombre de pattes membraneuses : les unes n'en ont que deux placées au dernier anneau du corps, d'autres en ont quatre, six, huit, dix.

Le genre des chenilles renferme un nombre prodigieux d'espèces qui sont extrêmement variées par la couleur, la grandeur ou la forme ; et il est important de ne pas confondre les *vraies chenilles* ou larves des lépidoptères, qui ont depuis huit jusqu'à seize pattes, avec les *fausses chenilles* qui ont plus de seize pattes et qui se changent en *tenthrèdes* (*hyménoptères*).

Il y a des chenilles dont le milieu du dessus de chaque anneau forme une languette qui va recouvrir l'anneau qui le précède ; dans d'autres, les anneaux sont comme entaillés en cet endroit.

Dans plusieurs espèces, le contour supérieur de l'anneau a différentes inflexions.

L'anus représente ordinairement une sorte de prisme tronqué à faces inégales, et le plus souvent recouvert d'un petit chaperon charnu.

Les anneaux des chenilles sont tous *membraneux*, c'est même ce qui les distingue des larves des autres insectes qui, comme elles, ont le corps allongé et composé de douze anneaux, mais d'anneaux *écailleux*.

La tête est formée par deux calottes sphériques, dures et écailleuses, dans lesquelles on remarque quelques points noirs qu'on serait, à tort, tenté de prendre pour les yeux. Les yeux que doit avoir l'insecte parfait sont couverts, dans la chenille, par les deux calottes de la tête.

A la partie antérieure de la tête est placée la bouche, armée de deux fortes mâchoires dures, aigües et tranchantes avec lesquelles la chenille coupe sa nourriture.

Au-dessus de la bouche, à la lèvre inférieure, on remarque un petit trou par où sort la soie que file l'insecte et qu'on appelle la *filière*.

Quelques chenilles portent sur la partie antérieure de la tête deux petites cornes ou antennes.

De petites ouvertures oblongues en forme de boutonnières, se remarquent sur les deux côtés des chenilles. Ce sont les *stigmates*, organes de la respiration dans les insectes. Il y en a de chaque côté du corps, deux sur chaque anneaux à l'exception du second, du troisième et du dernier qui n'en portent pas.

Les chenilles, avons-nous dit, suivant les espèces, ont un nombre plus ou moins grand de pattes, mais la différence ne porte que sur les pattes membraneuses appelées *pattes intermédiaires*, placées entre les six premières écailleuses et les deux dernières postérieures.

Il y a des chenilles qui ont huit pattes intermédiaires attachées à quatre anneaux consécutifs ; quatre autres anneaux en sont dépourvus, savoir : deux entre la dernière paire de pattes écailleuses et la première paire de pattes intermédiaires ; et deux entre la dernière paire de pattes intermédiaires et la paire de pattes postérieures. On trouve cette distribution sur les espèces les plus grandes et les plus communes.

D'autres n'ont, de chaque côté, que trois pattes intermédiaires et quatorze pattes en tout. Elles ont trois anneaux de suite sans pattes, mais ces trois anneaux sont entre la dernière paire des écailleuses et la première des membraneuses, ou entre la troisième paire de pattes postérieures et la dernière de pattes intermédiaires.

Certaines chenilles à quatorze pattes réclament une attention particulière : Les deux pattes postérieures leur manquent, mais le derrière se termine souvent par deux longues cornes ayant quelque ressemblance avec celles des limaçons et que la chenille ne fait sortir de ces étuis que quand il lui plaît.

On ne compte dans plusieurs espèces, que quatre pattes intermédiaires ou douze pattes en tout ; d'autres n'ont que dix pattes et seulement deux intermédiaires. Les unes ont quatre et les autres cinq anneaux de suite dépourvus de pattes, et ces anneaux sont placés entre les pattes écailleuses et les pattes membraneuses. Ces chenilles ont une démarche très différente des autres.

Les chenilles pourvues de huit pattes intermédiaires portent, en effet, leur corps parallèllement au plan sur lequel elles le font avancer, tandis que la distribution des pattes des autres espèces les oblige à marcher tout différemment.

Entre les deux sortes de pattes se trouve une étendue de quatre ou cinq anneaux privée de point d'appui. Si une de ces chenilles se détermine à marcher, elle commence par courber en arc la partie qui n'a point de pattes ; elle en élève le milieu, courbe cette partie de plus en plus jusqu'à ce qu'elle ait apporté les deux pattes intermédiaires entre les dernières pattes écailleuses. Alors elle cramponne les pattes postérieures et n'a plus qu'à remettre en ligne droite les cinq anneaux qu'elle a courbés, et à porter sa tête en avant à une distance égale à la longueur des anneaux. Voilà le premier pas complet ; et, pour faire les autres, elle n'a qu'à répéter la même manœuvre. Cette sorte d'allure a fait nommer ces chenilles des *géomètres* ou *arpenteuses*, car elles semblent mesurer le chemin qu'elles parcourent.

La plupart de ces chenilles ne gonflent, ne contractent, n'allongent, ni ne raccourcissent leurs anneaux et ressemblent presque à un morceau de bois sec ; celles-là sont appelées *arpenteuses en bâton*. Leur corps long, roide, quelquefois couleur de bois, les fait souvent prendre pour un petit bâton. Les attitudes dans lesquelles elles se tiennent immobiles et qui suppose une force étonnante dans les muscles, aide encore à les faire méconnaître. Tantôt elles embrassent une petite tige ou le pétiole d'une feuille, avec les pattes postérieures ; le reste du corps élevé verticalement demeure roide et immobile pendant des heures entières. Tantôt elles soutiennent leur corps dans une infinité d'autres attitudes qui demandent incomparablement plus de force : On en voit qui ont le corps en l'air dans toutes les positions qui se trouvent entre la verticale et l'horizontale. Elles soutiennent de même leur corps immobile après lui avoir fait prendre diverses courbures tout à fait bizarres.

Les muscles qui ont soutenu les chenilles dans ces attitudes singulières les y maintiennent encore après leur mort, car on en trouve de mortes dans toutes les positions que nous venons d'indiquer.

Enfin, il y a des chenilles qui n'ont que huit pattes en tout : les six écailleuses et les deux postérieures ; celles-là sont les plus petites de toutes. La plupart appartiennent aux *teignes* qui se logent dans des fourreaux qu'elles se forment de différentes matières, ou dans l'intérieur des feuilles, des fleurs et d'autres substances ; les pattes intermédiaires leur seraient donc inutiles.

Si la différence entre le nombre des pattes membraneuses des chenilles offre une particularité remarquable, celle qui résulte de la différence de leur taille n'est pas moins curieuse. Il suffit, pour en être convaincu, de rapprocher, par exemple, d'une larve de teigne, la larve du sphinx tête de mort.

La grandeur de la chenille est prodigieuse par rapport à l'œuf et à la larve naissante. Quelques jours suffisent pour qu'une chenille de quelques millimètres atteigne une longueur de cinq ou six centimètres. On a calculé qu'il fallait 36,000 œufs pour équilibrer le poids d'une chenille.

Les chenilles dont l'extérieur est le plus simple, sont appelées *chenilles rases*. Il en est dont la peau est si transparente qu'elle laisse apercevoir une partie de l'intérieur de l'animal ; d'autres ont la peau plus épaisse et plus opaque : parmi celles-ci, les unes sont lisses et luisantes comme si elles étaient vernies, d'autres sont mates.

On voit sur le corps des chenilles toutes les couleurs qui nous sont connues, et une infinité de nuances dont il serait difficile de trouver des exemples ailleurs. Les unes sont d'une seule couleur, les autres ont une parure composée de plusieurs teintes vives et tranchées. Tantôt ce sont des raies longitudinales, tantôt des bandes qui suivent le contour des anneaux. Ou bien encore, ce sont des ondes, des taches régulières ou irrégulières, des points, des zébrures qu'il n'est pas facile de décrire en général.

La peau de la plupart des chenilles rases est douce au toucher ; mais, il en est dont la peau est hérissée d'une infinité de petits grains serrés qui font, sous le doigt, la même impression que du chagrin et qu'on appelle *chenilles chagrinées*. Observés à la loupe, ces points sont comme de petits mamelons partant d'une base circulaire.

Plusieurs chenilles chagrinées sont encore plus remarquables par une corne, courbée en arc, qu'elles portent sur le onzième anneau ; et qui, avec la loupe, paraît parsemé de petites éminences épineuses. La figure et la direction de cette corne ont fait supposer qu'elle était une arme défensive ou offensive bien que l'observation n'ait jamais rien démontré à l'appui de cette hypothèse.

On considère encore comme des chenilles rases celles qui portent des tubercules arrondis, distribués régulièrement sur chaque anneau, les uns au-dessus des autres. Plusieurs des grosses espèces de chenilles, de celles qui donnent les plus beaux papillons, en sont pourvues. Ces tubercules constituent souvent un magnifique ornement : les uns, d'un très beau bleu se détachent sur une peau brune, d'autres de couleur turquoise tranchent sur une robe jaunâtre. Des chenilles vert tendre portent des tubercules brillants couleur de chair vive. Des poils partent de chaque tubercule mais en petit nombre, et sont trop courts pour empêcher ces insectes d'être classés parmi les chenilles rases.

Les chenilles hérissées de poils gros, durs, semblables à des épines, sont nommées *chenilles épineuses*. Ces gros poils, assez durs pour être piquants, ressemblent par leur forme, aux épines des plantes.

Certaines de ces épines sont simples depuis leur base jusqu'à leur sommet ; il en est qui sont formées d'une tige principale d'où partent divers poils longs et fins ; d'autres sont composées ou branchues ; on en trouve qui se divisent pour former une fourche. Les figures, les couleurs, les grandeurs, la quantité des épines varient suivant les différentes espèces de chenilles épineuses.

Les chenilles les plus communes sont les *chenilles velues*. La quantité, la longueur, la disposition de leurs poils peuvent servir à les distinguer les unes des autres.

Il y a des chenilles *demi-velues* qui n'ont que quelques parties du corps chargées de poils, tandis que d'autres parties sont à découvert.

Parmi celles qui sont entièrement velues, c'est-à-dire qui ont au moins quelques touffes de poils sur chaque anneau, on distingue les espèces à poils courts ou à poils ras.

Les *chenilles-cloportes* qui doivent leur nom a leur corps court et aplati ont les poils peu développés, durs, rangés les uns près des autres.

Les *chenilles veloutées* ont leurs poils plus doux et encore plus pressés les uns contre les autres.

On nomme *veloutées à poils longs* celle dont la fourrure cache entièrement la peau.

Sur beaucoup d'espèces, les poils paraissent disposés par paquets, par houppes, par aigrettes ; pour peu qu'on les considère, on remarque que les touffes de poils portent des tubercules arrondis, alignés suivant la longueur du corps et la courbure de la partie supérieure de chaque anneau.

L'arrangement des poils apporte des distinctions très sensibles entre les chenilles velues. Il y en a qui ont sur le dos des houppes qui ressemblent parfaitement à des brosses et qui, pour cette raison, sont appelées *chenilles à brosses* : Les unes ont trois, les autres quatre, cinq de ces brosses placées sur différents anneaux.

Parmi les chenilles à brosses, il y en a qui ont sur leur premier anneau et qui paraissent porter sur leur tête, deux aigrettes dirigées comme la plupart des antennes des insectes. Ce ne sont pas de simples poils, mais bien de vraies plumes qui forment ces aigrettes. Ces mêmes chenilles ont une troisième aigrette posée sur le onzième anneau et dirigée comme les cornes de certaines chenilles rases.

Les différentes couleurs des poils peuvent encore servir à faire distinguer les espèces de chenilles ; chez quelques-unes ils sont tous de la même couleur, chez d'autres ils sont très variés et mêlés agréablement. Il y en a de blancs, de noirs, de bruns, de jaunes, de bleus, de verts, de rouges, en un mot de toutes les nuances. Quelques chenilles ont leurs brosses du plus beau jaune, d'autres les ont blanches, d'autres roses, d'autres de toutes ces couleurs réunies.

Certaine belle chenille rase a une espèce de corne charnue, fort singulière, qui sort de la jonction du premier anneau avec le col. Elle a la forme d'un Y : deux branches partent d'une tige commune. Ces branches et la tige qui les porte, semblables aux cornes du limaçon, rentrent ou sortent au gré de la chenille.

Les différentes formes du corps des chenilles fournissent encore des moyens de distinguer les espèces. Les unes ont la partie antérieure plus déliée que la postérieure ; d'autres, au contraire, ont la partie postérieure moins épaisse que l'antérieure ; et, tandis que le corps du plus grand nombre est à peu près égal dans toute son étendue, il en est quelques-unes qui portent une espèce de fourche à leur extrémité postérieure.

CHAPITRE DEUXIÈME

Manière de vivre des chenilles

§ I

La manière de vivre des chenilles est presque aussi variée que les espèces. Il en est qui aiment à vivre seules dans les retraites qu'elles choisissent; d'autres se plaisent ensemble et forment des sociétés. On trouve des espèces qui vivent dans la terre, dans l'intérieur des plantes, dans les troncs d'arbres, dans les racines; d'autres en plus grand nombre se plaisent sur les feuilles des arbres et des plantes, à portée des aliments qui leur sont nécessaires. Quand elles veulent se garantir des injures du temps, elles n'ont d'autres précautions à prendre que de se cacher sous les feuilles, sous les branches, jusqu'à ce qu'elles puissent reparaître sans danger.

Quelques-unes, pour se mettre en sûreté, roulent des feuilles et se retirent dans la cavité formée par les plis; d'autres, d'une très petite espèce, habitent et vivent dans l'intérieur même de la feuille qu'elles suivent, et où elles ne sont point aperçues des ennemis qu'elles ont à craindre. Enfin, il en est qui se forment une maisonnette en forme de tuyau; ce fourreau les rend invisibles et les accompagne partout.

La première loi que la nature impose à tous les êtres, c'est celle de vivre. Les chenilles dès qu'elles naissent, sont pourvues des moyens nécessaires pour assurer leur existence. Cessons donc de nous étonner si ces êtres infimes, dont la multiplication est si prodigieuse et l'accroissement si prompt, exercent tant de ravages et constituent un véritable fléau pour nos vergers, nos jardins, nos bois et nos forêts. Il n'existe guère de plantes que les chenilles n'attaquent et ne dépouillent.

Elles sont si nombreuses, pendant certaines années, que très peu de végétaux échappent à leur dent vorace. En rongeant les feuilles des arbres, elles les réduisent dans un état aussi triste que celui où nous les voyons pendant l'hiver ; souvent même, après avoir dépouillé un arbre, elles attendent la seconde pousse pour se repaître des bourgeons.

Parmi les animaux de la plus grande taille, il n'en existe aucun d'une voracité comparable à celle des chenilles. Chacune d'elles, dans l'espace de vingt-quatre heures, mange un poids de feuilles égal à celui de son corps et quelquefois le double. Mais, on est si accoutumé à voir les chenilles vivre d'herbes et de feuilles, que lorsqu'on trouve des arbres criblés de trous, quand on les voit sécher sur pied, se rompre, se renverser sur le sol, on ne s'avise guère de penser que ce soit là l'ouvrage de ces insectes.

S'il est vrai que chaque plante nourrit une espèce particulière de chenilles, il n'est guère de ces insectes qui, cependant, ne s'attaquent à plusieurs espèces de végétaux. Il en est qui vivent indifféremment sur le chêne, l'orme, l'épine, le poirier, le prunier, le pêcher, etc... ; d'autres dévorent également les feuilles de la mauve, celles du soleil (hélianthe), de la pimprenelle, de la giroflée, des oreilles d'ours, de la lavande, et toutes sortes de plantes potagères.

Il est certain, cependant, qu'en général il n'y a qu'un certain nombre de végétaux analogues qui conviennent à chaque espèce de chenilles ; et, c'est fort heureux qu'il en soit ainsi. Que deviendraient, en effet, nos moissons, si les chenilles qui ravagent les bois pouvaient de même se nourrir de blé vert ?

Les diverses substances qui leur servent d'aliments nous les présentent sous les divers aspects qui leur sont propres et doivent nous servir de guide pour distinguer les espèces entre elles. Une chenille de même forme et de même couleur, sur un chêne et sur un chou, doit nous faire soupçonner que nous avons affaire à deux espèces différentes.

Si la plupart des chenilles vivent sur les arbres et sur les plantes au détriment des feuilles, il en est qui rongent les fleurs et d'autres qui n'épargnent ni les fruits, ni les racines. Mais il en existe encore un grand nombre d'espèces qui cherchent leur nourriture et un abri dans l'intérieur même des différentes parties des végétaux.

La peau de ces dernières est rase, transparente, et se dessècherait promptement si elle était exposée à l'action de l'air ; aussi elles se cachent soigneusement dans leurs retraites obscures.

Les unes se tiennent dans l'intérieur des tiges, et la sciure qu'on voit sortir par un trou dont l'ouverture est à la surface de l'écorce avertit qu'il y a là un insecte qui ronge et hache les fibres intérieures.

Les fruits les plus succulents et les plus doux ne croissent pas pour nous seuls : un grand nombre d'insectes les partagent avec nous. Des poires, des pommes, des prunes, arrivées à maturité avant les autres fruits de même espèce tombent en abondance sous les arbres de nos jardins : Ces fruits précoces ne sont tombés que parce que des insectes se sont développés dans leur intérieur.

Les récoltes les plus importantes, celles qui sont la base de notre alimentation, ne sont pas en sûreté après la récolte. Qui ne sait que nos blés de toutes espèces, froments, seigles, orges, sont quelquefois entièrement dévorés dans nos greniers ?

Tous nos fruits ne sont pas attaqués par les chenilles; il y a des espèces qui ne sont que rarement maltraitées et d'autres qui sont absolument épargnées. Il ne serait pas plus facile de donner la raison de cette exception que de dire, par exemple, pourquoi les feuilles de chou sont plus souvent dévorées que celles du poireau, pourquoi le chêne est plus fréquemment attaqué que le tilleul.

La prune est très sujette à être *véreuse*, tandis que l'abricot et la pêche ne contiennent ni chenilles, ni larves d'aucune sorte.

Les papillons ne jettent pas leurs œufs à l'aventure; il les déposent toujours dans les endroits où les petites chenilles trouveront en naissant la nourriture qui leur convient.

Aussi, les papillons dont les chenilles doivent se nourrir de fruits collent leurs œufs sur ces fruits, souvent si jeunes que les pétales de la fleur ne sont pas encore tombées; c'est quelquefois entre ces pétales mêmes qu'ils les placent, à proximité du pistil qui fait partie de l'embryon du fruit. Dès leur naissance, les chenilles se trouvent sur un fruit tendre qu'elles percent aisément; elles s'introduisent dans son intérieur; et, bien à l'abri, elles se trouvent placées commodément au milieu de l'élément qu'elles préfèrent. Souvent, l'endroit par où elles sont entrées se referme, de sorte qu'il est peu à près impossible de retrouver le petit trou qui leur a donné passage.

Les petites chenilles qui vivent dans les gousses ne cherchent point à se cacher dans le fruit qu'elles mangent, tandis que celles qui vivent dans les fruits qui ne sont pas protégés par des gousses se tiennent toujours dans l'intérieur du fruit.

Nous ferons, en passant, une remarque assez curieuse, c'est que, dans chaque fruit, on ne trouve presque jamais qu'une chenille. Quand un fruit renferme deux habitants, l'un est ordinairement une chenille ou lépidoptère et l'autre un *ver*, c'est-à-dire une larve d'un autre insecte.

Il y a des petites chenilles qui se logent dans les grains : Des tas de froment et d'orge peuvent en être remplis sans qu'on en aperçoive une seule. Les grains dans lesquels elles se trouvent ne sont aucunement différents des autres, à l'extérieur, parce qu'elles ont ménagé l'écorce. Mais qu'on presse différents grains entre les doigts, on distinguera facilement ceux qui sont habités de ceux

qui sont intacts. On reconnaîtra même, avec un peu d'habitude,
l'âge de la chenille qui est dans le grain. Si le grain cède de
toutes parts sous le doigt qui le presse, il renferme une chenille
qui a pris tout son accroissement, ou la chrysalide de cette chenille. S'il y a seulement quelque partie qui fléchisse, la chenille
n'a pas mangé toute la substance intérieure ; son développement
n'est pas complet.

Un grain de froment ou d'orge contient la juste provision
d'aliments nécessaires pour faire vivre et croître la chenille
depuis sa naissance, jusqu'à sa transformation.

Si l'on écrase un grain qui renferme nne chenille prête à se
métamorphoser, on voit qu'il ne reste plus que l'écorce ; toute
la substance farineuse a été mangée. Dans la cavité qu'occupe
l'insecte, et qui est le plus vaste logement qu'il ait eu de sa vie,
on trouve quelques petits grains bruns ou jaunâtres qui sont les
excréments.

Le moment de la journée où les chenilles prennent leurs aliments peut encore aider à distinguer les espèces. Il y en a qui
mangent à toutes les heures du jour ; d'autres qui ne mangent
que le matin et le soir et qui se tiennent tranquilles pendant
la grande chaleur ; d'autres enfin qui ne mangent que pendant la
nuit.

Ainsi, parmi les chenilles rases, les plus difficiles à classer, le
chou en nourrit de brunes tout à fait semblables à des chenilles
brunes d'autres plantes : il en nourrit aussi de vertes de différentes espèces entre lesquelles on n'aperçoit pas de différences
bien sensibles ; mais il y a de ces chenilles brunes et de ces chenilles vertes qui ont une manière de vivre propre à les faire
distinguer. Elles abandonnent le chou dès le matin pour se cacher
dans la terre et y rester pendant le jour. Elles ne sortent de
leur retraite que le soir, et ne rongent les feuilles que pendant
la nuit.

Aussi le jardinier qui veut les détruire ou le naturaliste qui
veut les observer ne doivent les chercher qu'à la lumière d'une
chandelle, pendant l'obscurité.

Beaucoup d'espèces se cachent à certains moments de la nuit et du jour et ne peuvent être découvertes qu'au moment de leur sortie.

Chaque espèce a également une manière d'agir qui lui est propre quand on veut s'en emparer. Les unes se roulent en anneau et restent immobiles comme si elles étaient mortes ; celles qui sont velues prennent ainsi la forme d'un hérisson ; d'autres se laissent tomber dès qu'on touche la feuille qui les porte ; il en est qui cherchent à se sauver par la fuite avec une vitesse dont on les aurait crues incapables. Celles-ci fixent la moitié de leur corps et agitent l'autre dans tous les sens comme pour frapper leur agresseur ; celles-là font prendre à leur corps des inflexions semblables à celles du serpent.

Quoique les chenilles, en général, soient le fléau des végétaux, il faut avouer qu'elles ne sont pas toutes également nuisibles ; certaines espèces sont si petites et si peu multipliées qu'on peut regarder comme nuls les dégâts qu'elles commettent ; d'autres vivent sur certaines plantes que nous sommes peu intéressés à conserver.

Malheureusement, nous avons si fort à nous plaindre du plus grand nombre ; elles causent tant de dommages à nos récoltes que notre haine s'étend à tout ce qui porte le nom de chenille, et que nous ne désirons les connaître qu'afin de les détruire et de nous venger plus facilement de tout le mal qu'elles nous ont fait.

Mais les ravages exercés par les chenilles ne sont pas les seuls préventions contre elles : pendant longtemps on a cru qu'elles étaient venimeuses. C'est une erreur qui n'a d'autre fondement que le préjugé et l'horreur qu'inspirent ces insectes aux personnes qui les redoutent.

Les oiseaux et les volailles dévorent les chenilles ; ils en font de très bons repas et n'en sont pas incommodés ; on a vu des enfants manger des vers à soie sans en ressentir la moindre indisposition.

Il y a, il est vrai, de grosses chenilles dont l'attouchement fait naître, sur la peau, des boutons qui excitent des démangeaisons ; mais ces boutons sont dûs aux poils qui s'implantent dans les pores de la peau et y produisent des sensations analogues à celles occasionnées par l'attouchement des orties. Jamais une chenille rase n'a produit ces effets.

Cependant, lorsque dépouillé de toute espèce de préjugé et de crainte, animé du désir de connaître la nature dans tous ses ouvrages, nous portons nos regards sur les chenilles, nous examinons leurs habitudes et leur industrie, nous sommes tentés d'oublier le mal qu'elles font pour payer un juste tribut d'admiration à celui qui les a créées

Nous ne nous étonnons plus, dès lors, qu'elles aient pu fixer l'attention des observateurs les plus profonds et des esprits les plus perspicaces qui se sont efforcés de justifier l'intérêt qu'elles inspirent.

§ II

L'auteur de la nature a donné aux divers animaux des moyens différents pour se mettre à l'abri de la saison rigoureuse. Dès que l'hiver commence, l'ours se fait une demeure dans quelque cavité de la montagne ; dans cette espèce de tanière, il brave le froid sans prendre de nourriture. Beaucoup d'autres animaux passent l'hiver engourdis dans les différentes retraites qu'ils se sont choisies ou qu'ils se sont fabriquées. Les oiseaux de passage, quand le froid se fait sentir, savent le braver en se transportant dans des climats plus doux.

Nous allons examiner les moyens employés par les chenilles pour se soustraire aux rigueurs de l'hiver qui doit être, pour elles, bien plus redoutable.

Toutes les espèces ne survivent pas au froid d'une même manière et dans un même état : quatre moyens différents sont employés par la nature pour assurer leur conservation : Il en est qui passent l'hiver sous la forme ou sous l'enveloppe des œufs, d'autres sous la forme de chenilles, d'autres sous celles de chrysalides, et d'autres enfin dans l'état de papillons. Nous allons passer en revue ces quatre divisions.

Lorsque l'hiver commence à dépouiller les arbres de leurs feuilles, la nature semble avoir perdu ses insectes. Mais, dès que les bourgeons commencent à poindre, nos campagnes se repeuplent, et des chenilles de toutes espèces rongent les feuilles avant même qu'elles se soient développées.

La Providence a tout admirablement combiné; et la chaleur nécessaire pour faire croître les petites chenilles dans leurs œufs et les faire éclore, est la même qui est indispensable pour faire pousser les feuilles des arbres et des plantes propres à les nourrir. Quand elles ont acquis la force de briser leur coque et d'en sortir, elles trouvent à leur portée les aliments que leurs besoins leur font rechercher.

Après avoir vécu une partie de l'été au détriment des végétaux, ces chenilles se transforment en chrysalides, dont sortent des papillons au bout de quelques semaines. Les diverses métamorphoses sont accomplies avant la fin d'automne; et bientôt les papillons femelles pondent les œufs nécessaires pour assurer la postérité de l'année suivante; après quoi mâle et femelle, ayant accompli leur mission, ne tardent pas à mourir.

Mais les œufs sont destinés à passer l'hiver et à résister aux rigueurs de la saison; c'est pourquoi les papillons les ont déposés dans des endroits convenables à cette fin. Du reste, leur coque est disposés de manière à empêcher le froid de détruire les embryons qu'ils renferment.

Quelques espèces savent couvrir leurs œufs d'une épaisse couche de poils qui constitue une chaude enveloppe préservatrice.

Il est d'autres chenilles qui vivent sous cette forme jusqu'au commencement de l'été après quoi elles se transforment en chrysalides dont les papillons sortent au plus tard, au commencement de l'automne. Bientôt les femelles pondent et la température aidant, les petites chenilles ne tardent pas à s'échapper des œufs. Les feuilles des plantes n'étant pas encore disparues, ces chenilles s'en nourrissent aussi longtemps que la saison le permet, et certaines espèces parviennent avant l'hiver, environ à la moitié de leur grandeur. D'autres, qui sortent plus tard de leurs œufs, ne croissent que fort peu avant l'hiver. Cette différence est plus ou moins accentuée suivant les espèces.

Quand l'hiver est venu, chaque espèce emploie les moyens qui lui sont propres pour se mettre à l'abri du froid. Au printemps suivant quand les arbres se couvrent de feuilles nouvelles, nos petites chenilles quittent leur asile et vont chercher leur nourriture. C'est ainsi qu'au commencement de la belle saison on serait étonné de les voir si grandes si l'on ne se rappelait qu'elles avaient déjà pris, avant l'hiver, une partie de leur accroissement.

Les retraites que ces chenilles se choisissent, ou se fabriquent elles-mêmes avec beaucoup d'industrie, sont très variées.

Celles qui vivent solitaires se cachent simplement sous des pierres, sous des feuilles sèches, sous l'écorce des arbres, ou se retirent dans la terre à une profondeur que le trop grand froid ne puisse atteindre.

Les chenilles qui doivent passer l'hiver en société se font des espèces de nids très remarquables, construits de feuilles liées ensemble avec de la soie, au sommet des arbres et sur les branches ; elles habitent l'intérieur de ce gros paquet de feuilles où elles sont parfaitement à l'abri du froid. Beaucoup se servent de cette industrie.

Les chenilles qui passent l'hiver sous la forme de chrysalides sont les plus nombreuses. Elles vivent à l'état de larves une grande partie de la belle saison. Vers la fin de l'été, ou au commencement de l'automne, les unes plus tôt, les autres plus tard, suivant les espèces, elles cessent de manger et se préparent à la transformation. Un grand nombre entre alors dans la terre pour y prendre la forme de chrysalides ; d'autres cherchent des retraites dans les trous des vieux murs ou des arbres, sous les pierres, dans les herbes sèches, dans les haies, etc., il en est qui se font des coques de soie ou d'autres matières étrangères qui les garantissent contre les dangers de l'hiver. Il y en a qui n'ont pas besoin d'être couvertes : C'est à l'air libre qu'elles prennent la forme de chrysalides, et elles résistent parfaitement au froid. Les papillons de ces chenilles ne sortent ordinairement qu'au printemps ou au commencement de l'été.

Enfin, il y a des chenilles qui survivent sous la forme de papillons. Après avoir vécu à l'état de larves une partie du printemps et de l'été, elles se transforment en chrysalides, et, avant la fin de la belle saison, les papillons prennent leur essor, on les voit voler dans les jardins et dans les champs aussi longtemps que la température le leur permet. A l'approche de la rude saison, ils vont se cacher dans les cavités des arbres, dans les trous des vieilles murailles, dans les greniers, dans les maisons même ; là, ils passent l'hiver en sûreté, et le froid n'en fait mourir que quelques-uns.

Aux premiers beaux jours de l'année suivante, ils abandonnent leur quartier d'hiver et vont voltiger dans la campagne ; on les y voit dès que l'air est un peu échauffé par les rayons du soleil. Alors, ils pondent sur les feuilles des plantes et des arbres qui doivent servir à la nourriture des petites chenilles ; et, grâce à la température printanière, ces petites chenilles ne tardent guère à sortir des œufs.

CHAPITRE TROISIÈME

Habitudes industrieuses des chenilles

§ I

Les sociétés proprement dites ne doivent leur origine à aucune circonstance étrangère ; elles relèvent uniquement de la nature.

Les membres qui les composent sont unis par un lien qui subsiste jusqu'à la mort de l'animal, ou du moins pendant une grande partie de sa vie. Ce lien, c'est la propre conservation de l'individu ou de sa famille. C'est pour cette grande fin que les différentes sortes d'animaux sociables ont été instruits à travailler en commun à des ouvrages si dignes d'être admirés.

Les sociétés proprement dites peuvent être divisées en deux classes. La première comprend celles dont la fin principale se borne à la conservation des individus ; la seconde, celles qui ont pour but la conservation des individus et l'éducation des petits.

Plusieurs espèces de chenilles et certaines espèces de larves appartiennent à la première catégorie ; les fourmis, les guêpes, les abeilles, etc., appartiennent à la seconde classe.

On pourrait croire, tout d'abord, que les sociétés de chenilles doivent leur origine à cette circonstance que les individus qui les composent proviennent d'œufs déposés les uns auprès des autres. Cette hypothèse tombe d'elle-même puisque beaucoup d'espèces de chenilles qui naissent les unes auprès des autres ne travaillent cependant point de concert aux mêmes ouvrages ; des individus de quantités d'autres espèces se dispersent après leur naissance pour ne se réunir jamais.

Comme les chenilles ne multiplient point par elles-mêmes, et qu'elles proviennent d'un papillon, il ne pourrait s'agir, dans leur société, de l'éducation des petits : Leur propre conservation est l'unique fin de leur travail.

Il règne parmi elles la plus parfaite égalité : on n'y rencontre nulle distinction de sexe, et presque nulle distinction de grandeur. Toutes se ressemblent, toutes ont la même part aux travaux, toutes ne composent qu'une seule famille, issue de la même mère.

Les chenilles qui vivent ensemble proviennent toutes des œufs d'un même papillon qui ont été déposés les uns auprès des autres, ou même entassés les uns sur les autres, pour former une espèce de nid, et cela dans un intervalle de peu de jours.

Les petites chenilles éclosent presque toutes le même jour ; en naissant, elles se trouvent ensemble, et elles continuent d'y vivre autant que leur instinct le leur prescrit. Ces sociétés de frères et de sœurs sont assez nombreuses, quelquefois, pour composer une petite république de six ou sept cents chenilles, mais très fréquemment de deux ou trois cents.

Les unes ne se séparent que lorsqu'elles sortent de leur dernière dépouille de chrysalides, et forment, en quelque sorte, des sociétés à vie ; les autres ne vivent ensemble que jusqu'à ce qu'elles soient parvenues à une certaine grandeur et ne forment que des sociétés temporaires. Nous trouvons ces dernières parmi les espèces les plus répandues et que nous sommes plus intéressés à connaître.

§ I.

La chenille nommée *commune*, parce qu'elle est au nombre de celles qu'on rencontre le plus fréquemment, est trop connue par ses dégâts pour qu'on ne cherche pas aussi à la faire connaître par les habitudes qui lui sont propres.

Cette chenille velue, de grandeur moyenne, est pourvue de seize pattes. A la vue simple, on ne distingue point l'arrangement de ses poils roux ; la couleur de son corps est brune ; elle porte, de chaque côté, deux lignes de taches blanches formées par des poils très courts. Sur le milieu du dos sont disposées de petites taches rougeâtres. L'anneau auquel est attachée la dernière paire de pattes membraneuses et le suivant, sont surmontés sur leur milieu d'un mamelon rouge, charnu, et dépourvu de poils.

Le papillon d'où naissent ces chenilles est blanc et de grandeur moyenne : la femelle fait sa ponte quinze jours ou trois semaines après qu'elle a quitté sa dépouille de chrysalide. C'est vers le milieu de l'été qu'elle dépose ses œufs sur une feuille ; elle les enveloppe d'une espèce de soie jaune formée de poils qui sont à l'extrémité de son corps. De chacun de ces œufs, dont le nombre est d'environ trois ou quatre cents, sortent de très petites chenilles qui, loin de se disperser sur les feuilles voisines, demeurent toutes rassemblées sur la feuille qui leur a servi de berceau. A peine écloses, elles se mettent à manger et à filer de concert : Le même esprit de société et de travail les unit.

Elles se construisent un nid où elles se retirent pendant la nuit, et qui doit aussi leur servir de retraite pendant le mauvais temps et surtout pendant l'hiver dont elles supportent la rigueur sans périr. Elles sortent aux premiers jours du printemps pour aller ronger les feuilles naissantes.

Les chenilles communes sortent des œufs quinze jours environ après qu'ils ont été pondus : Elles naissent ordinairement dans la dernière quinzaine de juillet.

Le jour où les chenilles d'une nichée doivent éclore, on en voit, à chaque instant, qui séparent avec leur tête les poils dont le nid est couvert ; après être restées un instant en repos, elles marchent pour chercher leur nourriture.

Chaque tas d'œufs est appliqué sur le dessus de la feuille ; ils sont là plus exposés aux rayons du soleil dont la chaleur doit servir à les faire éclore ; et, comme les chenilles ne peuvent se nourrir du dessous de la feuille, elles trouvent à leur portée la nourriture qui leur convient.

Elles ne rongent qu'à peu près la moitié de l'épaisseur de la feuille et ne touchent pas aux nervures dont les fibres sont trop dures pour leurs petites dents qui n'ont pas encore eu le temps de s'affermir.

Dès qu'une chenille naissante s'est mise à ronger, elle a bientôt une compagne ; une autre qui vient de sortir du fond du nid se place côte à côte auprès d'elle, une troisième ne tarde pas à se placer auprès de cette seconde, etc. C'est ainsi que se forme un rang de petites chenilles, toutes placées parallèlement les unes aux autres, ayant toutes leur tête sur une ligne à peu près droite ; et ce rang est aussi long que le permet la largeur de la feuille.

Le premier rang étant rempli, la chenille qui vient ensuite en commence un second, en se mettant à la queue d'une des précédentes ; et, peu après, ce second rang est formé comme le premier ; un troisième se forme quand le second est complet ; de sorte qu'en peu de temps une feuille se trouve entièrement couverte de chenilles, excepté dans la partie que les premières ont laissée devant elles.

A mesure que celles du premier rang avancent pour ronger, toutes à peu près également, celles du second rang rongent l'endroit que viennent de quitter les premières. Par cette disposition, chaque rang qui suit le premier peut trouver à manger

sur une bande de la feuille égale à la longueur d'une file et ayant
pour largeur la longueur d'une chenille.

C'est un curieux spectacle de voir une feuille couverte de rangs
de chenilles toutes occupées à manger en même temps et dans
le plus grand ordre. Elles sont alors si petites qu'une feuille peut
en contenir un grand nombre, sans suffire pourtant à toutes celles
d'une nichée. Aussi, les premières sorties se dispersent sur les
feuilles les plus voisines ; et, pour se mettre plus à l'aise, elles
ne forment que deux ou trois rangs et même un seul ; quelquefois, les têtes des chenilles d'un rang sont placées sur une ligne
courbe.

A peine les premières chenilles ont-elles eu le temps de se
rassasier qu'elles se mettent à filer ; elles tirent des fils d'un des
bords de la feuille au bord opposé, en commençant près de la
pointe. Le côté de la feuille qui a été rongé s'est desséché ; la
feuille est devenue concave de sorte que les fils se trouvent élevés
au-dessus de son milieu. Bientôt, tous ces fils composent une
toile qui forme un voile étendu sur tout le dessus de la feuille ;
pendant qu'un grand nombre de chenilles travaillent à la fortifier en l'épaississant, d'autres rongent tranquillement, et à
couvert, ce qui reste du parenchyme. La toile s'épaissit de plus
en plus, devient opaque, et est alors extrêmement blanche. Elle
forme une tente au-dessus de laquelle les chenilles se mettent à
couvert, quand elles n'ont besoin ni de manger, ni de filer.

Il leur faut plusieurs de ces petits logements pour les contenir
toutes ; mais ce ne sont que des logements provisoires en attendant qu'elles soient en état de s'en procurer un plus spacieux où
elles habiteront toutes ensemble.

Elles commencent bientôt leur grand ouvrage, après avoir
rongé la moitié des feuilles qui sont près du bout de quelque
petite branche. Pour former ce nouvel édifice, elles tapissent
d'une toile de soie blanche une assez longue partie de la tige où
il doit reposer ; elles enveloppent aussi une ou deux feuilles les
plus rapprochées du bout de la branche ; ensuite, elles fabriquent
des toiles plus grandes dans lesquelles se trouvent enfermées les

feuilles et la tige, en ayant soin d'obliger les feuilles à se courber vers la tige. Elles sont presque toutes occupées en même temps à ce travail ; toutes, au moins, y prennent part successivement.

On ne voit que trop de ces nids de chenilles en automne, et mieux encore en hiver quand les arbres sont entièrement dépouillés de leurs feuilles. Ce sont de gros paquets de soie blanche et de feuilles, assez désagréables à l'œil.

A mesure que les jeunes chenilles prennent leur accroissement, elles étendent le logement principal qui se trouve divisé par des cloisons formant différents appartements habités chacun par un certain nombre de chenilles. Pour arriver à ce logement, elles ont laissé à chaque toile des trous ronds, bordés de soie, et qui sont de véritables portes.

Chaque nid se trouve donc composé de plusieurs enceintes de toiles, et chaque enceinte a ses portes. Ces nids composés d'un nombre prodigieux de fils sont très solides et résistent à toutes les attaques du vent et à toutes les injures de l'air; ils sont, pour les chenilles, une retraite assurée où elles ne manquent pas de se rendre dès qu'il vient à pleuvoir. Toutes les issues étant tournées vers le bas, la pluie glisse, sans y pénétrer, contre les parois du tissu soyeux.

Elles se renferment encore dans le nid quand le soleil est trop ardent, et pendant la nuit. Ce refuge leur est surtout nécessaire quand elles changent de peau ; aussi, on le trouve toujours rempli de vieilles dépouilles.

Après avoir travaillé à l'achèvement de l'édifice, les chenilles ne tardent pas à prolonger leur promenade, en ayant soin, toutefois, de ne pas dépasser la branche qui porte le nid. En marchant, elles tapissent leur chemin ; aussi remarque-t-on sur la surface de la branche des traces de soie au-delà desquelles elles ne pénètrent jamais.

Chaque matin, lorsque le soleil commence à darder ses rayons sur le nid, elles sortent en grand nombre et se promènent sur la toile ou le long de la branche ; elles vont pâturer, après quoi elles rentrent au nid ou se reposent à la surface. Elles se mettent ensuite à tirer de nouveaux fils qui en fortifient et en agrandissent de plus en plus l'enceinte. C'est un spectacle intéressant que de voir toutes ces chenilles aller et venir, les unes d'un côté les autres de l'autre, sans confusion, en se touchant doucement en passant comme font les fourmis quand elles se rencontrent.

Le son de la voix ou d'un instrument paraît leur être désagréable ; et pendant que l'on parle, on les voit agiter brusquement, à plusieurs reprises, la partie antérieure de leur corps.

Celui qui s'intéresse aux choses de la nature ne peut se lasser de les voir descendre en grand nombre la branche qui porte le nid, et s'arranger les unes à côté des autres, sur le dessus d'une feuille pour la fourrager. Toute sont rangées exactement sur une même ligne, ordinairement en arc de cercle, et si serrées les unes contre les autres qu'il n'y a pas de place entre deux chenilles pour en recevoir une troisième. Toutes les têtes regardent vers le haut de la feuille, et les dents de toutes travaillent en même temps.

§ III

Dès que les froids commencent à se faire sentir, nos chenilles se renferment toutes dans leur nid pour y passer l'hiver ; et cela quelquefois avant la fin de septembre ou au commencement d'octobre. Pendant toute la mauvaise saison, elles sont là immobiles, un peu recourbées en arc et couchées les unes auprès des autres.

Si on les retire du nid, elles semblent véritablement mortes et paraissent incapables de se donner aucun mouvement ; mais, si on les réchauffe un peu, elles se redressent et se mettent à marcher. Elles recommencent à sortir vers la fin de mars ou dans les premiers jours d'avril.

Le retour du printemps les ranime et les invite à aller ronger les feuilles naissantes. Comme leur nouveau réveil va encore nous intéresser !

A leur première sortie, elles s'arrangent les unes auprès des autres sur la surface extérieure du nid ; elles le couvrent entièrement d'un côté, et paraissent ne chercher d'abord qu'à respirer le grand air.

Le même jour, néanmoins, ou le jour suivant, elles vont chercher de la nourriture ; et, elles doivent avoir grand besoin d'en prendre après un jeûne qui a duré plus de six mois ! Car ne l'oublions pas, depuis le jour où elles se sont enfermées, elles ont absolument cessé de manger !

Pendant l'hiver, leur transpiration est presque nulle ; elles n'ont pas besoin d'aliments pour réparer ce qu'elles perdent par cette voie ; mais, l'air devenu plus chaud, elles transpirent davantage et elles éprouvent un pressant besoin de prendre de la nourriture.

Le premier ou le second jour de leur sortie, elles vont chercher les feuilles des environs ; elles les rongent ; alors les feuilles sont tendres et elles ne se bornent pas, comme en automne, à détacher le parenchyme de leur partie supérieure ; elles les percent d'outre en outre, n'épargnant que les plus grosses fibres. Enfin, à mesure que les feuilles deviennent plus fermes, les chenilles deviennent plus fortes et bientôt elles mangent indistinctement toutes les parties.

Ce n'est qu'au printemps qu'on remarque bien les désordres et les dégâts qu'elles commettent, parce qu'alors elles dépouillent absolument les arbres de leurs feuilles. Pourtant elles n'avaient fait guère moins de mal vers la fin de l'été ; mais les feuilles restant dans leur entier ce mal avait été mis sur le compte de la sécheresse.

Après avoir mangé, les chenilles reviennent au nid ; et, si l'air est doux, elles se placent sur la surface extérieure, les unes auprès des autres ; elles s'y tiennent en repos et comme immobiles. Mais lorsque l'air devient froid, ou que la pluie tombe abondamment, elles restent dans leur retraite.

20

Quand elles s'étaient renfermées, à la fin de l'automne, elles étaient extrêmement petites ; elles sont aussi petites au printemps, au moment de leur sortie ; mais alors, leur volume va croître rapidement.

Leur nid, plein de dépouilles et d'excréments, n'aurait plus assez de capacité pour les contenir ; plusieurs des entrées cessent même d'être proportionnées à la grosseur de leur corps. A mesure qu'elles grandissent, elles songent à augmenter l'enceinte de leur nid, et elles ajoutent tout autour de nouvelles toiles. Les espaces renfermés entre l'ancien nid et ces nouvelles toiles fournissent de nouveaux logements.

C'est dans ces nouveaux compartiments, dont elles augmentent le nombre suivant les besoins en filant de nouvelles toiles, qu'elles se rendent toutes les fois qu'elles veulent se tenir tranquilles, se mettre à l'abri des injures de l'air, ou enfin lorsqu'elles ont à changer de peau. Enfin, après plusieurs mues, le temps de leur dispersion arrive ; la société se dissout : chaque chenille tire de son côté et va passer le reste de sa vie dans la solitude.

Les nids sont alors complètement abandonnés ; et, si on les déchire, on ne rencontre dans leur intérieur que des dépouilles et des excréments. On y trouve aussi des insectes de diverses espèces qui s'en sont emparés.

§ IV

Les forêts de pins nourrissent des chenilles d'une autre espèce qui passent une grande partie de leur vie en société et qui paraissent dignes d'attention par la quantité et la qualité de la soie dont est fait le nid qu'elles habitent en commun. Ces nids, dont la soie est forte et blanche sont quelquefois aussi gros que la tête d'un homme.

Très communs dans les endroits où croissent les pins, ces chenilles de grandeur médiocre, ont seize pattes; leur peau noire en dessus est très velue; en dessous elle est couleur de feuilles mortes; leur tête est ronde et noire.

Ces chenilles vivent en société dans un nid que toute la famille a contribué à construire; elles s'y retirent pendant la nuit; dès qu'il fait jour, elles sortent pour se répandre sur l'arbre et en ronger les feuilles. Leur marche, quand elles sortent du nid ou qu'elles y rentrent, est la même que celles des chenilles qu'on a nommées *processionnaires*.

Toutes les chenilles du pin sorties des œufs d'un même papillon, travaillent de concert, comme les chenilles communes, à se faire un nid. Elles le construisent d'abord assez petit et en augmentent l'enceinte en filant de nouvelles toiles qui enveloppent de nouvelles feuilles. La figure de ces nids, qui n'a rien de constant ni de régulier, est toujours à peu près celle d'un cône renversé; tout leur intérieur est rempli de toiles dirigées en différents sens, formant différents logements qui communiquent entre eux comme ceux des chenilles communes. On remarque quelquefois dans le gros bout du nid une ouverture en forme d'entonnoir, d'environ un centimètre de diamètre, entourée de toiles plus épaisses que celles des autres endroits; c'est la grande entrée du nid; mais elle n'est pas seule, et on peut en observer plusieurs autres plus petites.

Dès que les chenilles commencent à sortir du nid, elles se répandent en grand nombre sur la toile qu'elles épaississent par de nouveaux fils; elles marchent fort vite et ne s'écartent un peu que pour aller butiner dans les environs. Quand elles veulent descendre, elles se servent d'un fil de soie très délié qui fait l'office d'une échelle pour remonter.

Ces chenilles marchent tantôt comme les chenilles à seize pattes, tantôt par petites secousses de tout le corps. Elles défilent en procession, les unes à la suite des autres, d'un pas égal et lent, et toujours dans le plus bel ordre. La file, souvent très longue, est continue : Tantôt la procession est en ligne droite, tantôt les chenilles tracent des courbes plus ou moins irrégulières qui imitent des festons ou des guirlandes. Quand plusieurs sociétés s'avoisinent et que les chenilles partent de différents nids, il en résulte une multitude de figures du plus curieux effet.

La chenille placée en tête de chaque file détermine les évolutions ; quand elle s'arrête toutes demeurent aussitôt immobiles.

Lorsque les premières chenilles d'une procession font halte, elles se rassemblent les unes auprès des autres et les unes sur les autres, en monceau, et se renferment dans une espèce de poche à claire-voie assez semblable à un filet à prendre les poissons ; cette poche devient en quelque sorte un second nid.

Lorsque les processionnaires reviennent au nid, c'est par la même route qu'elle ont suivie en s'éloignant. Souvent elles s'écartent beaucoup de leur domicile et par différents détours. Cependant elles savent toujours le retrouver. Ce n'est cependant pas la vue qui les dirige si sûrement dans leur marche ; la nature leur a donné un autre moyen de gagner leur gîte : Nous pavons nos chemins, nos chenilles tapissent les leurs ; elles ne marchent jamais que sur des tapis de soie.

Toutes les routes qui aboutissent à leurs nids se distinguent par des traces d'un blanc lustré ayant quatre ou cinq millimètres de largeur : C'est en suivant à la file ce fin ruban qu'elles retrouvent tous les détours quelque tortueux qu'ils soient. Si l'on rompt cette voie en passant le doigt sur la trace, on jette les chenilles dans le plus grand embarras. Elles s'arrêtent en cet endroit et donnent toutes les marques de la crainte et de la défiannce. La marche demeure suspendue jusqu'à ce qu'une chenilles plus hardie ou plus impatiente ait franchi le mauvais pas. Le fil qu'elle tend en traversant le passage suspect devient pour la suivante un pont sur lequel elle passe ; celle-ci tend en passant un autre fil ; une troisième en tend un autre, etc. et le chemin est bientôt réparé.

Lorsque les chenilles ont pris tout leur accroissement, vers mars, avril ou mai, suivant les climats, et que le temps de leur métamorphose approche, elles abandonnent leurs nids, se séparent, et vont se construire, dans la terre, des coques de pure soie dans lesquelles s'opère la tranformation.

Il faut se défier des poils de ces chenilles : Quand on les touche, on éprouve au bout de quelque temps une sorte d'engourdissement dans les doigts, puis des démangeaisons bientôt suivie d'enflure.

§ V

La *chenitle à livrée* (bombyx neustria) est ainsi nommée à cause des bandes longitudinales de diverses couleurs qui ornent son corps et le font ressembler à un petit ruban multicolore. Il existe sur son dos, dans toute la longueur, un petit filet blanc, accompagné de chaque côté d'une bande bleue bordée de part et d'autre d'un cordonnet rougeâtre ; la tête et la partie supérieure sont bleuâtres.

Très commune dans les jardins et les vergers, cette chenille s'attaque particulièrement aux feuilles et aux arbres fruitiers. Il y a des années où elle est si commune qu'elle dépouille de leur feuillage tous les arbres sur lesquels elle s'établit. On a donc le plus grand intérêt à rechercher les couvées de ces insectes, pour les détruire, quand il en est encore temps.

On peut remarquer, autour des jeunes branches d'arbres, des anneaux de cinq à huit millimètres de largeur formés par des petits grains : Ce sont les œufs du bombyx que la femelle a déposés en les arrangeant en spirale, quelquefois au nombre de deux à trois cents. Ils passent facilement l'hiver sans que le froid détruise le germe qu'ils contiennent ; au printemps, tous ces œufs éclosent et il en sort des chenilles qui pendant leur enfance vivent en société.

Elles filent en commun une toile qui leur sert de tente, et sous laquelle elles ont soin de faire entrer quelques feuilles pour

se nourrir. Dès que la provision est épuisée, la famille se trans-
porte à un autre endroit de l'arbre ; là elles disposent une nouvelle tente enveloppant, comme la première, une certaine
quantité de feuilles. Ce petit manège, qui dure assez lontemps,
suffit pour dépouiller complètement un arbre quand il est habité
par deux ou trois familles de *livrées*.

Quand les chenilles ont acquis leur accroissement, elles se
dispersent pour aller filer leur cocon.

C'est vers le mois d'avril que naissent les premières *livrées*.
Chaque œuf qui est sur le contour extérieur du bracelet, de la
bague, a une sorte de petit couvercle. Quand la chenille enfermée dans l'œuf est devenue assez forte, elle perce le couvercle
avec une de ses dents ; et le trou ne laisse sortir au dehors que
la pointe de la dent ; mais dès que le passage est ouvert, le petit
animal est en état de travailler à l'agrandir pour y faire passer
tout son corps. Ce n'est quelquefois, qu'après une matinée de
travail qu'il parvient à pratiquer une ouverture dont le diamètre
est égal à celui de sa tête.

Les chenilles se posent sur les branches et s'y tiennent tranquilles les unes auprès des autres. Leurs poils, qui étaient pressés
et couchés, pendant qu'elles étaient dans l'œuf, se redressent et
sont relativement très longs. Celles qui sont nées le matin vont
chercher leur nourriture dès l'après-midi du même jour. Elles
attaquent les feuilles les plus tardives et faute de feuilles n'épargnent pas les fleurs. On les voit se disperser avec beaucoup
moins d'ordre que les chenilles communes.

A peine les chenilles à livrée ont-elles cesser de manger
qu'elles s'occupent à filer, et travaillent de concert à des toiles
qu'elles étendent et qu'elles attachent aux angles d'où partent les
rejetons qui leur donnent des feuilles.

Vues à une petite distance, ces petites chenilles paraissent
dorées ; mais, quand on les observe de plus près, on reconnaît
que leur couleur n'est qu'un beau jaune, très vif.

Pendant la nuit, elles se tiennent dans l'intérieur du nid, et
se rendent à sa surface pendant le jour en s'arrangeant les unes

au-dessus des autres. S'il pleut, elles se retirent sous la surface opposée. Pendant le temps du repos, surtout lorsqu'il fait chaud, elles donnent en l'air, à droite, à gauche, de brusques coups de tête, comme si elles voulaient frapper ; la partie antérieure du corps se meut avec la tête.

Lorsqu'on les observe pendant la nuit, à la lumière d'une bougie, elles paraissent se réveiller aussitôt, se mettent en mouvement, et commencent à marcher ; à peine a-t-on retiré la lumière qu'elles cessent de se mouvoir et paraissent se rendormir.

On remarque encore qu'elles sont sensibles aux sons un peu forts : Celles qui sont en marche s'arrêtent et font exécuter à la partie antérieure de leur corps des vibrations très rapides.

Lorsqu'une guêpe ou un autre insecte redoutable voltige au-dessus du nid, toutes les chenilles réunies sur la toile s'agitent brusquement et par des coups réitérés parviennent souvent à éloigner l'ennemi. Si on les touche légèrement avec le doigt, elles se retournent brusquement comme pour mordre.

Quand les chenilles à livrée commencent à s'éloigner de leur habitation, elles vont, comme les précédentes, en procession à la file les unes des autres, mais la file n'est pas si continue et les rangs ne sont pas égaux : il y en a de quatre, de trois, de deux chenilles ; souvent elles se suivent une à une. Toutes marchent d'un pas égal et tranquille en promenant alternativement la tête à droite et à gauche. Après avoir fait un certain chemin, la procession s'arrête ; ensuite, les unes retournent au nid pendant que d'autres continuent d'avancer : une partie de la procession monte et l'autre descend sans la moindre confusion.

Lorsquelles reprennent le chemin du nid, c'est toujours par la même route qu'elles ont suivie pour s'en éloigner ; et la chenille du pin nous a déjà instruit du procédé à l'aide duquel elles retrouvent leur chemin. On comprend aussi pourquoi chaque chenille porte, en marchant, la tête de droite à gruche. Cette manœuvre, différente de celles des processionnaires du pin, qui élèvent et abaissent alternativement la tête, remplit exactement le même but. Pendant que les livrées exécutent ce mouvement, leur filière laisse sortir le fil qui trace la route. Il forme une sorte de ruban ou de tapis de soie dont le tissu se fortifie de plus en plus à chaque nouvelle promenade.

Si l'on touche légèrement avec le doigt la chenille ou les chenilles qui marchent en avant, elles secouent la tête et retournent précipitamment sur leurs pas sans être arrêtées par celles qui, d'un pas tranquille, suivent la première route. Enlève-t-on un peu de la soie qui tapisse leur chemin, la chenille de tête, arrivée en cet endroit, rebrousse chemin suivie de plusieurs autres. Toutes semblent se hâter de regagner le nid. L'effroi ne se transmet cependant pas à toute la procession qui continue à défiler; mais à mesure que les chenilles qui s'avancent arrivent à l'endroit où la piste est rompue, elles interrompent leur marche et paraissent fort embarassées, n'osant se hasarder à continuer, tâtant de tous côtés avec la tête et hésitant toujours à franchir le pas.

Enfin l'une d'elles s'est portée en avant; le fil qu'elle tend rétablit la route; d'autres chenilles la suivent et placent de nouveaux fils et bientôt on ne voit plus d'interruption dans la route soyeuse.

On ne peut se lasser d'admirer l'ordre et la discipline de ces insectes; et il n'y a rien de plus joli que les cordons formés par leurs diverses évolutions. On dirait, à une certaine distance, des traits d'or en mouvement. Ces cordons mobiles, formés par les chenilles placées immédiatement à la file les unes des autres, semblent couchés sur un ruban de soie d'un blanc vif et argenté.

Quand les feuilles voisines de leur habitation sont rongées, elles vont plus loin filer de nouvelles toiles auprès des feuilles qu'elles dévorent dans la suite. C'est dans ces mêmes toiles qu'elles cramponnent leurs pieds toutes les fois qu'elles ont à changer de dépouille.

Après la seconde mue, les livrées n'observent plus la même discipline. Elles ne marchent plus en procession et ne suivent plus les sentiers qui ont servi à les diriger dans leur enfance. Elles errent de côté et d'autre sans aucun ordre et se séparent enfin quelques semaines avant de songer à faire leurs coques.

§ VI

Arrêtons-nous quelques instants sur l'histoire d'une chenille plus petite que la précédente, et qui donne également un papillon diurne : on la trouve dans les prairies vers la fin de septembre ou, plus sûrement vers le milieu d'octobre. Elle mange, au besoin, les feuilles des granimées des prairies, mais elle préfère le plantin et particulièrement l'espèce à feuilles étroites.

Ces chenilles, d'abord de couleur marron, deviennent d'un beau noir, avec la tête rouge, après avoir mué. Elles forment un catégorie moyenne entre les épineuses et les velues. Bien que leurs sociétés soient assez restreintes, puisqu'elles ne renferment jamais plus d'une centaine d'individus, les endroits où elles se sont établies sont faciles à reconnaître.

On voit, dans les prairies des touffes d'herbes recouvertes de toiles blanches qu'on est d'abord tenté de prendre pour des toiles d'araignées : Ce sont des espèces de tentes au-dessous desqu'elles nos chenilles mangent, se reposent, et changent de peau, chaque fois qu'elles en ont besoin.

La disposition des toiles n'a rien de régulier : la figure de la touffe d'herbes décide de leur arrangement; cependant le gros de la masse approche de la forme pyramidale. L'intérieur est partagé par des cloisons en différents logements.

Quand les chenilles ont rongé toutes les feuilles enfermées sous leurs toiles, elles abandonnent ce premier campement pour aller en établir un autre sur une touffe d'herbes plus fraîches; comme elles sont bonnes fileuses, il leur en coûte peu d'établir une nouvelle tente.

Lorsqu'elles se préparent à changer de peau, et surtout quand elles sentent les approches de l'hiver, elles songent à se loger plus chaudement, et se confectionnent une habitation plus solide dans l'intérieur de la tente principale. La toile qui compose cette dernière retraite est forte, épaisse et opaque : C'est une espèce de bourse arrondie dont l'intérieur n'est partagé par aucune cloison, et dans laquelle les chenilles, enroulées sur elles-mêmes, sont placées les unes snr les autres. Du reste, ces insectes se roulent dans d'autres circonstances : Quand on veut les saisir, les chenilles se laissent tomber, s'enroulent, et paraissent comme mortes.

Après avoir passé la mauvaise saison dans un état complet d'engourdissement, elles commencent à sortir au plus tard vers les premiers jours de mars, c'est-à-dire un mois plus tôt que les chenilles communes : Cela tient à ce que les premières trouvent à cette époque des feuilles de graminées et de plantain, tandis que les autres ne trouveraient pas encore de feuilles d'arbres.

Dès ce moment, elles se remettent à filer, et reprennent leur genre de vie, couvrant de toiles les feuilles dont elles veulent se nourrir. Elles se fabriquent de nouvelles tentes de soie qui servent à les défendre contre la pluie. C'est surtout quand le soleil brille qu'elles travaillent à étendre et à fortifier leurs toiles. Elles se réservent différentes ouvertures dirigées obliquement qui servent de portes d'entrée et de sortie.

Lorsque les nuits sont douces on les voit souvent hors de la tente, attachées les unes auprès des autres et même les unes sur les autres contre une tige de gramen ; mais quand les nuits sont froides elles ne restent pas ainsi exposées aux injures de l'air.

Ce ne sont pas seulement des chenilles d'une même famille qui sont ainsi disposées à vivre ensemble : pour réunir différentes familles en une même société, il ne faut que des circonstances favorables. Aussi, voit-on souvent des chenilles de différents nids se réunir pour travailler en commun à l'édification d'une même tente.

Enfin, après s'être dépouillées, vers le milieu d'avril, elles se dispersent, elles abandonnent leur tente pour songer à en faire une nouvelle. Chacune va de son côté pour vivre en particlier et se préparer à la métamorphose.

§ VII

Les chenilles dont nous allons parler paraissent au premier coup d'œil, entièrement noires, et d'un noir qui imite celui de l'encre de Chine. Mais, lorsqu'on les observe de plus près, on leur voit sur les côtés, au-dessus des stigmates, une sorte de bordure très fine, de couleur blanche, quelquefois jaune citron, assez semblable à une dentelle étroite qui s'étend depuis le second anneau jusqu'au dernier. Tout leur corps est parsemé de longs poils roux, avec deux houppes de poils rouges, fort courts. Elles ont seize pattes : Les pattes écailleuses sont noires ; les pattes membraneuses sont rougeâtres.

C'est sur l'aubépine, le prunier sauvage, ou d'autres arbrisseaux du même genre qu'on trouve les nids de ces chenilles : ils sont de pure soie et cette soie est très blanche.

Construits autour des branches, ces nids, bien plus grands que ceux des *livrées* ou des *communes*, n'affectent pas de forme régulière. Ils sont nombreux sur les haies à partir du mois de mai, et sont munis à leur surface d'ouvertures oblongues d'inégales grandeur qui sont les portes de l'habitation. On y découvre quelquefois deux chemins principaux, tapissés d'une belle soie blanche, qui sont comme les principales avenues de la ville des chenilles. L'une de ces routes se dirige en ligne droite et en bas ; l'autre serpente au-dessus de la haie, s'élève, s'abaisse, se relève pour s'abaisser encore et se plonger enfin dans l'épaisseur des branches à une certaine hauteur du nid.

D'autres chemins moins marqués, plus tortueux, et qui sont

comme des chemins de traverse, des routes détournées, viennent aussi, par divers côtés, aboutir à l'habitation.

On peut voir les chenilles sortir et rentrer à certaines heures, par les ouvertures de leur nid ; elles sortent pour aller prendre leur repas sur les feuilles des environs et rentrent quand elles sont rassasiées.

Lorsque le soleil darde ses rayons sur le nid, elles montrent beaucoup d'agitation et courent fort vite de tous côtés.

Chaque jour, elles augmentent les dimensions du nid en tendant de nouveaux fils formant des toiles superposées plus ou moins épaisses. Après avoir changé deux ou trois fois de peau, elles commencent à s'éloigner du nid qu'elles abandonnent pour toujours. Le moment est venu de se séparer pour les préparatifs de la tranformation finale.

§ VII

C'est encore sur l'aubépine, le prunier sauvage et les autres arbustes des haies que vivent les chenilles dont nous allons nous entretenir. Vers la fin de juin, on rencontre des petits amas d'œufs bien dignes d'exciter la curiosité et l'attention. La forme de ces œufs ne ressemble point à celle des œufs les plus connus : elle est pyramidale. Chaque pyramide repose sur sa base, et toutes sont arrangées avec ordre, les unes à côté des autres, dans un espace circulaire. Elles sont cannelées et leur base est arrondie en manière de poire. Considérés à la loupe, ces œufs sont des plus curieux : On y compte sept cannelures ; et le sommet de la pyramide présente une surface plane ou les sept cannelures tracent la figure d'une petite étoile à sept rayons portant à son centre un point brun bien marqué. Tandis que l'extrémité des cannelures est de couleur blanchâtre, le corps de l'œuf est d'un beau jaune. Au bout de quelques jours, ces œufs changent de couleur ; le jaune s'altère de plus en plus, ce qui annonce que les chenilles ne tarderont pas à éclore. Les plus diligentes paraissent bientôt et on doit vraiment se féliciter de pouvoir assister à leur naissance. La petite chenille ronge intérieurement la partie de l'enveloppe comprise entre les cannelures ; elle les dispose ainsi à s'écarter pour se prêter plus facilement à sa sortie. Le point brun placé au centre de la petite étoile se rembrunit de plus en plus et devient enfin d'un noir assez foncé. Alors paraît à découvert la tête de la petite chenille, et de moment en moment une plus grande partie de son corps se montre hors de l'œuf. De couleur grise, demi-velue, cette chenille à seize pattes.

Tout d'abord les insectes nouveaux-nés restent sur l'amas d'œufs et on peut observer que leur tête est ramenée vers les premières jambes. Cette attitude n'est pas indifférente et on s'aperçoit bientôt que les petites chenilles dévorent la coquille des œufs dont elles viennent de sortir ; et, ce qui surprend davantage, dès qu'elles ont rongé leurs propres œufs, elles vont avec empressement se repaître de la coquille de ceux dont les chenilles ne sont pas écloses : Tout en satisfaisant leur goût, elles aident à l'éclosion de leurs compagnes. Cet aliment est un peu dur pour leurs petites dents encore encore tendres, aussi n'est-ce que lentement et avec peine qu'elles parviennent à le broyer.

Il s'écoule plusieurs jours avant que toutes les chenilles d'une même nichée soient écloses ; et, on n'aperçoit bientôt plus sur la feuille que des vestiges, des bases de quelques-unes des pyramides ; la plupart ont été dévorées en entier. Bientôt les jeunes ouvrières rapprochent avec des fils de soie des feuilles dont elles ont dévoré le parenchyme et qui se sont desséchées ; elles les lient ensemble, et ces feuilles deviennent la base de leur nid.

C'est du côté du pédoncule que les petites chenilles commencent à ronger le dessus de la feuille. Elles sont alors rangées les unes auprès des autres sur une même ligne droite ou courbe ; et, s'avançant peu à peu, comme en ordre de bataille, vers l'autre extrémité de la feuille, elles en fourragent ainsi toute la surface.

Les nids sont donc composés, pour la plupart, d'une seule feuille sèche pliée en deux. Un fil de soie assez fort est attaché au pédoncule de chaque feuille, et va s'entortiller autour d'un des boutons de la branche. Là, le petit cable est plus épais parce que les différents tours du fil sont enroulés les uns sur les autres.

Quelquefois on parvient à dérouler le fil et à faire descendre le nid ; mais plus généralement, les différents tours sont si bien collés les uns aux autres et à l'écorce de la branche, qu'il est impossible de les décoler saus rompre le tout. Ces nids sont si bien suspendus qu'ils résistent aux plus grands vents. Le même fil qui les tient suspendus pénètre dans l'intérieur du nid et n'est qu'un prolongement de la doublure de soie qui tapisse les parois du logement.

Ce n'est pourtant pas là la retraite où elles passent l'hiver. Dès qu'elles ont rongé toutes les feuilles sorties du même bouton, elles vont dévorer celles d'un autre, et c'est la l'origine des différents nids qu'elles habitent successivement. Le paquet de feuilles qui tombe le dernier sous leur dent compose le dernier nid, celui dans lequel elles doivent passer la mauvaise saison.

On a remarqué que losqu'elles abandonnent le premier nid, elles commencent à se diviser en sociétés moins nombreuses qui se subdivisent elles-mêmes dans la suite. Voilà pourquoi, lorsqu'on ouvre ces nids pendant l'hiver, on les trouve inégalement peuplés, les uns ne contenant que deux chenilles, tandis que d'autres en renferment quatre, six, douze, quinze, etc.

On trouve constamment dans chacun, des petites coques de soie blanchâtre renfermant une chenille. Ce n'est apparemment qu'à la fin de l'automne qu'elles filent ces petites coques où elles sont blotties jusqu'au retour du printemps. Alors elles ne tardent pas à sortir de leur coque et de leur nid, et on peut les voir chaque jour, se promenant sur les branches des environs. Elles tirent toujours des fils sur le terrain qu'elles parcourent et ces fils leur servent de guide pour retourner au nid. De temps en temps, elles se retirent dans leur habitation où elles s'arrangent les unes à côté des autres de manière que la tête de toutes regarde dans le même endroit.

Quelque temps après leur seconde mue, elles abandonnent le nid et se dispersent.

Particularité remarquable : On trouve dans ces petits nids une sorte de poche entièrement remplie d'excréments, ce qui indique que ces chenilles aiment la propreté et ont soin d'éloigner les substances qui pourraient les importuner.

§ IX

Les chenilles dont nous allons parler vivent en société non seulement pendant leur existence de larve, mais restent encore toutes ensemble sous la forme de chrysalides.

De toutes les républiques de chenilles, les plus nombreuses sont celles d'une espèce qui vit ordinairement sur le chêne et qui a été nommée particulièrement *processionnaire* ou *évolutionnaire*. Chaque couvée compose une famille de sept à huit cents individus qui ne doivent se séparer que sous la forme de papillon.

Cette chenille, qui a seize pattes, est de grandeur médiocre ; elle est d'un brun presque noir au-dessus du dos, blanchâtre sur les côtés et sous le ventre ; elle est couverte de poils très blancs et si longs qu'ils égalent presque la longueur du corps ; ils s'élèvent perpendiculairement jusqu'à peu de distance du bout qui se termine en crochet dont la pointe est dirigée en arrière.

Quand elles sont jeunes, ces chenilles n'ont point d'établissement fixe ; les différentes familles campent tantôt dans un endroit, tantôt dans un autre, sur l'arbre où elles sont nées ; elles filent ensemble pour former des nids qui leur servent d'asile.

A mesure qu'elles changent de peau, elles quittent leur ancien établissement pour en aller former un autre ailleurs. Quand elles sont parvenues au terme de leur accroissement, qui n'est pas éloigné de celui de leur métamorphose en chrysalide, l'habitation qu'elles choisissent alors est fixe.

Des nids propres à contenir des familles si nombreuses doivent avoir des dimensions considérables; et on en trouve qui ont plus de cinquante centimètres de longueur sur vingt centimètres de largeur. Souvent appliqués contre le tronc des chênes, quelquefois aux principales branches, leur figure n'a rien de particulier. Ils forment sur l'endroit où ils sont appliqués une bosse pareille aux nœuds des arbres. Entre le tronc et les parois du nid est la cavité où les chenilles s'enferment de temps en temps et qui n'est divisée par aucune cloison. Au haut de la toile, près du tronc de l'arbre, existe un trou par où les chenilles entrent ou sortent à leur gré.

Malgré le volume énorme de ces nids, quoiqu'il y en ait quelquefois trois ou quatre sur un même chêne et qu'ils soient attachés à une tige nue et à la hauteur des yeux, il est assez difficile de les apercevoir parce qu'on les confond avec les nœuds de l'arbre. La soie qui les couvre est d'un blanc grisâtre et imite la couleur des lichens dont les tiges des chênes sont couvertes. Il est rare de les rencontrer dans l'intérieur des forêts; c'est plus généralement sur les grands chênes de la lisière des bois que s'établissent ces sortes de républiques.

Quand les chenilles quittent leur logement pour aller s'établir ailleurs, leur marche se fait avec un ordre trop singulier pour n'avoir pas mérité l'attention des naturalistes et même des simples curieux.

Au moment où elles sortent, une chenille va la première et ouvre la marche, les autres la suivent à la file, en formant une espèce de cordon. La première est toujours seule; les autres sont deux, trois, quatre de front; elles observent un alignement si parfait que la tête de l'une ne dépasse pas celle de l'autre. Quand la conductrice s'arrête, la troupe qui la suit s'arrête également et attend qu'elle reparte pour la suivre. C'est dans cet ordre qu'on les voit traverser les chemins ou passer d'un arbre à l'autre quand elles ne trouvent plus de nourriture sur celui qu'elles abandonnent. Ont-elles trouvé une branche couverte de feuilles fraîches, les rangs se fortifient, les chenilles se distribuent sur les feuilles et elles sont si rapprochées que leurs corps se touchent dans toute la longueur. Quand elles ont terminé leur repas, elles regagnent le nid dans le même ordre. Souvent le petit corps d'armée exécute des évolutions singulières ; il se forme sous une infinité de figures différentes ; mais il est toujours conduit par une seule chenille : la tête du corps d'armée est toujours angulaire, le reste est tantôt plus, tantôt moins développé. Il y a quelquefois des rangs de quinze à vingt chenilles.

C'est un spectacle intéressant pour celui qui aime la nature, que de se trouver, dans les jours chauds de l'été, vers le coucher du soleil, dans un bois où il y a plusieurs nids de nos processionnaires sur des arbres peu éloignés les uns des autres. On en voit sortir une par l'ouverture située à la partie supérieure d'un nid et qui suffirait à peine pour en laisser sortir deux de front. Dès qu'elle est sortie, elle est suivie à la file par plusieurs autres. Arrivée environ à soixante centimètres du nid, tantôt plus près, tantôt plus loin, elle fait une pause, pendant laquelle celles qui sont dans le nid continuent d'en sortir ; elles prennent leur rang, le bataillon se forme. La conductrice se met en marche ; toute la troupe la suit, entièrement subordonnée à tous les mouvements de son chef.

La même scène se passe dans les nids des environs ; on les voit tous se vider à la fois : L'heure est venue où elles vont chercher de la nourriture.

Ainsi, c'est pendant la nuit qu'elles se promènent, qu'elles rongent les feuilles fraîches ; pendant le jour, et surtout quand il fait chaud, elles se tiennent en repos dans leur nid

On en trouve quelquefois en plein midi sur des troncs ou sur des branches, à peu de distance de leur asile. Mais alors elles sont immobiles et plaquées les unes contre les autres, d'où il arrive qu'il est difficile de les apercevoir quoiqu'elles occupent une grande surface.

En commençant le nid qui doit leur servir de dernière retraite, elles lui donnent immédiatement en largeur et en épaisseur toutes les dimensions qu'il doit avoir, mais il leur arrive de l'allonger quand elles ne lui trouvent pas assez de capacité.

Il est rare qu'on voit les chenilles occupées pendant le jour à travailler à leur nid : la nuit, qu'elles consacrent en partie à prendre leur nourriture est donc aussi le temps du travail.

Quand elles commencent à faire leur dernier établissement, elles ont encore une fois à changer de peau. Lorsque le moment est arrivé, elles cramponnent leurs pattes contre la surface intérieure de la toile; la dépouille y reste accrochée. Plusieurs centaines de ces dépouilles qui se trouvent attachées à la toile en épaississent et en fortifient l'enveloppe, et le tissu, d'abord transparent, devient entièrement opaque.

C'est donc dans ce même nid que les chenilles doivent chacune se filer une coque particulière pour y prendre la forme de chrysalide.

L'observateur ne doit toucher ces nids qu'avec beaucoup de précaution. Les imprudents éprouveraient bientôt des démangeaisons violentes suivies d'enflures. En effet, toutes les dépouilles et les poils dont elles sont couvertes se brisent pour se réduire en poussière très fine qui s'attache aux mains, au visage, comme les piquants d'une ortie.

Les plus dangereux sont ceux dont les papillons sont sortis parce que leurs dépouilles ont eu le temps de se briser en séchant.

§ X

Une autre espèce qu'on trouve au printemps sur les feuilles de nos pommiers, nous fournit un second exemple de chenilles qui restent ensemble, même sous la forme de chrysalide.

Ces chenilles qu'on trouve encore sur divers arbustes des haies, tels que pruniers sauvages, fusains, etc., sont plus petites que celles de moyenne grandeur; elles sont rases, d'un blanc jaunâtre, marquées de points noirs et portent seize pattes. Leur peau est très molle et douée d'une grande sensibilité.

Elles se construisent des espèces de hamacs ou elles doivent non seulement se reposer, mais encore trouver leur nourriture. Elles ne mangent que le parenchyme de la surface supérieure des feuilles, et leur corps ne touche jamais la feuille qu'elles rongent.

Dès qu'on touche un peu ces chenilles, elles avancent ou reculent dans leur hamac, avec une extrême vitesse. On est d'abord surpris de voir que pendant ce mouvement elles ne se détournent ni à droite, ni à gauche, mais bientôt on découvre que chaque chenille est logée dans une sorte de longue gaîne à claire-voie. Tout le nid, ou tout le hamac, est formé d'un assemblage de ces gaînes placées parallèlement les unes sur les autres.

Le nid enveloppe un certain nombre de jeunes tiges, et quand le parenchyme de toutes les feuilles a été consommé, elles vont tendre un autre hamac sur les feuilles voisines. Elles en tendent ainsi plusieurs dans le cours de leur existence.

On prendrait ces nids, au premier coup d'œil, pour des toiles d'araignées. Quand les chenilles, couchées dans leur hamac, sont au repos, elles forment une masse qui approche de la régularité d'un paquet d'allumettes. Chacune d'elles est alors soutenue par une des toiles du nid, et il est facile de juger avec quel ordre ces toiles sont disposées.

Quand elles mangent, ce qu'elles font toutes en même temps, leurs corps sont encore parallèles entre eux, ce qui résulte encore de l'arrangement des toiles qui composent le nid.

Après avoir abandonné un ancien nid, le nouveau que les chenilles se construisent n'en est éloigné que de douze à quinze centimètres environ. Toutes s'y occupent à la fois, et chacune fournit un grand nombre de fils.

Le nid qu'elles habitent est toujours plus difficile à trouver que ceux qu'elles ont abandonnés ; d'ailleurs, il est moins gros et il est environné de feuilles vertes qui ne le font pas remarquer comme les feuilles sèches des anciens.

C'est dans le nid même que les chenilles jettent leurs excréments ; et, c'est à l'un des bouts du dernier qu'elles se construisent chacune une coque de soie très blanche dans laquelle elles se renferment pour prendre la forme de chrysalide.

§ XI

Les insectes qui vivent en société, qui savent s'entr'aider et fonder sur leurs travaux réciproques la base de leur industrie et de leur bien-être commun, sont ceux que nous sommes le plus portés à admirer. Cependant, nous n'éprouverons pas moins de plaisir à arrêter notre attention sur les espèces qui vivent solitaires et dont l'industrie est quelquefois merveilleuse.

Il y a des chenilles qu'on trouve souvent en grand nombre sur le même arbre et qui vivent en compagnie comme si elles étaient seules ; les travaux des unes n'influent point sur ceux des autres, elles ne font aucun ouvrage en commun : Telles sont les chenilles dont le marronnier d'Inde est quelquefois tout couvert, celles qui mangent les choux, et beaucoup d'autres.

Mais il en est d'autres espèces qui sont bien plus solitaires : Elles se font successivement plusieurs habitations où elles se tiennent renfermées sans se mettre à portée de communiquer avec les autres. C'est dans cette grande solitude que vivent presque toutes celles qui plient ou qui roulent des feuilles pour s'y loger ; et toutes celles qui lient ensemble plusieurs feuilles pour les réunir en un paquet au centre duquel elles se tiennent.

Nos poiriers, nos pommiers, nos groseillers, nos rosiers et bien d'autres arbres et d'autres plantes des jardins et des bois mettent chaque jour, sous nos yeux, des feuilles simplement pliées en deux, d'autres roulées plusieurs fois sur elles-mêmes, d'autres ramassées ensemble pour former un paquet informe. On peut remarquer que ces feuilles sont tenues dans ces différents états par un grand nombre de fils, et que la cavité qu'elles forment est ordinairement occupée par une chenille.

Si l'on considère les feuilles des chênes, vers le milieu du printemps, lorsqu'elles sont entièrement développées, on en aperçoit qui sont pliées ou roulées avec une régularité bien étonnante. La partie supérieure du bout des unes paraît avoir été ramenée vers le dedans de la feuille, pour y décrire le premier tour d'une spirale qui se continue, par des enroulements successifs, jusqu'au milieu de la feuille. C'est ainsi que sont roulés les *oublis*. Le centre du rouleau est vide : C'est un tuyau creux dont le diamètre est proportionné à celui du corps de la chenille qui l'habite.

D'autres feuilles sont roulées en dessus comme les premières le sont en dessous ; quelquefois plusieurs feuilles sont employées à faire un seul rouleau. De pareils ouvrages, qui ne seraient pas difficiles pour nos doigts, supposent chez les chenilles beaucoup d'industrie. En roulant les feuilles, il faut les contenir dans une position d'où leur ressort naturel tend continuellement à les éloigner.

Le procédé auquel elles ont recours est facile à observer. On voit des paquets de fils attachés par un bout à la surface extérieure du rouleau et par l'autre au plat de la feuille. Ce sont autant de liens, autant de petites cordes qui tiennent contre le ressort de la feuille. Il est moins facile de comprendre comment la chenille donne à la feuille sa forme, comment et dans quel temps elle attache les liens. Tout cela est le résultat de petites manœuvres qu'on ne s'explique qu'en les voyant pratiquer par l'insecte.

Mais il n'est guère possible d'observer les chenilles sur les chênes qu'elles habitent et de saisir le moment où elles travaillent. Voici un moyen plus simple :

On pique dans un grand vase plein de terre humide des branches de chêne fraîchement détachées de l'arbre ; on distribue sur leurs feuilles une certaine quantité de chenilles que l'on a retirées des rouleaux qu'elles s'étaient déjà faits. Elles souffrent impatiemment d'être à decouvert et sentent qu'elles ont besoin d'un abri contre l'impression du grand air, car toutes les rouleuses sont des chenilles rases ; aussi, elles se mettent à travailler sous les yeux de l'observateur, dans son cabinet, comme elles le feraient en plein bois.

Ordinairement, elles roulent le dessus de la feuille vers le dessous ; mais les unes commencent le rouleau par le bout même de la feuille et les autres par une des dentelures des côtés. Les rouleaux commencés de la première façon se trouvent perpendiculaires à la principale côte, tandis que celles de la seconde leur sont parallèles ou un peu inclinés. Il est rare que le bord d'une feuille ne soit pas, en quelque endroit, un peu recourbé en dessous : c'en est assez pour donner prise à la chenille ; elle s'établit là, et commence à travailler.

Alors sa tête se donne des mouvements alternatifs très prompts ; elle décrit des espèces d'arcs en des sens opposés comme le sont ceux des vibrations d'un pendule. La tête va s'appliquer contre le dessus de la feuille, tout près du bord, et de là, le plus loin qu'elle peut aller du côté de la principale nervure. Elle retourne sur le champ d'où elle était partie la première fois, et revient de même toucher ensuite une seconde fois l'endroit le plus éloigné du bord. Elle se donne successivement plus de deux ou trois

cents mouvements alternatifs, c'est à dire qu'elle projette autant
de fils, car chaque mouvement produit un fil que la chenille
attache, par chaque bout, aux endroits où sa tête paraît s'appliquer. Tous ces fils forment un lien qui donne une augmentation
sensible de courbure à la feuille, vers le dessous ; alors la chenille va en commencer un autre à cinq ou six millimètres de
distance du précédent. Une manœuvre semblable a pour effet de
recourber davantage la partie qui est entre le premier lien et le
second. La partie qui est au-delà et qui est déjà recourbée le sera
encore plus par un troisième lien.

La partie qui doit former le premier tour du rouleau n'est pas
grande ; il en est ici comme d'un papier qu'on roule en commençant par un de ses angles : aussi trois ou quatre paquets de
fils sont suffisants pour donner la courbure à tout ce premier
tour. C'est encore au moyen de pareils fils, de pareils liens, que
le second tour doit se former, et ainsi de suite.

§ IIX

Une chenille qui doit rouler une feuille de chêne épaisse, dont
les nervures sont grosses, pourrait ne pas filer des fils assez forts
pour vaincre la résistance des principales nervures, surtout de
celles du milieu, si elle ne savait les rendre souples. A cet effet,
elle ronge à trois ou quatre endroits différents une partie des
fibres. Les endroits ainsi rongés n'ont qu'une petite étendue, et
correspondent aux plis de la feuille destinés à recommencer de
nouveaux tours.

Quand la chenille, après avoir roulé une portion de la feuille,
trouve une grande dentelure qui déborde beaucoup, au lieu de
la rouler, elle la plie et en forme ensuite un tuyau d'un diamètre
proportionné et bien arrondi. D'abord elle raccourcit la partie
pliée ; elle en retranche, sans rien couper, l'étendue inutile en

la fixant à plat contre la feuille par un millier de fils. Ce qui reste libre étant trop aplati, elle l'arrondit à coups de tête. On voit des chenilles renfermées dans ces endroits trop aplatis qui agitent leur tête vivement et alternativement en sens contraires ; leur tête, à chaque mouvement, frappe contre les parois ; elles donnent comme de petits coups de marteau dont on peut entendre le bruit. Au reste quand la chenille a fini le premier tour du rouleau elle travaille presqu'à moitié couvert.

Le bout replié ne touche jamais entièrement la partie de la feuille sur laquelle il a été ramené ; outre que souvent il n'est pas courbé autant qu'il le faudrait pour cela, ses bords sont dentelés et laissent des passages au corps flexible de l'insecte. La chenille se sert de ces passages pour faire sortir la moitié de son corps lorsqu'elle file les liens qui attachent le milieu du troisième et du quatrième tour. Les ouvertures des bouts lui donnent une libre sortie pour les liens qui en sont plus près ; le derrière reste dans l'intérieur du rouleau, pendant que la tête va filer aussi loin qu'elle peut atteindre.

Indépendamment des liens qui sont tout le long du dernier tour du rouleau, l'insecte a souvent besoin d'en mettre aux deux bouts ; mais ils sont tellement disposés qu'ils ne lui ôtent pas la liberté de sortir de l'intérieur du rouleau et d'y rentrer. C'est là, en effet, son domicile ; c'est une espèce de cellule cylindrique qui qui ne reçoit le jour que par les deux bouts ; et ses murs doivent fournir la nourriture à l'animal qui l'habite.

La chenille commence par ronger le bout qui a été contourné le premier, et aussitôt après, elle mange tout ce qui a été tortillé le dernier.

On trouve quelquefois que le rouleau a été formé de deux ou trois feuilles roulées selon leur longueur, et on s'aperçoit que la feuille ou les feuilles qui en occupent le centre sont presque entièrement rongées ; il n'en reste que les plus grosses fibres.

L'industrieuse et laborieuse chenille qui sait si bien se mettre en sûreté dans les feuilles de chêne qu'elle ronge à son aise, est au-dessus de la grandeur moyenne ; elle est rase et munie de

seize pattes dont les membraneuses sont terminées par des cou-
ronnes de crochets ; sa couleur est d'un gris ardoisé ou d'un gris
verdâtre. Elle est d'une extrême vivacité ; pour peu qu'on la touche,
on la voit se remuer avec une extrême vitesse, et faire faire à
son corps de nombreuses ondulations. Un des bouts du rouleau
est l'ouverture par où elle jette ses excréments qui sont de petits
grains noirs à peu près ronds. Mais, une partie de feuille, ou
même une feuille entière ne serait pas une provision suffisante
pour la nourriture d'une chenille pendant toute sa vie ; l'insecte
se fait donc un nouveau fourreau quand le besoin s'en fait
sentir. Après avoir vécu en chenille dans un rouleau, l'insecte
s'y métamorphose en chrysalide et ensuite en papillon.

Le dernier rouleau diffère un peu des autres ; les tours en
sont moins serrés : L'insecte étant devenu plus gros a besoin
d'un plus grand logement. Chaque tour de ce dernier rouleau
n'est pas attaché par des liens distribués d'espace en espace ; des
fils un peu écartés les uns des autres le retiennent. C'est une
espèce de toile fine dont la force est loin d'être équivalante à
celle des liens précédemment employés. Il semble que l'insecte
sache proportionner la force qu'il emploie à la résistance qu'il a
à vaincre : plus le diamètre des tours est petit, plus le ressort
de la feuille agit pour la redresser.

§ XIII.

Comme les divers espèces de chenilles qui roulent les feuilles
du chêne, de l'orme, ou des autres arbres, n'ont pas un art
différent, il est inutile de s'y arrêter.

Les plantes herbacées, comme les arbres, ont leurs rouleuses ;
et ; il en existe qui mangent les feuilles de l'ortie après les avoir
roulées.

Toutes les rouleuses, nous avons eu occasion de le dire, sont d'une extrême vivacité : dès qu'on les touche, elles se donnent dans tous les sens des mouvements si prompts qu'elles semblent être en convulsion.

Il y a une toute petite rouleuse qui malgré l'exiguïté de sa taille mérite que nous en fassions une mention toute particulière. Rase, d'un blanc verdâtre, la peau transparente, elle n'est remarquable ni par sa couleur ni par sa forme. Vive, comme les autres rouleuses, elle a quatorze pattes. L'oseille est la plante sur laquelle elle s'établit et la manière dont elle roule une portion de feuille est digne d'être connue.

Son rouleau n'a rien de particulier dans sa forme ; c'est une espèce de pyramide conique composée de cinq à six tours qui s'enveloppent les uns les autres ; mais c'est la position de ce logement qui est singulière : Il est planté comme une quille sur la feuille d'oseille : En dehors du travail qui consiste à contourner la feuille, et qui lui est commun avec les autres espèces dont nous avons parlé, elle doit dresser le rouleau et le poser perpendiculairement sur la feuille.

Pour voir comment elle y parvient, on peut employer le même expédient que nous avons indiqué pour la chenille du chêne : On plante un pied d'oseille dans un pot plein de terre et on place dessus plusieurs chenilles tirées de leurs rouleaux : On n'a pas un quart d'heure à attendre pour les voir travailler. C'est ordinairement au mois de septembre qu'on les trouve plus communément.

La position que la chenille veut donner à son rouleau ne lui permet pas de rouler la feuille telle qu'elle la trouve. Elle coupe une bande, une lanière de cette feuille, mais elle ne l'en détache pas entièrement. La plus grande longueur de la bande coupée formera la hauteur du rouleau et sa largeur sera répartie dans tous les tours dont il sera composé. Après avoir entaillé la feuille suivant une direction perpendiculaire à la grosse nervure, elle la coupe selon une direction parallèle à cette même côte, et c'est cette dernière coupe qui détache une bande du reste de la feuille. Dès que l'entaille transversale a été faite, la chenille commence à contourner la pointe de la partie qui est entre l'entaille et le pétiole ; elle attache des fils par un de leurs bouts à cette pointe, et par l'autre bout sur la surface de la feuille. C'est en les chargeant du poids de tout son corps, qu'elle oblige cette pointe à se recourber. On voit quelquefois ces chenilles ayant le milieu du corps sur quelques fils, avec les deux extrémités en bas, paraissant posées sur une corde où elles seraient en équilibre. Quand ce bout s'est contourné, elles coupent, avec leurs dents, la feuille dans une direction parallèle à la côte.

A mesure qu'une partie de la lanière a été détachée, la chenille la roule, et en même temps elle redresse un peu le rouleau qu'elle commence à former, et cela, par une traction oblique à laquelle nous aurions recours si nous voulions élever perpendiculairement un obélisque.

Elle attache des fils par un de leurs bouts vers le milieu de ce rouleau un peu plus près de sa partie supérieure, et elle attache les autres bouts de ces mêmes fils le plus loin qu'elle peut sur le plan de la feuille ; elle charge ensuite ces fils du poids de tout son corps : on comprend que l'effort de cette charge tend à redresser le rouleau sur sa base. Quand il est fini il s'en faut peu qu'il soit perpendiculaire sur la feuille. On remarque cependant, que la chenille achève de lui faire prendre cette position en se plaçant dans le vide qui est à son centre et le poussant de telle sorte que l'axe s'éloigne du côté vers lequel il inclinait. Cette chenille mange l'intérieur de son rouleau, et se file dans ce même rouleau, une petite coque mince, de tissu serré de soie blanche, dans laquelle elle se transforme en chrysalide.

§ XIV

Nous allons parler des chenilles qui, au lieu de rouler les feuilles, se contentent de les plier : Le nombre de ces plieuses est encore plus grand que celui des rouleuses ; leurs ouvrages sont plus simples, mais il en est qui, malgré leur simplicité, n'en révèlent pas moins beaucoup d'industrie.

On voit des feuilles de chêne dont le bout ramené vers le dessous y a été appliqué et assujetti presque à plat ; il ne reste d'élévation sensible qu'à l'endroit du pli. On observe de ces mêmes feuilles où tout le contour de la partie pliée est logé dans une espèce de rainure que la chenille a creusée dans plus de la moitié de l'épaisseur de la feuille. Sur d'autres feuilles du même arbre, les grandes dentelures ont été de même pliées en dessous.

La plupart des autres arbres nous offrent également des feuilles pliées par les chenilles, mais il n'y en a pas où l'on puisse en observer plus commodément que sur les pommiers. On en trouve là de toutes les espèces : Les unes sont pliées en partie ou simplement courbées ; les autres sont pliées à plat, c'est à dire que les deux parties de la feuille sont exactement ramenées l'une sur l'autre ; il en existe de courbées ou pliées en dessus, d'autres de courbées ou pliées en dessous.

Entre ces dernières, le pommier en possède qu'on n'observe sur aucun autre arbre, à l'exception du figuier. Tout autour du bord de la dentelure de la partie repliée, il y a un bourrelet cotonneux formé de soie d'un jaune pâle ; il s'élève d'environ trois millimètres au-dessus de la partie qu'il entoure ; il la borde comme ferait un cordonnet.

Si les chenilles rouleuses habitent des espèces de tubes, les plieuses, qui appartiennent ordinairement aux plus petites espèces, se tiennent dans des sortes de boîtes plates proportionnées aux dimensions de leur corps.

Chacune est bien close dans son petit logement ; il reste pourtant quelquefois, à chaque bout, une ouverture à peine apparente. Elles se renferment ainsi pour se nourrir à couvert, en mangeant une partie seulement de l'épaisseur de la feuille. Si, comme les rouleuses, elles rongeaient l'épaisseur entière, leur petite boîte plate serait bientôt à jour.

Celles qui plient les feuilles en dessous épargnent la membrane qui en fait le dessus ; les unes et les autres n'attaquent jamais les nervures ou les fibres un peu grosses ; elles ne détachent que le parenchyme renfermé dans le réseau formé par l'entrelacement des fibres.

Les chenilles qui habitent des feuilles bien pliées commencent à ronger la substance de la feuille à un des bouts de l'étui ; la partie rongée la première sert à déposer les excréments. Elles rongent ensuite en avançant vers l'autre bout, mais elles ont le soin de rejeter leurs excréments dans l'endroit où se trouvent les premiers.

En examinant à la loupe les chenilles qui se contentent de courber les feuilles, il est facile de les voir manger. On voit avec quelle adresse et quelle promptitude elles découpent une partie de l'épaisseur de la feuille. Leur tête est un peu inclinée vers un côté afin qu'une seule de leurs dents perce d'abord une petite portion de la substance que les deux dents serrées ensuite l'une contre l'autre ont bientôt détachée. Les coups de dents se succèdent rapidement, et peu à peu le réseau formé par les fibres se découvre. Ce n'est que par petites surfaces que la substance de la feuille est emportée.

Les chenilles qui se contentent de courber les feuilles sont les plus faciles à observer pendant leur travail. Une petite chenille d'un vert clair, dont chaque anneau est chargé de plusieurs petits grains noirs, aime à ronger le dessus de la feuille de pommier ; et, par conséquent, elle plie la feuille ou ramène la dentelure de quelque endroit de ses bords vers le dessus. Elle se contente de faire décrire un arc plus ou moins prononcé à la partie qu'elle contourne.

Cette chenille qui ne craint point la présence du spectateur, est facile à observer; elle plie la feuille sur sa main s'il la tient en repos, et elle a bientôt donné à cette feuille la courbure qui lui convient. Entre les différents endroits des bords de la feuille, il y en a toujours qui s'élèvent plus que les autres; c'est à un de ceux-là qu'elle s'adresse. Elle s'en approche à une distance convenable, et se fixant sur les anneaux postérieurs de son corps, elle porte sa tête sur le bord de la feuille pour la ramener ensuite sur le plat du côté de la principale nervure. Elle file de suite plusieurs fils parallèles les uns aux autres et faisant partie d'une pièce de toile qu'elle va étendre. Ces fils ne sont appliqués que par leurs bouts contre la feuille qui n'est pas tout à fait plate, de sorte que le reste de leur longueur est en l'air. La chenille monte sur ces fils qui, chargés de ce poids, forcent le bord de la feuille à se rapprocher de la principale nervure; et, dans cette position, elle file de nouveaux cables qui maintiennent à la feuille le commencement de courbure qu'elle a prise. En étendant ensuite cette toile et marchant dessus, la chenille force toujours de plus en plus la feuille à se courber.

Ce procédé des plus simples, mériterait à peine d'arrêter notre attention si le reste du travail ne nécessitait des combinaisons de plus en plus intéressantes.

Les fils qui composent la toile n'ont qu'une longueur proportionnée aux arcs que la chenille, fixée sur une partie de son corps, peut décrire avec sa tête. Si au moyen de cordes si courtes la chenille forçait la feuille à se courber entièrement, elle décrirait une circonférence semblable aux premiers tours de certains rouleaux; mais la courbure qu'elle doit donner doit être d'un bien plus grand rayon. Pour parvenir à son but, après avoir filé une certaine étendue de toile, elle cesse de suivre la même ligne; elle vient se placer plus près de la grosse nervure et commence à filer les fils d'une nouvelle toile. Elle cole un des bouts de chacun des nouveaux fils à la toile précédente, et l'autre bout, le plus près qu'elle peut atteindre de la principale nervure, ce qui produit le même effet que si elle doublait la longueur des premières cordes. Elle grimpe alors sur le nouveau plan et se place vers l'endroit où les deux pièces de toile ont été réunies. Etant ainsi placée, elle attache des fils au bord de la feuille et vers la principale nervure ; elle file une nouvelle toile à laquelle elle attache bientôt les fils d'une autre, qui croisent ceux de la précédente ; et elle continue ainsi à faire courber la feuille, mais doucement et sans rendre sa courbure considérable. Des plans de toile s'élèvent donc successivement les uns au-dessus des autres ; et, quand la chenille a terminé son ouvrage, elle paraît comme placée sur un échaffaudage.

Elle ne se tient pourtant pas toujours dans cette position : De temps en temps, elle en descend et vient sur la surface de la feuille. Parfois c'est pour s'y reposer en mangeant ; mais on l'y voit souvent, la tête levée, agiter avec vitesse ses premières jambes qui lui servent de mains pour briser les toiles des plans inférieurs. Ces plans, en effet, ne pourraient que l'incommoder lorsqu'elle marche sur la feuille ; et, en même temps ils s'opposent à l'effet que doivent produire les toiles des plans supérieurs.

Les chenilles qui plient complètement la feuille procèdent de là même façon ; elles commencent par faire prendre la courbure à la partie qui doit être ramenée à plat ; puis elles passent sous la toile qui tient la feuille courbée et en fixent successivement d'autres qui se rapprochent de plus en plus du pli de la partie recourbée.

On trouve sur le figuier une chenille qui, comme celle du pommier entoure d'un bourrelet soyeux le bord de la partie de la feuille qu'elle a repliée ; les feuilles pliées par la plupart des autres espèces n'ont point ce bourrelet. On n'en voit point, par exemple, autour de la partie de la feuille du châtaigner qui a été pliée par une chenille d'un blanc verdâtre.

Au reste, quel que soit la position de la feuille, la chenille fait toujours usage du poids de son corps pour la courber ou la plier.

Nous aurions encore beaucoup de détails à donner sur les chenilles *lieuses*, sur celles qui se suspendent au bout d'un fil, sur les espèces qui vivent sur les plantes aquatiques, dans l'intérieur des fruits ou des tissus des végétaux.

Restreint par les dimensions de notre volume, nous renvoyons le lecteur à l'ouvrage spécial intitulé *Histoire des chenilles*. (1)

(1) in-8· 2 série. — Marc Barbou et Cie, Limoges.

FIN

Limoges. — Imprimerie Marc BARBOU et Cⁱᵉ.

PENSIONNAT

DES FRÈRES

DES ÉCOLES CHRÉTIENNES

DE LIMOGES

DISTRIBUTION DES PRIX

Présidée par M. DISSANDES DE BOGENET, Vicaire général.

28 JUILLET 1883

PREMIÈRE CLASSE

Excellence

Prix....... Léon Faure, de Boisseuil.
Accessit.... Adolphe Texier, de Limoges.

Mention très-honorable accordée à M. Léon Faure, mis hors concours.

Notions de Morale religieuse

1. Prix.... Adolphe Texier, 2 fois nommé.
2. .... Alexandre Tombelaine, de Limoges.
1. Accessit. Achille Boucher, de Limoges.
2. .... Christian Labussière, de Limoges.

Orthographe et Analyse

1. Prix.... Adolphe Texier, 3 fois nommé.
2. .... Léon Vaubourdolle, de Châteauponsac.
1. Accessit. Achille Boucher, 2 fois nommé.
2. .... Alexandre Tombelaine, 2 fois nommé.

Composition française

1. Prix.... Adolphe Texier, 4 fois nommé.
2. .... Fernand Vergnaud, de Jarnac (Charente).
1. Accessit. Achille Boucher, 3 fois nommé.
2. .... Christian Labussière, 2 fois nommé.

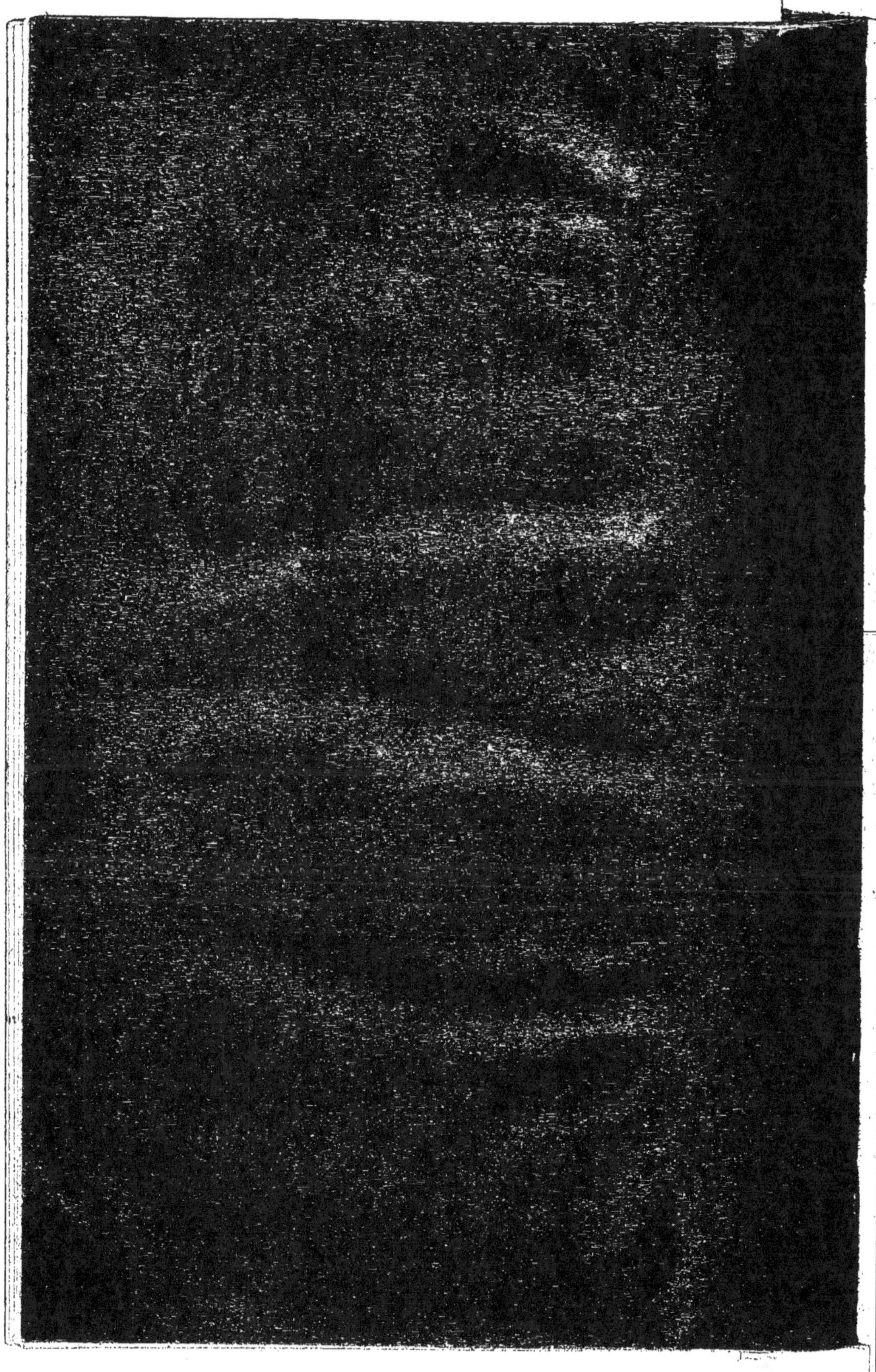